山顶视角
代表作定制出版

成就顶尖高手代表作

让阅读更有价值

第二人生

找到重新定义人生的智慧

秦加一 ◎ 编著

Live in
Another Way

北京联合出版公司
Beijing United Publishing Co.,Ltd.

图书在版编目（CIP）数据

第二人生：找到重新定义人生的智慧 / 秦加一编著.
北京：北京联合出版公司, 2024.9（2024.11重印）
ISBN 978-7-5596-7891-1

Ⅰ. B821-49
中国国家版本馆CIP数据核字第2024W8T466号

Copyright © 2024 by Beijing United Publishing Co., Ltd.
All rights reserved.
本作品版权由北京联合出版有限责任公司所有

第二人生：找到重新定义人生的智慧

秦加一　编著

出　品　人：赵红仕
出版监制：刘　凯　赵鑫玮
选题策划：山顶视鱼
策划编辑：王留全　李俊佩
特约编辑：赵　莉
责任编辑：蒴　鑫
封面设计：水　沐
内文制作：聯合書莊

北京联合出版公司出版
（北京市西城区德外大街83号楼9层　100088）
北京联合天畅文化传播公司发行
北京美图印务有限公司印刷　新华书店经销
字数283千字　880毫米×1230毫米　1/32　14.75印张
2024年9月第1版　2024年11月第2次印刷
ISBN 978-7-5596-7891-1
定价：88.00元

关注联合低音

版权所有，侵权必究
未经书面许可，不得以任何方式转载、复制、翻印本书部分或全部内容。
本书若有质量问题，请与本公司图书销售中心联系调换。电话：（010）64258472-800

推荐语

（以下推荐人按姓氏拼音排序）

无论是人生转型，还是活出自己，都需要力量，需要工具，更需要人生教练。《第二人生》中23位人生教练用自己的觉醒时刻和人生转型故事，启发和激励我们适应变化，拥抱变化，开心地迎接人生下半场。

——李沛话博士

法国里昂商学院人力资源与组织创新中心副主任

人生就像是一场登山旅程，充满了曲折和幽谷。有时步履艰难，有时进退维谷，我们常常会觉得彷徨，甚至感到迷茫无助。《第二人生》借23位教练的真实故事及专业工具，帮助读者探索自我，突破现况，重新找到继续前行的方向，活出属于自己的第二人生。

——凌展辉

新加坡飞跃社区服务高级顾问兼联合创办人

把一生活成两辈子。在生命中的至暗时刻，个人如何在挑战中顺利完成第二曲线转型，活出自己的第二人生？本书通过23位教练的人生故事，带你领略人生教练的独特魅力，让你在求索中找到光明。最好的人生教练如书中作者，他/她会看着你的眼睛，告诉你"我懂你"，牵着你的手，陪你前行。你会信任他/她，跟随他/她，他/她在用自己的生命蜕变做助人的资源，这样鲜活的生命，就是你改变最好的镜子。

——吴文君

畅销书作家、亲道文化创始人

这是23位教练的心路历程。他们或在挫折之后绝地反击，或不甘平淡决意挑战自己；他们致力于发现自己的激情和目标，也善于利用专长帮助客户发现他们的激情和目标，用生命影响生命。很荣幸能读到这些娓娓道来的文字，借着这些文字和他们同行，同时也问问自己"我是谁""对于人生我想要的是什么"……

——叶斌

心理学博士、心理咨询师/督导师

人的一生，来不由己，去亦不由己。在这一来一去之间，绝大多数人都过着看似"有识"实则"无明"的生活。我们或被基因所扰，或被经历所困，很难区别哪些是有意识的决定，哪些是反应式的突进、躲闪与压抑。"第二人生"是另一种活法。一种基于事实与本性的更具掌控力的活法。见内见外见乾坤，见人见己见众生。如果你也想学习、借鉴与体会，本书会为你提供帮助。

——杨金儒（Victor Yang）

吉安资本管理有限公司资深合伙人

人生是可以规划的！但我们往往无法很早就意识到人生规划的可能性与它的重要性，因为在人生的漫长时光中充满了不确定性的各种变量，让人生这场旅程充满了神秘气息。

我中年时，有幸遇到彼得·德鲁克（Peter Drucker）先生，跟随他的团队学习人生规划，我十分感激他在我面对人生不同选择的时候给我提出中肯的建议，帮我找到自己的人生使命，从而塑造了我之后的人生。特别是他帮我看到了人生更多的可能性，让我的规划与自己的人生意义连接。这本书让我回忆起自己的那段时光。

人生的过程就是三件事：做人，做事，做学问。人生第二曲线的出现往往伴随着深刻的自我觉察，无论是被痛"吻"醒、从心而动还是服务他人，本文的作者都在他们的前半生里有过自己的骄傲和成功，而深层的生命意义让他们更愿意把过去的自己打碎，低到尘埃里从而涅槃成崭新的自由的自己。面对自己的改变，他们每个人都拥有勇士的人生旅程（Hero's Journey）！他们愿意分享出来，又充满了服务者的初心。我相信，没有什么比一个谦逊的人拥有服务者的初心和勇士的精神更有力量。

我希望我们的世界多一些这样的人，每天活出灿烂鲜活的自己，愿意给这个社会更多的回馈，让我们身边的人和接下来的几代人能够更自由地做自己。

我也同样希望这本书能够带给父母们更多关于教育的洞察，教育与人生一样，都是帮助你我认识自己，了解自己，接受自己，发展自己，贡献自己。

走自己的路！自己的人生决定就是最好的决定！

——周保罗（Paul Chou）

JA 中国创始人、董事长

诚如本书编者所言，《第二人生》不只是一本关于职业转型的书，它更是一首生命的赞歌，是 23 位教练对人生无限可能性的勇敢探索。本书因真诚而生动，因反省而深刻。三十多个丰富多彩的人生故事并附有教练小工具，在这里你可以遇到共鸣，受到启迪；可以看见自己，找到知音；也可以找他们聊聊，解决困扰你的问题，毕竟他们都是成人达己的人生教练。

——周文霞

中国人民大学吴玉章特聘教授

生命是一个过程。有风和日丽，也有暴风骤雨。幸运之神降临时人们欢天喜地，遭遇困难和挫折时人们则痛苦不已。对个人而言，重要的不是目睹和体验这一过程，而是面对这种不确定性对心灵的冲击，激发起自己对生命本质的深刻理解和通透领悟。《第二人生》借助不同的鲜活案例，阐释对生命过程的独特见解，启迪人们思考生活的价值和意义，且在各种挑战出现时，提供了一种积极应对的探索方式。

——曾湘泉

中国人民大学吴玉章高级讲席教授

《第二人生》是一把指引你"活出真我"的钥匙。23个真实鲜活的生命，陪伴你果敢地走出人生困局，自信迎接无限可能。如果你渴望在短短人生中看见更多风景，请带上这本书，相信它会给你非常贴心且暖心的陪伴。

——周一妍

资深媒体人

推荐序一

布局人生下半场

非常感谢陆赟（Sally）邀请我为这本书写推荐序，在当下的经济环境，这本书来得正及时，能提供给我们很宝贵的参考，帮助我们思考和布局人生下半场。

无心插柳

从大学生到中老年人，我帮助不同年龄的人做职业和人生规划辅导已经15年了，这个公益性质的角色常常让我从繁忙的日常生活中抽离出来，去思考自己的未来——如何活得幸福，不留遗憾？

在大学里辅导年轻人规划未来，就像在一张白纸上画画，从想成为怎样的人到未来想做什么，中间有无限探索的空间。年轻人思想自由，他们在考虑自己的兴趣和优势的情况下，想尽可能地在不确定的未来确定大概的方向，虽然仍有迷茫，但毕竟还年轻，心态相对阳光。在这个年龄段，他们遇到的问题一般是社交、工作、相亲、结婚生子、买房、买车、上MBA、升职，等等。

人到中年

当我辅导中老年人的时候，感觉就完全不一样了，他们的人生已经走了一半或更多，跟随过去的选择到达了今天的十字路口，有些人是满意的，有些人是疲惫且带有遗憾的。

和初入职场的青年人不同，对中老年人而言，他们未来的职业规划可能也是他们职业生涯的最后一两站，"白纸"已经画满了一半，他们还要兼顾家庭，留给自己的空白更是所剩不多。此时正好也是他们的职业风险最高峰，毕竟中老年人群的职位和工资相对较高，上升空间有限，反而随时会被"优化"，尤其是在当下的职场环境。他们的父母和长辈也步入年迈，或遇上疾病，或已经离去，家庭、朋友和一些社会关系也随时间产生了很大的变化，自己的健康也不如往昔……这些都会很自然地激发他们重新思考人生，回顾过去，思考人生剩余的时间自己要怎么过。

布局人生下半场

这十年我主持了多次小型私董会，帮助职业中期的朋友梳理自己的职业和人生规划。到人生中场的阶段，职业成就和财富逐步被精神需求代替——我是谁？我从哪里来？我往哪里去？这些很自然地成了大家讨论的主要课题。

我发现，除了少部分人还坚持在职场证明自己的能力之外，大部分人都已经接受现实，放下了执着，用一种更开放的心态去看待过去和未来。探索人生下半场的前提是我们以"主人翁"的意志做选择，每个人想追求的东西都不同，比如有人想继续留在职场，返聘或打零工，有人想做顾问、教练，有人想去创业或做自媒体，而有些已经实现财富自由的人则想去发展艺术之类的兴趣爱好或追求终身学习。这些想法大体上是抽象的，并不具体，毕竟我们大家都没有经历过"未来"，随时间流逝和初步实践后，我们会很自然地做些调整。

终极目标

有些人的人生下半场的目标可能只是让自己有事做，能填充日常生活，保持忙碌。做让自己感觉有价值的事和寻找离开平台后的身份认同，这类规划往往是短期的，并不是"终极目标"。和企业的使命和愿景相似，我们需要更明确的终极目标，才能真正让我们活得有意义，不留遗憾，才能让自己感觉这人间没白来一趟！

终极目标很抽象，也是个千年哲学难题，因为每个人想要的人生都不一样。如果你还没有设定好自己的目标，可以暂时把"人生无遗憾"当作目标，模拟未来；你还可以借鉴一些像"临终关怀"领域的发现做参考。比如一生都在照顾临终病人的邦妮·韦尔护士（Bronnie Ware），她发现大多人的临终遗憾是"没有勇气为自己而活""没有劳逸结合""没有勇气抒发自己的感受"等等，临终关怀医生大津秀一也有类似的结论，他发现大多数人的临终遗憾是"没做自己想做的事""没实现梦想""做了对不起良心的事"等。

回望曾经的一生，我们极有可能会感觉圆满的地方太少，遗憾的地方太多。模拟临终遗憾有助于我们"穿梭时光回到未来"，去探索我们的人生终极目标，勇敢去做自己想做的事，成为自己想成为的人。同时也包括重视一些有意义的生活小事，比如多陪伴家人、陪伴小孩长大、保持自己的兴趣爱好和追求、通过职场成就体现自己的潜力等。这里面主人翁意识很关键，因为我们正是为自己的幸福负责而做出各种选择的。

模拟"回到未来"

每个人的人生都是有限度的，我们唯有聚焦自己最渴望的东西，才能不枉此生。"时间倒挂"或许能帮助我们"找到"我们最渴望的东西。

2008年上映的电影《本杰明·巴顿奇事》（*The Curious Case of Benjamin Button*）让我印象深刻，主人公本杰明·巴顿是随时间"倒着生活"的——他一出生就是80岁的老人，随着时间流逝逐渐变年轻，最终他变成了婴儿然后在意识混沌中死去。这与我们的直线人生刚好相反，我们从出生到婴儿，从学走路、学说话到学理解、学思考，从无知到成熟，到变老，最后离世。我们可以把"返老还童"这个概念当作我们探索未来的工具，用反向思维把自己变成80岁的本杰明，先总结人生，找出哪些会是让自己遗憾的，哪些是无意中失去的？哪些是自己失去后才知道重要的？倒着走，再回到现实的自己，回到当下。这种方法就是把潜在遗憾当成人生目标，再分割成阶段性目标，用行动去落实。但这个方法有点抽象，需要不断探索，去调整和实现。

有了较为清晰的愿景和时间较长的目标，我们就会减少短期的焦虑与迷茫，去坚持一些自己认为有价值和最重要的东西，也能为自己当下的生活添加乐趣，毕竟"我"是自己的主人翁，对自己一生的幸福负责的是"我"，不是别人。

吴俊财
联合国工发组织投资与技术促进办公室东南亚区域协同专家

第二人生

推荐序二

致胜时刻

2014年我离开了舒适的体制内公司，选择了一条充满荆棘和挑战的创业之路。当时不少人都对我的做法很不理解，在他们看来，我放弃了国家级的媒体平台，放弃了体制内还不错的待遇，无论怎样，我的选择都算得上弃"明"投"暗"。当然也有人说，投身互联网去创业，不就是想赌把大的、一夜暴富吗？直到后来的乐视体育从轰轰烈烈到倏忽间坍塌。那些存此看法的人，对我又或是多了一点同情，或是增了几分讥讽。

但我想说的是，无论外界持有怎样的看法，我真正遵从的还是自己内心的声音。选择离开传统媒体，是因为我看到了新媒体、新技术的方兴未艾。2010年南非世界杯期间，一个月里我辗转于几个城市和赛场之间，我手里一直有一部苹果手机（感谢国内运营商让我可以在国外不限流量地上网），我每天早晨都会在宾馆房间用手机登录台里的网站，打开比赛视频，复盘自己前一天的解说。但在某天的一个早晨，我突然意识到：视频已经悄然出现在手机上，过去我们引以为傲的大屏幕传播体育的优势仿佛一下子荡然无存。那一刻，我第一次动了离开电视台的念头。

其实，为了成为一个新闻记者，我做了很多努力。高中时期，为了考上心仪的新闻专业，我不舍昼夜地学习。高考填报志愿的时候，面对新闻学、新闻摄影、广播电视的选项，我多少有一些不知所措——新闻学不会是研究理论的吧？广播电视不会是维修设备的吧？终于，我还是无法按捺住对新技术、新形态媒体的兴趣，选择了广播电视专业。到学校报到的第一天我才知道，这个专业是专为当时蓬勃发展的广播电视而设，居然还是第一次全国招生，我们则成了这个专业的第一批学生。

大学毕业后，我虽然也进了地方电视台工作，但在我内心深处一直有个声音：你需要去更大的平台验证自己。所以，在经历了五年多的纠结之后，我还是选择了北上。当我刚刚参与央视《足球之夜》这个陌生节目的时候，我还是一个丢了公职、没有（北京）户口、没有住所的三无人员。没有人保证《足球之夜》一定会火，甚至也从来没有人想过《足球之夜》能存在多久。年轻人做人生的选择题，相对容易。虽然不像买一张火车票那么简单，但也不会为明天的早餐在哪里而踌躇、彷徨。

感谢那个时代，给了追逐梦想者一定的机会和空间。我和一群逐梦者在《足球之夜》找到了自己的机遇。十八年如白驹过隙，转眼我就从青年步入壮年。当初我把贺炜等年轻人带入这里的时候，还曾经言之凿凿地强调：准备好，为这个平台工作一辈子！

后来，当我真的要离开的时候，面对贺炜的追问，我也只能略带遗憾地解释：时代变了，很多东西都变了。其实，我真正想表达的是，当我意识到传统媒体形态已经落伍之后，就很难再说服自己留在这里，而不去体验、学习和感受新的媒体形态和技术。如同一个球员，他想要的是永远留在场上比赛，而不是在场外做一个开心的观众。也如同一个演员，他想要的是去国家大剧院、维也纳音乐厅，因为那里才是真正的荣誉殿堂。

离开体制的十年，是动荡起伏的十年，从乐视体育到企鹅体育，从企鹅体育到凯利时科技。我在离开传统媒体的时候，进行过多轮的心理建设，谁都知道创业不易，探索艰难，但我在当初决计想不到有一天我居然走上了独立创业的道路。不仅如此，还从一个新闻内容生产者变成了内容生产工具的革新者。

加盟乐视体育，我内心有没有搭顺风车，"背靠大树好乘凉"的想法？答案是肯定的。彼时的乐视体育风头无两，我的内心多多少少都会生出一分傲娇。但真到它大势已去、仓皇无助时，我反而滋生出置于绝地而后生的豪迈，这不是因为我对自己的实力有多少自信，也不是对新赛道多么笃定，而是一切都源于在乐视体育的历练和学习。我常跟朋友反思，在乐视体育我学了三堂半课。一为互联网课，让我对新媒体的本质有了粗浅认知；二为创业课，虽然《足球之夜》《天下足球》都是无中生有，但毕竟是在国家级媒体平台之上，而乐视体育是一个纯市场的平台，成败兴亡，都由己定；三为管理课，乐视体育发展迅速，我从刚开始的几十人，到后来的上千人，管理任务之重远超《足球之夜》和《天下足球》。至于剩下的那半堂课则是金融。创业公司，必然要借助社会资本和社会力量快速成长，乐视体育的融资业务虽然不是我主导，但也让我见了上百家投资人和投资机构，因此，我对金融和资本也算有了入门认知。

今天，凯利时科技已经有了六年历史，中间经历了难熬的新冠肺炎疫情时期，也在新常态下，准备开启自己的产品和服务的推广、普及。公司还没有步入成熟轨道，每天来自方方面面的挑战多如牛毛。即便如此，回首过往十年，我也从来没有质疑过自己曾经的选择，哪怕因缘际会，我从一个希望配合他人的合作者，变成了现在必须亲力亲为的创业头羊，我也从来没有怀疑过自己当年开启第二人生的抉择。2015年，我出版了一本半自传《上半场》，这个书名源自足球，也因为那年我46岁，是个承上启下的年龄，但我深知，我又开启了一段未知的探索。从那时候开始，我人生的每一刻都是全新体验，恰恰是因为有了这样的认知，我至今都能用积极的心态享受每一天的阳光。

林林总总写了一堆文字，也是因为我知道，每个人的人生都不可复制。汝之蜜糖，彼之砒霜。我们很难提炼出成功的人生公式，更不需要制造多余的人生鸡汤，然后去要求他人按图索骥。一生一城，一生一队，如托蒂、马尔蒂尼、萨内蒂、杰拉德，忠诚是他们人生的定义。花自飘零，如伊布、C罗、内马尔，效力多个俱乐部，也一样活得精彩纷呈。变和不变，因人而异，巴菲特的专注和马斯克的广博，都有足够的理由。

但你的内心呢？有没有听到它的声音？你的生命是安静的、细腻的、敏感的，还是躁动的、活力的、渴望变化的？还是说，迄今为止，你对自己依然没有太清醒的认知？

或许，只有活出充盈的人生才是我们最理想的选择。在人生的数学题面前，答案不是唯一的，连解题的路径也没有一定之规，就像《第二人生》的作者们在书中呈现给我们的众多不同、精彩的人生转型故事一样。这正是我推荐你阅读本书的原因之一。

所谓人生的致胜时刻，就是你能和自己认真地像老朋友一样坦诚交流的独有体验。

是为序。

刘建宏

著名体育主持人、足球评论员

目录 contents

导 言 /001

第一部分
活出自我 /007

01　第二人生：寻找并活出自我的过程　/008
练习一 | 如何找到本心，活出真实的自己？　/033

第二部分
被痛"吻"醒 /037

02　人生不设限　/038
03　从作茧自缚到破茧而出　/054
04　"胆小鬼"也有自定义的人生　/067

第二人生

- 05　从心出发，更好地成为自己　/084
- 06　50岁突然被裁，人生下半场重新活出来　/100
- 07　穿越难行时刻，绽放第二人生　/118
- 08　一只"仓鼠"的蜕变　/134
- 09　中年人的觉醒——吟啸徐行见南山　/150
- 10　40岁，翻转家庭与职场的被动状态　/164

练习二｜如何走出低谷，找到自愈的力量？　/177

第三部分

从心而动　/181

- 11　在人生的河流中野泳　/182
- 12　有意义的人生，什么时候开始都不晚　/201
- 13　放弃"铁饭碗"，重新找回人生的掌控感　/215
- 14　第二人生，成在理性决定，感性行动　/231
- 15　一场重新定义自我价值的人生之旅　/254
- 16　三次重启人生，三个生命故事　/268
- 17　主流赛道上的人生新旅　/286
- 18　为什么我们看起来很成功，却不快乐　/299
- 19　转念，开启普通人的第二人生　/315
- 20　职场机械战士的自我蜕变　/334

练习三｜如何拥有勇气和力量，突围新人生？　/348

第四部分
服务他人 / 353

21 生命之舞：重新定义健康与生命长度 / 354

22 有一种离职，叫作"设计离职" / 368

23 中产女性的突围 / 385

24 时间规划：第二人生开挂指南 / 399

25 中年职场危机的破局之道 / 418

练习四 | 如何像教练一样，为他人带去启发与力量？ / 437

后　记 / 440

致　谢 / 446

导 言

读者你好。

我是秦加一,是本书发起人,也是作者之一。我和另外22位人生教练一起合著了这本书。在你翻开这本书准备沉浸式阅读之前,我想请你快速看完这篇导言,它能帮助你更好地理解这本书的结构,也会让你更有意识地阅读这本书,达到事半功倍的效果。

很多人看到《第二人生》这个书名可能会以为这本书讲的是职业转型。的确,但也不仅限于此。在本书里,包括我在内的23位作者,用25篇文章,从不同视角阐述了"第二人生"的意义:有觉醒自我,穿越人生低谷期的豁然开朗;有重新认知自己的优势,挑战事业新巅峰的勇敢无畏;有发现心之所向,放弃完美职业奔赴公益事业的果断坚决;也有自己奋力走出癌症,不忘用爱"发电"照亮他人的助人情怀……

我们没有统一的人生答案,但尽力呈现真实的人生与深切的启发。这本书不仅仅是一个个人生故事,还是一场不同价值观的碰撞盛宴，更是摆脱人生迷雾的一本指南手册。

我们的故事中总有"教练"的概念与身影，因为作者们都有一个共同身份——国际权威机构认证的人生教练。希望读到这本书的你明白，面对人生的转折时刻，你还有一个选择，那就是找一位教练聊聊。

人生教练是什么？

人生教练是一个主要通过一对一的谈话来支持客户突破内心障碍、激发天赋潜能的职业，在谈话过程中，人生教练以相信人、欣赏人的底层假设，利用创意性的工具来帮助客户找到现实问题的答案，并落地行动。很多人因为自学人生教练的知识，或者通过雇用教练而成功完成人生蜕变。23位人生教练的故事必然有浓缩的人生智慧、深刻的人性洞察。

我们一起合著这本书的时候，把人生蜕变分成两种形式：一种是被痛"吻"醒的人生变化；一种是听从内心声音的人生改变。我们都需要一个契机去重塑人生状态，不论是为了应对生活带给我们的不如意，还是如何在不变中求变。

第一部分是由我写的开篇，描述了我从外企高级管理者转型自由职业、再到组建团队创业的整个心路历程，重点不是书写如何成功转型，而是阐述我对于"第二人生"概念的理解：第二人生是我们每个人与自我关系的成长变化。从懵懂跟随社会标准到觉醒自我意识，从认识自我到用行动活出自我的英雄之旅，从活出自我到放下自己，这些感悟最终让我的第二人生变得更为宽广，也承载了更多利他精神。

第二部分作者们书写的故事都有各自的一段人生至暗时刻，每个人都被动地接受一些变故：被裁员、失去亲人、婚变、生病、抑郁症等。他们之所以说出这一段段真实经历，不仅因为他们已经从黑暗中走了出来，还因为他们想给所有跟自己有相同经历的人以力量与温暖——人生不如意事十之八九，你永远不是一个人。

不论是 50 岁的年龄焦虑，还是一时被打败的羞耻感，又或者是突然失去一段稳定关系的不安与焦虑，在这一部分中，教练们始终展现一个信念：我们首先要战胜的东西不在外面，是自己的内心。

人的力量从哪里来？如何获得？他们用亲身体验为你奉上答案。

第三部分的内容则是在一成不变中主动求变的故事，为什么我们看起来成功却不快乐？许多精英的内心都有这样的隐痛：是我的欲望太强吗？是我不懂满足吗？为什么明明拥有了别人艳羡的工作和生活，心里却依然感觉空落落的？这一部分的每位作者都是"别人家的孩子"的代表，是这个时代中产精英的缩影。他们在人生的不同阶段开始质问内心，后来发现自己在追寻的是世俗成功之外的意义感——为什么而活才能让我感到这一生有价值？现在的人生状态是我想要的吗？

当他们开始考问自己这些问题，他们的世界就开始了翻天覆地的变化。

你会看到高级咨询公司的成功人士裸辞成为自由职业者；头部投行管理者重新定义自己的身份角色；金融精英投入公益事业；全球500强企业的副总裁摇身一变成为斜杠胡同大爷。这些重大的角色、心态、职业轨迹的改变，其实都有迹可循：寻找并回归本心，真诚地对待自己，而不是活在他人的眼光与标准中。

第四部分是教练服务他人的故事，在这一部分中你能看到人生教练的工作模式，能看到他们是如何通过提问来激发人们对自我的深层次觉知，推进人们在现实层面的行动并促成想要的结果的。当然这不是一场场专业教练对话拆解，而是一个个有温度的故事，你会看到教练如何支持一位癌症患者重启生命动力，也会看到教练如何陪伴职场女性发展新的事业，也会从时间规划的角度看到人生教练支持人们重塑时间观、生命观的过程。

书里既有助人改变的故事，也有自身成长的启发，这也诠释了人生教练修己达人、知行合一的内核，我们通过服务他人来修圆自我——修行是一条漫漫长路，我们用不完美但真实的自己，拥抱这个过程。

如何读这本书？

我们一直强调人生教练不是人生导师，我们只是通过提问、倾听、体验实践来让客户做自我探索、自我选择、自我担责。

所以我们常说：教练是方法，答案是自己。

这本书在某种层面也担任了人生教练的角色，读者在阅读时如果能够代入自己当下的情境，让每篇故事对自己现实层面的决定与行动都有所帮助，那就是最好的收获。

还有一些有助于最大化本书效果的做法：

1. 每章之后我都设置了一些有趣的小练习，你可以尝试用这些练习工具与自己进行一场自我教练对话；

2. 如果觉得自我教练不够深入，你还可以联系本书中的作者来预约他们的教练服务；

3. 我在小宇宙上开通了《第二人生是本书》的播客节目，你可以了解更多作者背后的故事。

如果我们只是读故事，还不能最大化这本书的价值，除了书，我们还可以有更多真实的交互，搜索我的机构（倾析本质）你可以了解更多人生教练的信息，也可以联络到书中作者，以及更多优秀教练来服务你，成就属于你的第二人生！

秦加一

2024年3月8日

第一部分

活出自我

幸运的人生，会经历三次觉醒。
第一次：见自己，可以明初心，所以豁达；
第二次：见天地，可以知敬畏，所以谦逊；
第三次：见众生，可以懂怜悯，所以慈悲。

01

第二人生：
寻找并活出自我的过程

文 / 秦加一 Tiffany

引 言

从我召集几十位教练一起写书，到确定 23 位教练（包括我自己）正式开启这本书的撰写之旅，我们前期沟通设计的时间比我们完成整本书的内容撰写时间还长，我想这其中的一个原因，就是大家对于"第二人生"概念的认真思考。一开始，很多作者都觉得自己没有第二人生，因为第二人生听上去是个巨大的人生改变，这对大部分普通人来说有点遥远——毕竟不是每个人都有惊天动地的人生经历。作者们前期的这份顾虑与思考本身也引发了一个很有趣的问题：什么是第二人生？

就像我身边的一些朋友，大家一听书名，立马联想到的是一个人的职业转型，比如，我之前是一家 130 多年跨国美资集团的中国区人力资源（HR）负责人、亚太区销售总监，

10年后突然改变人生职业的运行轨迹,转型成为自由教练、创业者。

很多人觉得只有像这样跨度很大的事业转型才称得上第二人生,但在作者们的探讨中,我们一致认为,这样的转型经历当然称得上第二人生,但整本书的内容如果只是谈及个人职业转型,那未免太过单薄,第二人生的定义应该更加广泛。实际上,直到我们动笔时,书里的很多主人公还没有改变自己的职业轨迹,甚至没有换工作,但他们仍然感受到了自己内心的改变。

很多巨大的人生改变,可能是悄无声息的。有些人的内在世界的重塑犹如惊雷风暴,但在现实生活里却痕迹难寻,只有当事人知道。

所以,我会这样定义第二人生:它是人们探究和询问自我人生意义的觉醒之旅,也是个人追求活出自我、自洽人生的现实录。

我一直相信,在世俗生活中,那些在心中依然留有一块"空地",去探索人生意义的哲学、追寻精神升华的人是值得敬仰的,而那些把精神理想与现实追求结合起来的,活出自己、做到自洽的人不仅勇敢,也是智慧的。

很多人终其一生都在寻找能活出自己的方法,但答案未必找得到,或者说,即使我们头脑知道答案,但在现实生活中却未必真能做到。

这本书聚焦现实,是当下正在发生的真实事件。23位作者都是普通的中产阶级,有中层管理者、互联网公司优秀青年,等等。和大部分人一样,这里的每个人都曾在世俗的洪流中被推着走,但不同的是,他们都有一颗不甘于随波逐流的心,他们都曾因为学习人生教练而收获自己的"第二人生",并在成为人生教练后为很多客户带来人生的改变与升华。

这本书里一共有23位教练的真实故事,一定能给到读者很大的共鸣与启发,他们中不乏有人已经完成了一次职业转型,从跟着社会标准浑浑噩噩到某天毅然觉醒发现这不是自己想要的工作,于是勇敢去追寻属于自己的事业与使命,让命运的齿轮从此有了坚实的自我向心力;也有很多作者的生命蜕变之旅是在内在完成的:原本想裸辞创业的人发现自己要的并非是创业,而是属于自己的经历与意义,于是她在原本的企业中持续进行5年的沉淀与创造,终于成就了新的自己;还有人在职业倦怠期尝试给自己"镀金"、充电、出国深造,各种向外抓取的方法依旧治不好"迷茫感"的时候,她转而向内探索内心,豁然明白了问题的核心在于自己,从此她自内在生出力量与动力,不仅在原本的工作中稳定表现,更为自己开辟了新的职业第二曲线。

这些故事中的主角无一例外都有一段向内探索自己的体验,一个人要想透彻地解决自己的人生议题,必然要反求诸己。探索并活出自我这件事本身就是场无限进行的游戏,我们终其一生,可能也只是一层层突破桎梏的体验,而非接近核心奥义,能够有幸向内探索,并开始经历这个过程,就已经极具意义了。而人生教练，是我们共同遇见并选择的一条路径。

阅读本书时，请带着这样一个心态：每一篇文章你都在遇见一个有血有肉的人，时空交错，也许你可以从这本书中窥见自己的身影。相信被践行过的人生会让你对这个哲学命题产生更为深刻的理解与顿悟：人究竟要如何活出真实的自己，活出生命的意义？希望这本书可以让"我是谁，我从哪里来，我将去哪里"这个抽象的哲学概念在现实生活中产生实践性意义。

而我也将在这篇起手文中，用我自己的现实经历与内心成长的过程，为你展现我对此的理解。

找到自我

法国后印象派画家高更去世后，毛姆以他为原型创作了小说《月亮与六便士》，作家蔡崇达读过后说："这本书让我明白，如果我一辈子不忠于自己内心声音的话，我可能一辈子都不会开心。"

以前我一直觉得找到自我是一种可见的结果，是某一天我突然悟了，或者我突然感受到了内心的召唤、使命，从此确定方向并追随内心。但后来我慢慢发现，自我并不是凭空出现的，而是我们在内心与现实碰撞的时候，才有机会发现；而且，发现自我也不是哪一天、哪一刻的突然领悟，而是一个思想与行动、抽象与现实交错进行的过程。领悟是认知突破，但实际行动才会带我们在现实中走得更远，只有实际行动才会让我们在思想层面有机会领悟更深、更多，这样的循环才能让我们活出知行合一的人生。

那么，究竟怎样才能找到真正的自我？

被恐惧支配的人远离了本心

日本设计师山本耀司曾说："'自己'这个东西往往是看不见的，你要撞上一些别的什么东西，反弹回来，才会了解'自己'。"

现实中的很多时刻都在提醒我们看见自己的内心——紧张的挑战、痛苦的低谷、关系里的纠结、未来的迷茫、当下的倦怠，这些都像一面面镜子，提醒我们去照见自己。只要我们善于抓住这些"碰撞"向内质询自己，就很容易发现真正的自我。但是，大部分人会把这些现实情景当作需要去解决的问题，而当我们急于去找解法，我们就会陷入一种盲区——沉迷于解决问题的掌控感，失去对问题的本质的思考，即为什么要解决这个问题？这种表面的掌控感很虚妄，它让我们无暇顾及更长远的意义问题：当一个个现实问题被解决之后，我们正在将自己引领向何方？更直白来说，就算我们解决了这些问题，那又代表什么？

我年少时就有过这样的时刻，那时候的我被问题带来的恐惧所支配，急于解决问题，却给我今后的人生带来了更大的问题：远离本心做出的选择，让我的人生走了一段弯路。

在我高三填写志愿时，老师把我填得满满当当的心理学、文学、历史、教育等专业都视作"日后无法找到工作的学科"，我还清晰记得自己被班主任叫到走廊的情景，他苦口婆心地劝我去修改志愿表。小小年纪的我听到"喊你爸妈来谈谈"之类的话顿时心生紧张，被叫家长的羞耻与恐惧感，让我本能地退让并接受了老师的想法，那时候的我只想用一份标准的志愿书来解决被叫家长的问题，以此获取安全感。于是我找到同桌的志愿书，原样抄写了一份递交上去，因为我知道同桌的志愿表是经过父母、专家多方助力审核才通过的，一定是一份让老师满意的标准答卷。

上了大学，我从没有认真学习过。浪费了四年光阴的我，还曾在一次心理咨询中痛哭流涕，因为我无法原谅当年那个懦弱的自己，我总是在想，如果当初坚定自己的选择，也许我的大学生涯会过得更有意义。

现在想来，如果我当时能意识到自己被恐惧支配而远离了真实的本心，意识到自己只是想通过解决暂时的危机问题以获取心理安全感，也许我就不会走那么多弯路，直到大学毕业之后才渐渐摸索着走到实现自我的正轨上。

后来当我开始从事人生教练的工作，接触了越来越多的教练以及客户，我才渐渐意识到，这种无意识让恐惧支配，而选择"安全、标准、看起来正确"的情形，并非只发生在弱小的孩子身上，很多成年人，哪怕人到中年，也才刚刚发现自己并没有真正为生命负责，只是在当下仓促地解决表面的问题。这样的发现也让我与那个弱小的自己和解了——成年人都做不到的事，我又何苦责怪高中时候小小的自己。

回归本心，你才拥有自己的生命主题

网络上流行一句名言："生命中最重要的两天，是你出生的那一天，和你弄清楚为何而生的那一天。"要真的弄清楚"为何而生"，确实不容易。我们会因为盲目从众而远离本心，也会因为害怕被他人评判而远离本心，更有可能因为自卑而远离本心。能弄清楚"为何而生"的人，是觉醒的人，与他们相比，我们并不熟悉如何跟随本心而活，而更习惯如何为他人的眼光、社会的规则而活。

我在国外看到过一个故事，主角世代从医，家人对他的期待也是读完七年医学专业成为一名专业医生，但当他坐在大学教室中完成一次书写墓志铭的作业时，他发现，从医的生平描述无法让他感到共鸣，于是他毅然改写命运，放弃全家期待的医学专业，投身商业，最终成为一名商界成功人士，完成了他内心的夙愿。

这种类似自我觉醒的时刻，会在人生的任何时刻发生。我们首先要找到真实的自己，才可以清醒地开始活这一生。

第一次职业轨道的觉醒时刻

我的第一个觉醒时刻是 23 岁时因为好奇而引发的一次短暂对话，它打破了我原本的职业规划，也是从那个时刻开始，我的心里埋下了一颗种子，多年之后，这颗种子让我成为现在的自己。

那时的我刚进入职场不久，目标是成为一名人力资源总监，一篇《外企人 40 岁就是瓶颈期》的文章让我第一次产生了这样的疑问："做到了总监，然后呢？"

人力资源总监是我的直属上级，我便直接去他的办公室问他："老大，你快 40 岁了，接下来的职业发展打算怎么做呢？你已经是人力资源总监了，下一步规划是什么呢？"

我当时特别崇拜他，但那个问题可能戳到了他的痛点，他并没有告诉我一个清晰的答案，后来我想也许我在无意间问了一个强有力的教练问题。

我的内心更加松动：人力资源总监不是我的终极目标，那我的终极目标是什么？我知道我一时半会儿找不到答案，但这个问题警醒了我——我所有的工作和成长不能只是一条线，不能只是为了一个目标，我一定要开拓我的视野，不断去探索，看到不一样的可能性。

这个想法，也为我后来的"职场反脆弱性"提供了基础。

如今的我终于回答了这个问题：30 岁从外企离职，独立创业将近十年，成立了一家教练培养机构，培养了上百名国际认证教练,影响了数十万职场人的工作与生活——最重要的是,通过这种"看起来找不到工作"的知识,我实现了经济独立。

虽然高中时候的自己因为懦弱不敢为自己争取,但兜兜转转十多年,我依然回到了最初的地方,事实证明我的灵魂离不开心理、哲学、人文,包括这本书的出版,也一样是在用"看起来无用的东西"发挥价值。

人要找到属于自己的天命。跟随本心去做事,人自然会发挥出内在的潜力,别扭地去走所谓"正确"的人生道路,只会消耗自己。弄清楚自己是谁,为何而生,是我们对自己生命最大的尊重。

我想到韩寒,同为上海金山人,他在那个极具争议的时代成功出版了《三重门》,那时候,大部分人都不认为这个男孩的未来可以靠写作、运动来实现人生价值。

现在看来,哪有什么不可能?只不过我们不相信而已,不相信人内心的力量所激发出的潜能。我们总是陷入"过分自信"的误区,用当下的有限性,去判定他人的无限性。

天命:成为自己

事实上,辞职前的我已经实现了自己的目标——成为人力资源负责人,还内部转型为亚太区销售总监。如果没有那一次对话留下的种子,也许我会一直以"人力资源总监"为目标，走一条稀松平常的打工人升级之路，而这条路的发展如同一条正态分布曲线。但如今曾经我以为要到40岁才能达成的人生成就在我30岁已经实现，诚如那篇《外企人40岁就是瓶颈期》写的那样，我看到越来越多中年人面对职业和人生的瓶颈无所适从，而我本人也在"总监"的顶点处，遭遇了裁员——美国总部决定全面退出中国市场，首席执行官（CEO）带着总部管理团队、律师团队以及保安团队一天之内就已经把中国区清理干净，效率之高、速度之快，还没等我们伤心，大部分人第二天就不用来上班了。

好在那时候我已经在公司的资金支持下，完成了"教练职业系统培训"，这是我为第一曲线衰败做的第二职业曲线准备。离开公司之后，我放弃找工作，开始自主创业之旅，个人转型在进程与结果上也转化得平缓顺利。与教练结缘也是因为我原来工作的公司有着浓厚的教练文化，让我见识到了教练的身份魅力。我还依稀记得第一次参加两位美国总部教练带领中国区管理层的三天工作坊，他们没有太多说教，却可以让平时高冷、难搞的一群管理者敞开心扉，甚至流下动情的眼泪，用真诚的发现给予彼此最直接的反馈。在工作坊之后，我明显感觉到了管理团队的向心力和凝聚力，这让我被教练的魅力折服，也是在那个时候，我再次被唤醒，感受到了某种召唤：这是我真正要去的方向，是我要做的事，是我的目标。

失业的那段日子里，我站在人生的十字路口，不知何去何从，很多过来人都劝我再找一份类似的工作，努力晋升，积累财富。但我最后还是放弃了这个选择，上一家公司带给我的伤心也是其中一个原因：我对公司付出了心血和热情，最后却因为一个我无法控制的原因不得不离开。那时候的我甚至想，我再也找不到工作体验这么好的公司了。

后来我的前同事，也是位认证教练，可能看到了我的这种心情，就用教练的方式与我交谈，他看到了我内在的渴望，鼓励我说，既然你这么爱这家公司，喜欢公司的文化，你可以做很多事情：

一、把喜欢的企业文化传递到更多的公司里面去，让公司管理层感受到并造福他们的员工；

二、你可以自己开一家这样的公司，让你的公司创建出这样的企业文化和好的员工体验来。

这两句话启发了我之后的人生，做自由教练三年，我做的事情就是到企业内部去，为企业的领导层开展教练工作坊，传播教练理念，帮助企业改善自己的文化土壤，改进团队之间的沟通模式和管理者的领导风格，以此影响一个企业的底层基因。

说起来这仍然要感谢 20 多岁的自己那个一闪而过的念头："做到人力资源总监，然后呢？"——如今看来，这个问题真正在问的是："我的人生目标究竟是什么？"

教练都善于提出发人深思的问题，"一个好的提问，往往已经解决了大半问题"。但并非所有的提问都需要在当下有一个明确的答案，一个好问题，可能让人走出无意识的盲区，逐渐打开人生新维度，我想这才是提问的力量。

活出更大的我

找到自我、回归天命是很多人都想要达到的境界，那份通透与释然，好像自己终于找到了回家的路。但于我而言，找到归途只是开始，走上这条归途，让这一生不再迷路才是更大的课题。

对我而言，这个课题分成了两步：第一步是活出自我，这是一场努力让内心所向与世俗标准之间平衡自洽的修行；而第二步则是学会放下自我，养成敬畏世界的谦卑心，这让我真正体会了什么叫作活出更大的我。

活出自我才是真正的课题

找到命中注定的人和找到自我，都是很好的事情，但活出自己才是人生真正的课题：如何活出自己，如何在现实生活中创造出我想要的人生结果和过程体验？

很多年轻人来找我做教练的时候，都想知道自己的天赋和使命是什么。他们因为工作内卷、被上司逼迫、不被认可而失去自信，在这种时候，他们总想找到一个能够真正发挥自己的"锚点",好像觉得找到属于自己的天命就能解决自己当下的困境。

就如同本书其中一位作者调侃的那句话:现实故事的结局从来都不是"王子和公主从此过上幸福的生活",而是"王子和公主从此过上了更有干劲的生活"。

找到天命、回归本心只是开始,追随本心的一系列行动才是真实人生。

我看到许多人因为无法在现实中获得价值感转而去到内在世界中获取自我价值感,通过谈论意义哲学,不断表达内心需求以获取关注来安慰自己,逃避现实世界中的核心问题。比起去创造让自己和他人认同的实际结果,他们更需要心理上被认同。

"不要用这些虚幻的安全感麻痹自己,而是要迎向让我们恐惧的自我挑战。"这是我常常跟客户说的话,因为只有在现实的挑战中,我们才能认清自我,拥抱自我,从实践中找寻并获得与现实不矛盾的自我和解。

价值观 VS 世俗成功

在我做自由教练的三年里,我一边迷茫,一边积极行动,终于让自己的收入超过了当时在企业中的死工资。我也因此越来越独立,我想这可能已经是"活出自我"的最好版本了:尽情展现自己的天赋的同时,也没有让收入和生活质量下降。后来很多人都让我分享用热爱实现财务自由的心得。

但那时候我内心却并不快乐，甚至没有在原来的公司打工的时候快乐，而让我真正感觉到回归自己，反而是我意识到我不想继续做自由职业者的时候。

虽然做自由职业者时，我过得很好，收入高，工作时间少，而且我每次去客户公司，都得到了热情的招待。作为乙方，我获得甲方超出预期的照顾与关怀，项目实施三年，我收到客户公司从上到下许多感谢和认可，他们说，我的出现，我带来的理念和认知、管理与领导的方式改变了他们，也给他们注入了很多活力。按理说，收到这样的评价我应该很高兴、很满足，但我的感受并非如此，我高兴不起来，我的心里总有一份怅然若失：我好像跟他们很亲密，但我始终不属于他们，我不是他们公司的一分子，我觉得自己像飘零的浮萍无所依附。

"自己不属于任何一家公司"，这段体验和感受就像一面镜子，照出了我的一个重要价值观：归属感。因为在上一家公司的经历，我才发现原来归属感对我来说非常重要，重要到哪怕我自己赚到了更多的钱，我依然不快乐。

后来我开始投身创业，并创建自己的公司和团队，很多人都问我，你为什么不坚持自由职业，明明做自由职业者比创业更赚钱。

但我认为，每个人都有自己更看重的东西，我看重的就是归属感和一个踏实的组织，像一个窝，能让我一直在里面待着，我的每一步都在为这个组织的未来打下基础，我和组织一起成长，这才能让我感受到价值感。

当我明确自己的目标，放弃高收入，低头走进泥泞，一步步跑通商业模式，成功建立团队并创造价值的时候，我才是真实地在践行"活出自我"。"活出自我"就是确立自己的价值观排序，同时跟随本心去活出自己的人生。

"活出自我"听起来让人激动，动力满满，但它有时候也代表某种释然，让人回归内心平静。

很多人在做选择时免不了权衡利弊，考虑风险与机遇，但我认为一个人做选择时最根本的指南针应该是认识自己的价值观，以价值观为指南做出人生的种种决定，只有这样才会让你获得内心的平静，收获真正的归属感——这也是我后来组建团队创业的原因之一，即便创业后的三年我的收入相比自由职业明显下降。

写到这里，我的经历就像一个成功转型后开启第二人生的故事，比起创业失败、裸辞又回去打工，也许我可以算作是成功的。但从另一个角度来看，从自由职业到创业的我也未必是成功的，作为管理者，身负业绩重任，还需带领管理团队，其实我并不轻松，虽然业绩每年都在翻倍，但比起自由职业的那几年，我付出的时间和精力要多出十几倍，个人收入却缩水很多。

但这样的结果，我甘之若饴，并且想继续下去。因为在转型摸索的这些年里，我已经找到了金钱与价值观之间的平衡：金钱很重要，但归属感与意义感也很重要，我既不回避自己对金钱的需要，认可努力创造金钱价值的自己，也不让自己沦为金钱和世俗成功样板的奴隶，始终保有我的人生掌控权。

活出更大的我，也是自我价值体系与世俗成功标准碰撞出的自洽。

两次走迷宫"去自我"

说了很多关于找到自我、活出自我的内容，最后这部分，我想聊聊"去自我"，因为我相信一个人只是活出自己是不够的，我们还要经历另一个成长阶段，就是"去自我"，因为"我执"会阻碍我们活出更大的自己。

一个人的"我执"太强不是一件好事，我们都知道自大和骄傲会让人盲目，而过分盲目则会让人陷入危险。但很多时候，"我执"的滋生是不可见的，难以被察觉的。在说现实故事之前，我想先分享两个让我反思良多，甚至可以称得上震撼的游戏活动，来说说那个隐形的"我执"是如何存在并作用于我们的人生的，以及为什么"去自我"才可以活出更大的我。

在我的原公司，我参加过这样一次领导力培训，其中一个户外活动是教练蒙上我们的眼睛，把我们带到一个树林中，进入一个大概20平方米、用错综复杂的绳子交错形成的迷宫中。游戏规则很简单，就是让我们找到出口，走出这个迷宫，且每个人都可以举手寻求工作人员的帮助，我们就这样"上套了"。

一开始的十几分钟基本没有人举手寻求帮助，每个人都在走路摸索，试图描绘出迷宫的样貌，找到出口，但走了将近20分钟依然没有结果，于是有人开始举手寻求帮助，我也在那个时候举手了。

当我被搀扶着走到一边，工作人员悄声问我："你需要什么帮助？"

"这个迷宫是什么形状的？"

"圆形的。"

"这个迷宫的出口长什么样？"

"它的样子很难描述，挺抽象的。"

"能告诉我大概的路径图吗？"

"没有特定的路径图，每个人都可以用自己的方式找到出口。"

"之前有人找到过出口吗？"

"有。"

"有什么秘诀吗？"

"不能用你现在的思维去找出口。"

"说了跟没说一样……"

很显然我没有问到自己想要的信息，于是被无情地送回了迷宫继续摸索，在天气不是很友好的户外，我站了40多分钟，其中还有好几次举手寻求帮助，却始终无果，累到崩溃的我决定放弃，于是我再次找到工作人员，说："我真的不行了,我找不到出口,你能帮我离开这个迷宫吗?"

"恭喜你,你已经找到出口了。"

我的眼罩被缓缓摘下,眼前景象朦朦胧胧,但我的内心更加迷惑:这是什么情况?

在后来的活动复盘中,我才明白,这个迷宫的"出口"仅仅是要我们理解"寻求帮助"的真正意义,那就是完全的谦卑,把自己的困局全然交给别人,直接地展示自己的需要、甚至内心的脆弱面。

那一刻我被震撼到了,回顾之前问工作人员问题时的我,还在试图掌控、维护"我可以""我是聪明能干的""我可以搞定"的自我形象,殊不知,正是这种维护自我的企图,让我无法得到真正的帮助和支持。

这一次的经历让我在日后的工作和生活中放下了很多自我包袱,也让我学会重新建立身边的合作关系——把自己全然交给别人的信任。

但这一课之后,还有更让我深思的一课,那就是我的第二次迷宫经历。

多年以后,我阴差阳错在另一个领导力培训里再次被蒙上眼睛与另一群伙伴被带到一样的迷宫,规则依然相同,当时的我还沾沾自喜:这个我玩过。

于是,我第一个举手走出了迷宫,我摘下眼罩在边上观看其他人的"煎熬"。时间过半,已经有四五位同学和我一样走出了迷宫,这时教练突然问了我们几个人一个问题:

"你们可以继续留在这里,也可以再次蒙上眼睛进入迷宫帮助里面的伙伴,但你们只能说一句话:寻求帮助。"

我选择去帮助他人,和我一起的还有三四位,我们被蒙上眼睛后重新进入了迷宫,能做的就是不断对着迷宫中的伙伴大喊"寻求帮助!"。

时间过去了一个小时,有三位伙伴自始至终都没有走出迷宫。

复盘的时候,他们的反馈让我大惊失色:"如果没有那么多人重新进入迷宫,也许我会因为孤独和无助而求助,但因为有他们,以及不断呼喊的声音,让我觉得其实情况没有那么糟,我也没有那么糟糕。"

他们的话让我不得不面对另一个隐藏的"我执"——拯救者的自恋。

也是从那时候起,我放下了要在客户公司里找归属感的执念,我突然意识到,自己对甲方组织/团队担负了过大的责任,对我而言,这只是一个领导力发展的项目,而我却想为他们的业务、战略以及管理者的情绪状态负责。也是从那时候开始,我开始思考组建并拥有自己的组织和团队。

回首两次迷宫体验,第一次我23岁左右,第二次我30岁左右,我很庆幸,能在自己还年轻的时候有这样的经历,让我有机会知道自己需要的是什么。人如果一直拥有审视自己的机会,就如同拥有巨大的"金矿",在人生的每个阶段都能调适自己,放下一些无用的固有模式,进化自己,破茧成蝶。

如果说人生的第一阶段是跳出庸庸碌碌的标准模式找到自我，回归本心，第二阶段是用实际行动活出自我，同时找到内心所向与世俗成功标准的平衡，那么第三阶段就应该是通过放下自我以活出更大的自己，如同一个"容器"，能承载更多生命和更大的世界。这三个阶段的充分体验唤醒了我精神里的"利他性"，中国人从小都不缺帮助他人、无私奉献的教育，但我认为，在一个人的自我没有完全构建的情况下，所谓的"利他"并不是真正发自内心的无我，大部分的付出都藏着求认同、求回报的企图，而一旦没有得到期待中的回报，所有的利他付出都可能演变为情感绑架的冲突。

我发现自己真正生出"利他性"的时刻，是创业后第一个员工到来的时候，那一刻，我感觉自己有一种投入感——一种可以将自己完全投进去，不求回报的感觉。

拥有承载的力量

我的第一个员工叫小欣，她进入公司工作的前几年，受到客户的广泛好评，很多人好奇："你们远程办公，是怎么做到让员工如此投入、如此负责的？从员工的言行中，我能感受到十分的真心。"

这个故事我曾在私下讲过无数遍，公司最初组建时只有合伙人团队，在我们连商业模式都还没有摸清楚的时候，小欣参加了我在莫干山举办的一个静修营，回来之后她就打了好几个电话表示想要加入我们。

那时候我还没有招人的计划,因为我认为组织还处于初级建设阶段,都称不上一个"组织",有的合伙人甚至还有自己的本职工作,就算他们辞职,公司也要经历一段时间的成长才可能发展出正常的业务节奏,事实上,这个成长确实花了很多年。

接到小欣的电话时,我心想:我这三年的微薄积累,还要再养一个员工,真是够呛。我的第一反应是拒绝。

我和小欣前后通话不下三四次,每次都超过一小时,我们各自的表达看似完全不在一个频道,但我们都知道,彼此的情谊在这一刻就已经种下。那时小欣在电话里不断跟我说:不要嫌弃她能力不够,也许她暂时不符合我的要求,但她会努力学习、好好成长,她真心希望加入并支持我的组织。

她的真挚让我感动,但我还是不得不向她表达我的担忧:不是你不够优秀,而是我真的不敢承担你的未来,我怕我给不了你满意的收入,更怕这么小的公司的履历不足以支撑你未来的职业发展。

也许在那时候的小欣眼里,我优秀到让她向往,也让她敬畏;而在那时候的我眼里,小欣真挚的信任也让我珍惜到不敢随意亵渎。就在这样的推搡和交流中,我最终决定雇用小欣,她正式成为公司的头号元老级员工。

虽然我常常笑称:"是小欣厚着脸皮来我们公司的。"但我记得自己录用她那天说的一句话:"实在赚不到钱的话,我就把我的钱分给你。"

那天的小欣并不知道,说出这句话时我就做了决定,先前所有的拉扯推搡,都是因为我怕自己承担不起她的未来,而只有说出那句话,我才真正决定投入自己,去承载一个人的未来,把我们的未来编织在一起。

对于一个自由至上主义者,那一刻,我比结婚还认真。

现在看来,小欣的加入才是真正完成了我心理意义上的"创业",这才是我创业的意义:创建一个真正有情谊的团队,一起实现彼此的人生价值。

如今我的团队越来越大,不仅有小欣这个坚实的后盾,还有成长迅速已经可以独当一面的丹婷,以及陆续加入的其他小伙伴,还有一支非常优秀的专业教练导师团队。

也许在外人看来,创业者就是老板,但并非所有老板都有"承载他人人生"的意愿,如果一个人在选择时没有考虑他人,只考虑自己的价值观和期待,那他只是活出了"小我",就像最初那个自由职业者的我。在我的成长历程中,我觉得自己成为老板的时刻,是从心理上有了要去承载他人人生意愿的时候,对我来说,这是完成从独立自我到互赖合作的成长过程。

如今,我在做任何重大决策时,都会考虑到小欣、丹婷这样的团队成员以及我的核心师资团队、社群学员,等等,并不是说我要背负他们的人生责任,而是我知道自己不再是一个完全独立的个体,我可以把后背交给同伴,也可以为同伴撑起一片天，打出一片江山。

如果一个人拥有强大的自我，就如同穿着盔甲上阵，安全却也沉重，杀敌酣畅但也需要时时警惕；但当一个人逐渐放下自我去承载他人、连接他人时，就好像脱下盔甲，看上去好像失去了基本安全保障，实际上他的安全感来自身边越来越多的人的支持。得道多助，失道寡助，真正的利他者，依然用结果说话。

创业至今，我发现自己产生一种即使我跌落、失败，也会被无数人稳稳接住、安全扶起的安定与确信，也因为这份安定与确信，我愿意为千万人抱薪前行。

结　语

作为人生教练，我们不只是支持他人活出自己，自己也在不断升级成长，我的故事还在继续，我的成长也在继续。

所有人都可以活出属于自己的第二人生，很多人已经走在觉醒的路上——一个人要活出自己的第二人生就必然要经历自我觉醒，认识自己的价值体系，不被世俗成功标准所左右，其间要经历种种内在探索和外在改变，不可不称之为一场彻底的英雄之旅。

接下来的内容中，作者们会用更多维度的故事来描述一场场心灵与现实碰撞的英雄之旅。

有人曾问我，每个人的蜕变都可以称作自己的第二人生，那什么是成功的人生呢？

这个看起来俗气但又是每个人都在追逐的问题，我想这本书也在有力地给出答案：

成功不是比较，没有标准，它不可以用某个具体结果来衡量。

成功是能自主选择如何面对自己的人生，当我们为自己的选择负责的时候，就是用主人的姿态在面对自己的人生，当我们能坦然地面对成败，用微笑活出真实自己的时候，我们就是成功的。

希望与这本书有缘分的读者，也能经历各种探索，活出属于自己的第二人生！

本篇作者简介

秦加一 Tiffany

倾析本质创始人、CEO。某跨国美资企业中国区原人力资源负责人、亚太区销售总监,后转型自由教练、创业者。从一人开公司到带领千万销售额团队,擅长陪跑从 0 到 1 转型和自主创业的女性。

手机(微信同号):13918678976

邮箱:tiffanyqin918@hotmail.com

练习一

如何找到本心，
活出真实的自己？

在人生教练课堂，我偶尔会让学员做以下三个场景的练习，这三个练习能让你接近本心，看到最初的人生使命，触碰到真实自己的边缘。为什么说是最初的人生使命？因为这个练习在人生的不同阶段都可以拿出来做，人生使命、意义或目标，并非固定的具象化结果，而是一个动态的探索过程。我们总以为人生就是设定一个目标然后直线行进，但世事无常，我们也无法预测未来，避开挫折。人生应该是抓住使命的主线，与当下共舞，始终不偏离本心地与世界交互、共行。

每次看完一段内容，你都可以闭上眼睛，让自己置身其中，放下所有杂念，用心去感受自我。

第一个场景：晚年智慧

想象你的人生已经来到 80 岁，老年的你积累了一生的智慧与财富，回首一生，你写下一篇自序，你用最真诚的视角和口吻回顾自己的一生，历数自己这辈子真正觉得重要和珍惜的东西，以及如果人生重来一遍，自己会如何度过。很多年轻人都希望听到你最真诚的表达，他们不想听权威专家的声音，只想听到一个普通人的分享与忠告。人生不易，当你在回顾自己一生的时候，你希望把怎样的智慧留给世界？

如果你准备好了，请时光穿越到你的80岁，开始书写你的自序，5、4、3、2、1，请给世界留言。

第二个场景：广场演讲

你马上要在一个广场的中心位置做一个30秒的演讲，等你开始讲话，广场上的500多人都会洗耳恭听，很确定的是，他们的人生将会因为你的30秒演讲而发生改变。此刻广场上的人群还在各自交谈，一旦你准备好上台，开始这30秒的演讲，他们都将静默，专注聆听。

准备好了吗？5、4、3、2、1，请开始你的演讲。

第三个场景：空白创造

想象你要去一个全新的、与世隔绝的岛上，岛上有健全的生存系统，适合人类和其他各类生物生存，这个岛在未来是完全独立的，政治独立、文化独立、生存独立，只是目前为止岛上还没有任何人类和生命迹象，而你被授权指派来到这个岛上，从零到一搭建一个新的文明体系。

你带领自己的团队和充足的资源，坐船来到了这里，在下船的这一刻，你需要跟团队描述你的愿景，你想要创建的世界是什么样的？要有什么，没有什么？岛上的生活应该是什么样的？

准备好登陆了吗？5、4、3、2、1，请开始你的创造。

如果你发现想象这三个场景很艰难，请查看是不是以下想法绊住了你：觉得自己无法影响他人，过好自己的人生就可以了；自己没有渴望的事物；觉得想这些不能实现的东西没有意义。

有这些想法很正常，我第一次做这些练习时也摸不着头脑，但后来我从这三个练习的出发点来理解，便找到了深度思考自己的方向。

第一，这三个场景在人生的不同阶段都可以做。

在人生的不同阶段做这几个练习时，你就会发现几次练习的不同之处，那些不同体现了你当下的心态和生活状态，而那些反复出现的相同的关键词，可能就代表了你生命中不变的底色，是你重要的价值观。如果你发现了这些，请不要忽略它，跟随本心的线索去思考你的人生该如何过。

第二，这三个练习的出发点一直都是发现自我而不是设定目标。

很多人担心自己想象的尽头是一个必须实现的目标，并为此而备感压力，但实际上，这三个场景的设定都是在让我们通过不受束缚的自由想象来发现自己内心的声音,从而更深入地挖掘并了解自己。

我认为的生命的意义无非是先活好自己,然后在与他人交往的过程中去产生利他的影响力,尽力帮助他人,这两个维度都在暗示我们自己想要创造的人生/世界是什么样的。这里的世界是和我们相关的世界,而不是地理意义上的世界。上面的三个场景包含自己、他人以及世界的三重意义,值得我们每个人不断去探索、去发现。

当然,人生教练有各种方式带你探索自己,如果这三个场景无法满足你的自我探索、使命发掘,那就去找个教练来支持你吧!

第二部分

被痛"吻"醒

如果爱不能唤醒你,那么生命就用痛苦唤醒你。
如果痛苦不能唤醒你,那么生命就用更大的痛苦唤醒你。
如果更大的痛苦不能唤醒你,那么生命就用失去唤醒你。
如果失去不能唤醒你,那么生命就用更大的失去唤醒你,包括生命本身。
生命会用生命的方式,
在无限的时间和空间里,无止境地来唤醒你。
生命会用生命的体验,在无尽的生死和轮回里,不停息地来唤醒你,直到你醒来。

02

人生
不设限

文 / 赵晓霞

> 如果生命让一些事情发生,那我就把它们都当作是来引渡我的。如果自我要抱怨,那我就用一切机会让他放手,然后向生命臣服。
>
> ——迈克·A. 辛格
>
> 《臣服实验》

冬日的上午,我刚刚结束一场教练对话,起身沏了一杯茶再次坐回书桌前回味着刚刚结束的对话,感觉意犹未尽。是的,每一次这样的对话都会带给我很大的满足与触动,茫茫红尘中每一个生命被看见,都令人心动,也让我着迷。此刻,一缕温暖而明媚的阳光透过书房的窗户倾洒在桌前的一束洋甘菊上,我注视着眼前明媚淡雅的小花,嗅着弥漫在空气中的淡淡花香,周围的一切愈发宁静而温馨,令人喜悦,也让我心生感慨。

成为教练，曾是我第一次上教练课时种下的一个小小梦想，如今，这个梦想成真了，我也成长为一名专业教练，一切似乎不可思议，却又无比真切。

回想起来，一切都是从我49岁那年开始的。

49岁是百岁人生的中场，也是我充满焦躁和不安的一年，而我在中场走到了人生最低谷，我发现自己的工作和生活进入了一个死胡同：是否该结束熟悉的人生模式，考虑开启一项新事业？我陷入了迷茫。

然而就在此时，我真正的自我觉醒一点点开始了。上天是公平的，它总会用它的方式教会你怎么面对这个世界。

我的人生第一课：面对与结束

49岁那年，我的事业走到了死胡同。

我大学毕业后就被分配到北京工作，成为一名工程师。几年后，我出国读MBA，从此留在国外工作，完成了从工程师到管理者的转型，成为一家上市公司中国市场的主要负责人，还参与了公司最初在中国市场的业务拓展，包括项目投资、合作和运营。后来我转型成为管理顾问，开始创业，眼看着客户越来越多，前景一片大好，却因为经济环境变化，原有的业务模式无法继续，之前谈好的客户也因为政策变化无法履约，我逐渐认识到行业未来的前景不太乐观，必须进行业务转型，但转向哪里？怎么转？我对此一片迷茫。

此时，我的亲密关系也走到了死胡同。

很多年来，面对亲密关系，我就像一个把头埋在沙子里的鸵鸟，不敢触碰真实的现状、面对自己真实的感受，更不知道怎么面对常年累积的问题。我明白，这种无措和恐慌和我的成长经历有关。60年代末，我出生于一个北方小城市，父母都是60年代毕业的大学生，他们有爱、民主、开明，一切以子女的需求为重，家庭成员彼此关系很紧密，在这样的家庭里长大，带给我的多是爱和温暖，让我看待世界的眼光既单纯又理想化。在我的成长经历中，没有人告诉我该怎么面对冲突、面对不完美。

完美的原生家庭让我在心里将婚姻视作一生的归宿，认定只有恩爱的感情，才能够让人生完整而幸福。在我的家族词典和人生词典里，从来都没有"离婚"两个字。我清楚记得，这个词第一次出现在我的脑海中时我的感受——恐惧如大浪一般劈头盖脸涌过来，我就要被淹没，差点窒息。

那一年我真正意识到，我就要进入50岁了。

50岁！未知的人生犹如一团迷雾，从前我远远地躲着，假装看不到它，直到现在，它一步步走近，离我越来越近，直至扑面而来，可我还没有准备好和它相拥。我又想看到它，又不想看清楚它。一想到50岁的自己，随之而来的是恐慌和担心，我开始担心自己的容貌，担心自己的身体渐渐老化，担心一个人面对孤单的生活，担心自己的能力是否跟得上日新月异的社会发展，担心自己与社会渐行渐远……但是不管我有多担心，50岁该来的一切都如约而至，和我如影随形，我不得不面对未知的自己。

我开始焦虑，如同掉进了失重的下行通道，一直往下坠，直到一件比我预想得还要糟的事情发生，我突然发现自己不焦虑了，脑海中有个声音冒了出来：让该来的都来吧，还能坏到哪里去？那一刻我似乎一下子踩到了扎扎实实的土地上：到底了！未来发生的一切都将会更好！当我直面现实，神奇的谷底反转发生了，我突然有了能量和勇气去做我早该做的一件事：结束。

首先，我要结束我人生上半场的角色羁绊，结束那个不快乐的自己。

但这不是一件容易的事情。对我而言，我要结束的不仅仅是一段婚姻关系，还是从小到大树立的对完整家庭的执念，对美满婚姻的理想，我要告别稳定的家庭带来的内心依赖与安全感，也要告别我在别人眼里的完美人设。

我要跳出原来的职业跑道，告别熟悉的工作习惯，告别过去的工作资源和人脉，告别稳定的居所，甚至告别熟悉的社交圈子和朋友。

我要改变无所不能的母亲角色，放下对孩子习惯性的呵护，放下对孩子的担心——孩子已经长大，他会有他独立的生活，那原本很紧密的母子关系带给我的安慰与安全感，我要慢慢学会放下。

有一种说法是，人的成长就像龙虾换壳，剥掉原有的壳就要袒露脆弱,这是一段危险的历程,但如果不换掉这个壳,你就无法长大。今天脆弱的壳,过段时间,终会变成强壮的保护罩。现在我要做的就是在开启人生的下半场之前,脱掉原有的壳,再次成长。人生总会有结束,结束也是新生。幸福都是奖赏给舍得的人的,敢于拥抱未知才是真正的勇者。

人生永远有选择

处理完家里的所有事宜,结束了原来的工作业务,把孩子送到大学读书,我离开住了近二十年的新加坡,独自往返于中国和新加坡之间,开启了旅行和学习之路。我不知道前面等待我的会是什么,就这样不知深浅、义无反顾地抬起脚,一步一步踩下去。那一刻我才知道什么是真的勇气,那就是敢于面对未知。

我在旅行和学习中慢慢疗愈自己。我去了十几个国家;我学习了心理咨询课程、教练课程、引导课程,以及大大小小的个人成长课;我还去尝试各种各样的工作,做培训,做教练,做项目。学习和旅行填满了我的时间,我忙忙碌碌,看上去一副"潇洒""上进""思想紧跟时代"的新兴退休女性的模样。但实际上,四处奔忙的背后,我的内心依然如浮萍般漂泊不定,在那段日子里,我不断反思过去的点点滴滴,脑中充斥着自我怀疑、不安、焦虑。告别了曾经的身份，就好像斩断了自己的全部积累，但对于未来，我还没有清晰的线索。此时的我就像站在过去和未来的节点上，不知道脚往哪里放，好像哪里都可以，但哪里都不确定……眼前的路，依旧模糊。

不久后，我心中的漂泊感在一次五行指压的课程上被治愈了大半，倒不是这个课程有多厉害，而是授课导师给了我力量。邱老师20多岁从中国台湾移居美国，在那里工作、生活、抚养子女，经历丧偶再婚，如今她和老伴住在美国宾州的一个小小的地方，自己种菜，享受生活。讲课那年，她已经76岁，是从美国专门飞过来的，她看上去很快乐、很放松，是一个可爱的老太太。飞机落地第二天，她就开始授课，看到她时我简直难以置信，她身体的柔软度、灵活度和韧性，超过了很多年轻人，她的自在、谦虚、简单、纯真也深深感染了我，她也是一个非常直白的人，没有一丝矫揉造作。

看到她，我似乎看到了人生的另一种可能性，看到了希望：原来老年生活可以是这样的。

在上一对一辅导课时，老师一边轻柔地给我做着指压，一边轻言细语地和我聊天，不知不觉中，我已经将我的烦恼和对未来的恐慌和盘托出，这时她轻轻说道："要相信人生永远有选择！"

我在之后的很多年还会时时想起这句话，我还记得她说话时的语气，轻柔又坚定，那一刻我觉得自己的身体升腾起一缕暖流，感到一种莫名的轻松，似乎前面的路也不那么模糊了，看到邱老师 76 岁时人生依旧精彩，我想到我的人生还有很多幕，还有很多惊喜，这是多么值得期待的一件事啊。

从那一刻起，我的紧张和不安消失了，取而代之的是释放、愉悦、期待，虽然我现在还不知道未来会怎么样，但我已经不再疑虑，反而充满了期待，准备好了去迎接挑战。

遇见教练，发现自我

当你的内心准备好的时候，属于你的机遇就会来临。

所以，遇见教练是偶然也是必然。四处学习的我，为了顶替临时缺席的同学，偶然上了两天半的教练课程，从此与教练结缘，一路走到了今天。

很多人一开始把人生教练当作第二职业来学习，想看看自己未来是否能成为一个职业教练，通过对话赋能他人的同时，也成就自己的自由而有意义的人生。但对我而言，参加教练课程是一个发现自我的过程。

通过教练课程，我对自己有了更多的发现，我以为的"我"原来不是真的我。

我第一次发现，我从没有真正感受到自己的"感受"；

我第一次发现，让自己"放松"不那么容易；

我第一次发现，愤怒的我从不会表达自己的真实感受；

我第一次发现，我其实不会给自己寻找快乐；

我第一次发现，我隐藏了很多情绪而不自知。

第二部分　被痛"吻"醒

在一次体验练习中，老师让我表达自己当下的感受，我一下子怔住了，感受？什么是感受？我的感受难道不是跟其他人一样的，那些"应该"有的感受吗？

我突然意识到原来在我的世界里，只有"应该"，没有"感受"。

一方面，没有自我感受的人，是不关注自己内心世界的人，这样的人活在"应该"的世界里，时时观察周围人需要什么，努力去满足他人的期待、社会的规范，只有这样他们才能感觉到"安全"，不被评判。另一方面，这样的人不知道自己想要什么，也没法感受到真正的自我满足与幸福，不会体验自己的愤怒，不懂得树立边界，总是为他人辩解，把世界都合理化、好人化，却唯独委屈了自己的内心。

有一次在课堂上，我申请做被教练客户，牵扯出许多回忆，那一刻，教练和我都发现我明明受到了伤害，却从来不会表达愤怒。教练鼓励我，在当下安全的环境里尝试表达愤怒，把他当作那个伤害我的人，但我僵住了……虽然那时我的胸口已经堵得满满的，身体肌肉也绷得很紧，口张得大大的，话已到嘴边，但我就是说不出来。那一刻我甚至感到无助，我为什么会这样？！

在教练的不断鼓励下，我的情绪终于喷涌而出，当我发出声音的那一刻，我才知道自己原来这么委屈，我的痛苦远比我想象中更加强烈。

在那一刻，我终于看见了自己，也接纳了自己。

我要把自己放出来

当我看见原来被压抑的自己，我才知道自己首先要做的是——释放那个真实的自己。

文艺复兴时期，米开朗基罗被问及如何用一块大理石创造出震撼世人的《大卫》时，他回答说："我知道他就在里面，只是等待有人放他出来。"

真实的自己在哪里？

曾经的我之所以没有找到真实的自己，是因为我把完整的自己分裂成了碎片，一片留在婚姻里，一片留在儿子身上，一片留给父母，一片留给公司。我是妈妈、妻子、女儿、领导者、好朋友……但唯独不是真正的我。我努力做一个合格的妻子、有爱的母亲、孝顺的女儿、有能力的管理者，努力想得到他人的接纳、认可与爱，却忽略了最应该重视的自己，到最后，别人眼里的我居然是面目模糊的存在——我只是那个角色，而不是真实的我。他们用他们认知的我的一个角色来衡量我的价值，这让结果也变得非常残酷。

到了人生转折的 49 岁，我突然醒了。于我而言，找到自己的过程就是把留在别人身上的那一片片的自己给捡回来，重新拼凑成完整的自己的过程；直到我越来越完整，面目越来越清晰，我的感觉能清晰地被我看见，真正的我才算完整。

我开始尝试更多可能，我忘记自己的年龄，抱着好奇心去学习，去突破以前的舒适圈。我独自去旅行、爬山，开始做瑜伽，更多地关照自己的感受，我开始有意识地说不，我开始更多地袒露自己……

我经历了一次次开始与结束，经历了一次次爬起来、把自己拼起来的过程。我发自内心地接纳这个过程，因为我发现，有时候那么长时间的辗转，是因为我需要更多时间去发现那个深藏着的、丰富的我，我在花时间慢慢找回我自己，一点点积累自己的底气，直到我终于可以和这个世界说，我是完整的我，不是任何人眼中的那个片面的我。

开启新事业：用使命力支撑前行

这几年里，我完成了教练课程，又投入了大量的时间学习其他课程，之后开始进入培训领域，做个人教练。经过两三年的摸索与尝试，我最终决定在国内开启自己的新事业。但是，这个过程并非一帆风顺，真实的人生不是成功学的标杆故事，真实的人生就算是 U 形上扬的时候，也不是一条直线。我的创业经历非常曲折，问题不断，首先就是缺少资源，其次是没有固定住处。很多次我一个人拖着箱子，如同一只断线的风筝，独自辗转在高铁站、飞机场，奔波在课程交付过程中，恍恍惚惚不知道自己身居何处。还有一次我深夜到达讲课地点，却定错了酒店，在下着雨的午夜时分，让出租车拉着我到处找酒店，疲惫不安的我忍不住问自己：

"我在干什么？我的未来会好吗？"

幸好我有教练陪伴，每次回到教练的课堂，都能让我更深入地去探索内心的议题，很多时候，我知道这份疲惫不安的质疑背后，需要更大的使命感来支撑。

在课堂上，在我与教练的对话中，我一次又一次去探索自我的话题。我看到了自己表面脆弱下的坚强和执着。我能听到内心那若有若无的呼唤，它时而清晰，时而被云雾笼罩，但我知道它一直在，那就是深藏在我内心的人生使命，它如同迷雾中的灯塔，如同长途跋涉时的加油站，持续给我勇气和力量。

我看到一株放在房间角落的绿萝，它怯怯地看着这个世界，不言不语，只想静静地给这个世界增添绿意，不想惊扰这个世界。但它也渴望有人能够俯身上前，发现它的苍翠欲滴，看到它的生命力。这盆绿萝像极了刚开始转型学教练的我。那时我和一群资深的培训师、HR一起学习，身边没有熟悉的朋友，只想默默把自己的事情做好，用自己的绿意丰富这个世界。

我抓住一切机会寻找客户，我的老同学、以前的朋友、课堂上认识的同学朋友，都是我的目标，慢慢地，我有了越来越多的教练客户，也不断有客户给我介绍新的客户。

经过努力，我拿到了国际教练联合会认证专业级教练（ICF PCC）资质，成为一名专业的教练。我陪伴我的客户经历人生的危机事件、事业低谷、婚姻冲突、职业转型，通过教练对话真切地影响和帮助到了很多人。客户的反馈也让我对工作更加动力十足。有一次，我把客户反馈发到朋友圈，儿子看到后问我："妈妈你是因为这个才做教练的吗？"我笑着反问他："你觉得呢？"

我把教练方法和理念带入企业，结合我的管理经验，做高管教练、团队教练，帮助组织和团队达成高绩效。我曾经服务一个企业一年半之久，用高管教练、团队教练，还有培训的方式，陪伴这个企业完成变革转型。渐渐地，我也从幕后走到台前，不光做教练，还开始讲授教练课程，做教练督导，给企业上管理课。

这时我才意识到，年龄带来的不再是羁绊，而是宝藏。多年的人生阅历、丰富的管理经验都成为我的优势，这时我看向曾经角落的绿萝，我欣喜地发现，原来它已经被搬到了户外，成为花园里五彩缤纷的点缀。

今天的我，开始主动突破自己 I 人（内向型人格）的特质，开始做自媒体，主动表达自己，也尝试主动联系别人，扩展资源。我发现我的人生使命是成为一棵大树。是的，我要长成一棵高大挺拔、根系发达、树干茁壮、树叶繁茂的大树，可以为人遮荫避雨，不断向下扎根，向上生长，汲取天地间精华，向宇宙发出呼唤，成为一棵充满生命力的大树。

第二人生

相信自己有翅膀，臣服于风的托举

现在的我慢慢走出了那个痛苦而混乱的时期，心情变得温暖而宁静。我实现了自己的梦想，成为一名专业教练和老师。写这篇文章的过程让我回想起这几年的经历，也勾起很多回忆，一幅幅画面在脑海里闪过，我的内心非常忐忑。很诚实地说，有些回忆我现在仍然不愿记起，但反复咀嚼、消化这一路走来的过程，还是带给我很多收获。

当我以抽离者的视角回顾自己的经历，我不禁问自己："我真正发生了什么改变？支持我这几年一路翻山越岭的是什么？"

我重新梳理了自己的心路历程，看到了一直站在我背后的爱的力量，它们来自于亲人朋友，也来自于我内在的生命力。是那些支持我的爱的力量为我照亮内在的盲区，帮助我穿越痛苦，去寻找光的方向；也是它们让我对这个世界抱有好奇，希望与世界共舞。

我真切地看到了自己内心的热爱，像一团火，在旷野中经受风吹雨打，有时那团火甚至只剩下小小的火星，但是它摇曳着，不肯熄灭，一旦暴风雨消失，就再次闪烁起来。我想我会拥着这团火苗，伴着我的第二人生一直走下去。

我走到窗前，望向远处的天空。北京冬天的天清澈透亮。打开窗户，一阵清凉的空气扑面而来，让我的头脑无比清醒。我感觉自己正处在人生最好的阶段，身心自由，时间自由，心灵自由，没有束缚。

　　我相信自己独特的生命力，相信宇宙的力量，我会带自己经历生命更多的精彩，走出属于我的第二人生。我不禁对自己心存感激，感谢自己一直以来为追逐生命的意义而付出的所有努力。此刻，很多的祝福从心底流淌出来，给我心目中的自己。

写给寻找自己的她

　　她一直在寻找自我的路上漫步，
　　曾经，一直在逃避真实的自己，
　　因为拥有的温暖，也因为经历的伤痛，
　　她胆怯了，不敢面对内心的渴望和无法回避的告别。
　　然而，她终于意识到，
　　结束并不是毁灭，而是重新开始。
　　在告别与结束之后，
　　她可以开启新的旅程，
　　她站在风中，往返于春暖花开与寒风朔朔，
　　那些痛苦和忧伤，
　　和晨起的阳光，
　　一切都化作勇气，支撑她走向未来。
　　她一路前行，
　　内心越来越安静，却越来越强大。

第二人生

无论遇到什么样的迷雾和坎坷,
她都能以更加积极的方式面对。
她像一棵茁壮成长的大树,
勇敢,而且更加成熟自信。
她真正到达了一个无比光辉的未来。
没有遗憾,也不会失去希望,
是的,无论如何,她将始终坚信,
生命的每一秒钟都将更加精彩,
她的故事还在继续,
愿她如天鹅,尽显瑰丽芳华。

本篇作者简介

赵晓霞

国际教练联合会认证专业级教练，二级心理咨询师。新加坡国立大学 MBA，台湾暨南国际大学心理咨询硕士。支持上百名客户解决人生与职场困惑，也用团队教练的方式支持达成高绩效团队。

忘记自己年龄的文艺老青年，爱旅行，爱生活，爱一切美好的东西。

手机：13911141971

邮箱：3329448923@qq.com

03　从作茧自缚到破茧而出

文 / 陆赟 Sally Lu

阳光洒进来的上午，我在办公室里为向日葵浇完水，打开电脑，随着键盘的敲击声，我的思绪又回到了两年前……

那时的我常常失眠，每天最大的愿望就是醒来的时候天是亮的，我的体重也从50公斤下降到了44公斤。而当我拖着一具"行尸走肉"般的身体鼓起勇气走进宛平南路600号，终于等到大厅屏幕上弹出自己的号码，耳边听到医生那句"说说吧，说说你的情况"的时候，我深吸一口气，开始了我的讲述……

时至今日，我仍然记得那时我清晰的呼吸声，以及隔着口罩都能闻到的诊室里的味道——那是苦涩的味道。

三重打击，凛冬时刻

从2019年末开始，在之后的三年中，我经历了三重打击,至今回忆起那些日子,我的身体都会微微发颤,我称那些日子为凛冬时刻。

冰封的"花园"假期

2019年本应该是我职业生涯中的高光时刻——在一家公司兢兢业业12年,从行业小白到中层部门经理,最后成为中国区董事总经理。12年间,我和公司共同成长,共同迎接挑战,克服危机,甚至在公司遭受重创岌岌可危的2014年,我也没有选择离开,而是临危受命,将它从濒临倒闭一步一个脚印做到了年销售额达6亿,从招不到人才到成为业内知名公司,彻底扭转了公司以往下滑的发展局面。

公司业务稳定后,我选择在自己的职业高峰期退场,期待新的挑战。但现实给我上了很残酷的一课,就在我提出辞职的第二天凌晨1点,一封冷冰冰的《CEO致全公司》的邮件宣布了我的离职,HR第一时间告知我进入了Garden Leave——花园假期[1]。伴随着猜测和谣言,一段主动离职的关系瞬间戏剧化地变成了不算体面的"被离职"。之后很长一段时间,我被阴影笼罩,见证了所谓人性的真实:曾经亲密无间的工作伙伴和下属,或对我避而远之,或假装不认识,最多只是偷偷跟我打个招呼,曾经熟悉的人变成了一张

---

[1] 花园假期:即离职(辞职或以其他方式终止和公司的劳动关系)的员工被指示在通知期内不用工作,带薪休假。这个有优美名字的假期,意思就是你不能去公司了,你的职务被卸下,这段时间你得在家休息。

张陌生的面孔。

经过半年没有收入的非竞业停滞期后,我找到了新的工作,却又不幸遭遇新冠肺炎疫情,我一方面要应对疫情的直接影响,另一方面还要应对前公司的各种掣肘的"职场封杀",本以为的鲜花和掌声在职业巅峰的华丽转身期,却成了眼前的唏嘘落幕。坦率地说,当时的我,连问题在哪里都不知道,只有愤愤不平和满腔的委屈、质疑,但我来不及收拾情绪,只能告诉自己努力工作,继续往前走吧……

现在回想起来,由于我当时没有好好照顾自己的情绪,所以那些不自知的负面情绪一直被我堆积在黑暗里,从未散去。我一直在用给自己"加压"的方式促使自己不断前进。

雪上加霜的离别

2020年,也就是父亲确诊运动神经元病——俗称渐冻症的第三年,他最终没有战胜病魔而离世。

此前,全家一起在餐厅为父亲庆祝了他的70岁生日,谁能想到那竟然是父亲和我们一起度过的最后一个生日!我的父亲是我一生中对我影响最大的人,我的坚强大部分来自于他。很长一段时间里,我在学业、职业、家庭、生活中所有的努力都是为了成为父亲的骄傲,虽然也曾厌这样的自己,挣扎着试图摆脱父亲的影响,学着独立,但我明白,父亲一直是我最坚强的后盾。

直到病重,父亲依然是我认识的人中最坚强的老头,我内心最深的脆弱也只会在父亲面前袒露，仿佛只要在他面前，我就还是那个可以藏在"没事，天塌下来还有爸爸"的安全臂膀之下的小女孩。

在父亲最后的日子里，他自觉无法做到体面而有尊严地离开，心情郁郁。我不敢多言，只能默默陪护，却没料到半夜接到了医护人员的电话说父亲试图自杀，只是那时候他连握刀的力气都没有了。看着父亲如孩子一样，愧疚地对我说："我错了，给你添麻烦了。"我只能背过身拭去一脸泪水，那是我第一次感受无能为力的痛苦。

不久后父亲离开，仿佛带走了世界上所有人对我的疼爱，"我被抛弃了！"我的内心一遍遍嘶吼着，无处安放的不安向我袭来……

消失的朋友

2021年，压倒骆驼的最后一根稻草，是一段十年挚交断崖式的结束。

她曾是我身处谷底时最可靠的救赎，我们曾经亲密无间，亦师亦友，相互陪伴，经历风雨，但我以为坚不可摧的友情却在转瞬间崩塌。伴随着欺骗、隐瞒和诋毁，我的朋友在权衡利弊确认我对她失去价值的时候，默认了一系列背信弃义行为的发生，甚至在我跟她对质时，本该主动道歉的她先恼羞成怒，摆出一副"我不会让你欺负"的样子，用指责把我逼向绝境，试图坐实我是唯一的问题方，用一个接一个的谎言说服自己她才是受害者。

工作与生活备受打击的我,在最脆弱的时候,遭遇了曾经最信任的人的背叛,之后她便消失了……

我也曾执着"追讨"真相,为她的错误买单,奢望能挽回友情,但她仓促转身,没有留给我任何余地。十年的友情,到最后只能以伤害结束。

又一次突如其来的打击,成了压倒我的最后一根稻草,让我彻底崩溃。重压之下,我一周几乎每天只能睡2个小时,从未有过的匮乏感击败了我,我开始质疑自己,否定自己,甚至怀疑自己的价值。

焦虑与自我怀疑

我的心理和身体不停发出强烈的信号,但我还在努力掩饰,假装坚强,维持公司的正常运转,不让家人为我担心。但是,我心里非常清楚,自己已经走到了崩溃的边缘,不久医生的诊断也印证了我的猜测——我出现了PTSD(创伤后应激障碍)的症状。

我不再自信,深陷焦虑与恐惧之中,阳光微笑的自己只是一具伪装的躯壳,意识到这一点,我的恐慌更甚,我害怕快乐从此离我远去。我一次次反省自己,曾经坚持的做人原则和价值观是错的吗?我人生的上半场究竟是怎样的?

在人生的上半场,我明明获得了世人眼中的成功——

职场精英，有信任我的老板，有跟随我超过 10 年的工作伙伴，在他们眼里，我是无所不能的人。工作之外，我的家庭也幸福美满：先生拥有上海男人的体贴，幽默多识；两个女儿，其中一个已经是大学生，性格似水，敏感而细腻，另一个是初中生，性格活泼开朗。两个女儿有一个共同点，就是无比"黏"我，每每我应酬喝醉回家，半夜醒来，小女儿已经懂事地把睡衣放在我身旁，稍有不开心，国外的大女儿也会放下一切，第一时间给我打电话嘘寒问暖。

只是生活的表面越美好，面对无常的无能为力越明显，我第一次问自己：我真的足够完美吗？

正视自我，寻求突破

自踏进精神科诊室的第一天到现在，我已经做了长达两年的心理治疗，自救的第一步是对自己身体情况的清晰认知，当我被困在情绪里，走入死胡同的时候，我明白自己需要专业人士的帮助。我开始接纳自己：我不是无所不能。

我需要克服羞耻感，接纳别人的帮助。我开始探索自己表面的情绪反应背后那些被自己长期忽略的东西。很多时候我们的情绪表达不是底层冰山下真正的部分，一个愤怒的人底层真正的情绪可能是悲伤，而我也在一系列突发事件引起的创伤中，一点点找到根源，找到那个许久被遗忘的内心受伤的孩子。

虽然我全盘否定自己，但我依然保留着本能的求生欲和相信未来会更好的乐观，我相信自我意识会驱动我在身体、精神得到治疗的同时，寻求可能的突破口。

找到职业突破口

我意识到自己前半程做职场高管时不是高枕无忧，而是危机重重，职位越高，职业风险系数就越高。第一家公司的职场封杀不仅仅是对我情感投入的伤害，更多的是让我看到职场上的自我很弱小，我需要寻求更大的职业突破，管理的职业技能需要一个好的职业平台，除此以外，我需要有其他方面的一技之长，一个可以让我自给自足的专业技能，且我希望这个技能对他人是有价值的。我开始分析自己的强项、喜好、知识、经历，在自我分析之后，我尝试进入了教练行业。

开始教练学习后，我找到了一套帮助自己、自我觉察的方法论，有了工具，对于过往的经历中那些曾经的问号，我如剥洋葱似的有了一些答案，虽然可能不是全部答案，但我的固有思维有了转变，比如教练里提及的同理心。其实我们都知道同理，但是真正要在生活中带入中正无我的同理非常难，需要经过很多实践与锻炼。感同身受只有在你真的穿上对方的鞋子，和对方走一样的路的情况下才能做到，而现实是，大部分时候你没有机会和别人走完全一模一样的路，所以教练培训我们放下评判，锻炼同理，感知场域，深层聆听。这些技能锻炼本身就是一种自我修炼的过程。

当我换位思考的时候，我开始去尝试理解自己的职场经历，商场如战场，那些曾经在我眼里难以理解的行为，也许对公司而言是用最快速的反应降低公司损失的行为，剥离事情本身和自己情绪的过度链接，可以让自己在理解中释怀。经过这次内省，我明白了发现自我的重点是找到自己要去的方向，多内观，多问自己重要的到底是什么，不被情绪控制，才能做出正确的判断。

我也在很多客户的故事里得到了自愈，好像那部分模糊的自我在我与他人的交流中逐渐清晰。而每一次得到客户肯定，我也会重拾一点自己的信心。

自己赋能他人而得到的快乐，让我逐渐走出自我怀疑，自己的快乐从来不能被任何人夺走。同时，我也坚定了之后的人生方向：开启第二职业。

找寻精神突破口

最简单的让自己有目的地忙起来的方法，是学习。除了教练课程，我还申请了法国里昂商学院的工商管理学博士，事实上，当你读到这里的时候，我已经开始了我的冲"博"之旅——知识是不会背叛我们的。尽管知识不能解决所有的问题，但是我坚信，知识可以帮助人开拓未知领域，提升自己的认知，让我们有更大的包容度，有更多的可能性和更强的理解力。

我也开始重拾自己童年的兴趣爱好，那些儿时因为家庭条件或父母要求被忽视的需求，那些我想做却没有做的事情，学习舞蹈，练习声乐，我让自己的思维在进入负面的强迫性循环的时候能有其他的寄托，让自己喜欢的事给予了我新的出口。

此外还有旅行，我的工作性质本就赋予我很多旅行的机会，只是我以前都匆匆走过。身处人生下半场，现在的旅行对我来说意义和以往很不同，我开始放慢脚步，在工作之外，给自己完整旅行的时间去感受，去体验。大部分人旅行是希望沿路的风景治愈自己，让自己遗忘伤痛，而我则开始接受伤痛，让旅行成为自我接纳的过程，学会接纳，学会放下。

不破不立，开启人生 2.0

我想要的第二人生是什么样的？

我希望是轻松的。

我的人生前半程是备受压力的精英生活，不允许失败，一味向前，让我身心俱疲。现在的我看到，生活模式不是只有一种，成功的定义也从来不只是成为精英。人生应该是不同经历的叠加，所以我的第二人生，首先要让自己舒服。

我的第二人生是慢的人生。

前半程我说话快、做事快、执行力强，我试着第二人生慢一点，少一点敏感，多一点钝感力。但我大概还会有控制不住快的时候，有南墙要撞，有黄河要跳，那就尽量慢一点，再慢一点。

我的第二人生更是不破不立，不停突破自我的过程。

鉴于人生前半程的自我认知，后半程我的不破不立：

破执。执念有我执、法执、空执。对自己要求高的人，都有一个自我催眠——有志者事竟成。追求完美的人往往不容易放过自己，有着或多或少的执念，但我们要接受人性是变化的，要接受无常即是常态。时间和精力只能花在值得的人和事上，因为生命很短，与其执着不如适应。妥协也是力量。

破我。我是自己最大的敌人，我们有自己独有的思维方式，甚至是僵化的，特别是理性趋向的人，总是试图合理化所有行为。我就是这样，用强大的思维理性控制意识，注重结果，不允许失败。身处这种强迫的重复思维和僵化的模式，很容易走进自己给自己画的地牢。破我，就是要突破自己惯有的思维模式，有意识地观察自己和那些不断重复的模式（pattern），不再跟自己和世界较劲，明白自己的痛苦来源于价值观，而价值观只是自己个人的，与他人无关，允许一切发生。

破情。这里的情我指的是情感，也就是不为情感所困。大部分女性都很感性，感性如同水的力量，看似柔弱却十分强大，我们需要有水的力量，但是不能为其所困。这里的情也指情绪，不为情绪所控，特别是负面的情绪，当负面情绪出现的时候，不做对抗，给自己些时间，不急于行动。

破多。不以多为骄傲。优秀的人总想变得更优秀，超过别人，超过以前的自己，学会了一项技能，还想学第二项、第三项……在人生的后半程，我想学着做减法，无论是生活还是感情，抑或朋友，只选择对自己有益的。技能也不是越多越好，我的终极目标是成为一个有一技之能的专业人士，在学习过程中，我不得不接受我的精力是有限的，体力、能力也会随着年龄下降，所以我选择只做好这一件事。

破惧。在人生的不同阶段，我对"勇敢"的定义都有所不同：30岁时，我的勇敢是从将近4000米的高空，纵身一跃；35岁时，我的勇敢是一根筋豁出去，敢爱能拼；40岁时，我的勇敢是有担当，敢承诺。而当下的我对勇敢的定义是放下自己，敢于向伤害过我的人道歉，主动走出第一步。

对于未来的我，我希望自己做到的勇敢是允许，允许一切发生，即使亲眼见证人性的真实，生活一地鸡毛，依然有勇气面对未来，不以物喜，不以己悲。

重拾阳光，花开不败

此刻，我脑海中医院诊室的气味似乎有了变化，从苦涩变成了樟木的香气，甜而稳妥，甜而怅惘……走过人生许许多多的弯路后，我反而逐渐从成人变成了孩子，这样也不错。我曾经为了找寻自我一次次选择从头开始，有过愚蠢的选择，也经历过风雨的打磨。现在想想事情本应如此，并非差错。

怀着敬畏之心启程，继续做一个有坚强意志同时心存温柔的人，有智慧成熟的从容，也不失少女的可爱。我活得更真实，更喜欢自己，也更喜欢这世界。

回头看，轻舟已过万重山。我的路还在前方，在这段"破旧我，立新我"的第二人生，也许我还会走三步，退两步，但是我无所畏惧。

本篇作者简介

陆赟 Sally Lu

国际教练联合会认证体系教练,头部国际体验营销活动公司亚太区董事总经理,12 年企业高管经验,既有将初创型公司从 0 到 1 搭建体系突破业务的经验,也有管理 300 人以上中型公司,推动公司转型、创新和数字化的经验。

泰国易三仓大学(Assumption University of Thailand)旅游管理硕士,法国里昂商学院(Emlyon Business School)全球工商管理学博士,从金融分析师到旅游专家转战市场营销品牌活动管理,15 年经验的成功跨行业的实践者。

教练风格:喜欢人与人的连接,擅长通过聆听和提问陪伴客户,为客户赋能,帮客户找到心目中被忽略的自我和人生的答案,并付诸行动。

手机:13482071442

微信:shmily115luyun

邮箱:13482071442@163.com

"胆小鬼"
也有自定义的人生

文 / 张胜利 Victor

04

斜阳穿过寒冷的空气，透过窗户，一束束洒落在桌上的咖啡杯里。胡同里不时传来吆喝声、做菜声，此刻好像人间烟火气有了具象的表达，又像是古老的小巷在呢喃，讲述着过去的故事。胡同深处的咖啡厅很多，这家距离白塔最近。那是一座元代的白塔，代表了这个都市沉淀在历史里的繁华。咖啡升腾的热气里，透出面前电脑上满满的日程，原来自由工作的生活，也可以十分紧凑。

运动后的宁静感让人无比畅快，这是一个人能量最饱满的时刻。从内到外浸润着平和，运动后身体分泌的多巴胺让周遭的宁静也掺杂着喜悦的味道，在工作日的午后格外滋养人。

自定义工作的时间投资者（Time Investor），这是他给自己的新标签。相比于曾经执着追求工作与生活的平衡，现在的日子更多是工作和生活的完美融合。跳出感受不到共鸣的工作，把生命中最宝贵的时间作为投资的资本，这样的状态让他感受到兴奋与充满挑战,也感受到更鲜活的生命力。

从别人眼中的"好孩子",到格子间里的好员工,再到"不务正业"的北京大爷,他走了很久。从一开始胆怯到不敢踏出改变的第一步,到后来勇敢而不问前途的探索、前行,他经历的不只是一场完全颠覆自我的职业转型,更是一段内心蜕变的勇敢者之路。

在给自己贴上"教练""自由职业者"等标签之前,他也曾与同龄人一样,经历了 20 年在格子间里艰苦拼搏的青春岁月,他也曾凭借自己的聪明与坚忍一路披荆斩棘,在时代的助力下春风得意,一飞冲天。在他的职业生涯收藏夹里,包含了世界第一的品牌公司和全球 500 强排名第一的公司在内的 5 家不同行业的公司,他还曾做过美国人和英国人的老板,是公司全球人力资源业务的负责人,直面最为复杂多元的文化冲击。在他曾经的人生设计图里,这些罕见的经历和背后的故事,都将为他的职业生涯兜底,助他迈入不同的阶层,成为晚年引以为豪的故事……

然而生活总是充满了戏谑,原本他觉得可以轻易掌控的人生,却在遇上中年危机这个俗气却好像谁也躲不掉的魔咒后轰然坍塌。

陷入迷局的中年困顿

中年危机从来不会大张旗鼓地突然降临,它总是在温暖的旭日暖风里抚过温水中惬意轻狂的青蛙面庞，然后以迅雷不及掩耳之势坠落，那时你会发现年少时你感觉似乎离你很远的电视剧剧情，其实才是现实的世态炎凉。

擦肩死亡

深夜，在协和医院癌症住院病房里，30岁的他难以入眠。5分钟前，凌乱嘈杂的脚步声送走了邻床的病人，之后整个病房重归寂静，在白色的墙壁和深黑的夜幕里，身边病危的父亲艰难而微弱的呼吸声显得十分清晰。至亲突然如此接近死亡，让他始料未及，无力感在黑幕中包裹着一切。

失业的高管

40岁，他坐在自己的办公室，整理着电脑里的工作。又是5分钟前，他被毫无征兆地要求离开公司，立刻，马上。作为全球人力资源的负责人，他深知自己在这场风波中很难独善其身，HR的一号位从来都是高危职业，面对激烈的价值观冲击，他应该选择为自己而战还是忍气吞声？离开公司后，他应该怎么设计接下来的人生？

破碎的婚姻

42岁，他独自在家里收拾散乱在地板上的各种物品，每件东西都见证了他和妻子接近十年的甜美回忆。

就在几天前，他收到了妻子要求离婚的律师函，惊讶，难过，他不知道该向谁诉说，更不知道该怎么说，彼此互为对方最可靠的精神支撑，相互陪伴一起度过了 9 年的时光，却没想到在自己最低谷的时期收到了亲密关系的终止符……

接下来，他要怎么过好余生？

死亡让人体味生命的无常与无奈，职业要求与自我价值观的冲突让人再也看不到曾经触手可及的未来，亲密关系似乎也不再是可以信赖的港湾与依靠……是世界变了还是世界本就如此？

突然到来的打击与变化，让他开始扪心自问："我究竟是谁？又将成为谁？又能成为谁？我要彻底改变自己吗？人到中年还可以重启人生吗？抑或在标配版的中年危机里，躺平度过余生也挺好？"

好大一个迷局。

最深度的思考往往在黑暗深渊的最底端浮现。痛苦的情绪过后，人们往往会开始质疑和反思过往的自己，而他也因此得到不少启发：

年少时过于偏信自己的大脑，他用引以为傲的智商和对外在世界浅薄的认知，合理化身边的一切，急于给每一个发生都总结出一套结论，期待它成为自己一生受用的普适模式，让成功可以在未来一次次被复制。这样的模式在相当长的一段时间内塑造着他的骄傲，也让他坚信，这就是世界运行的唯一规则。

当曾经被认为稳定的系统开始崩溃，不确定性逐渐显现，他才发现现实是多么地不可控，个人的成功故事对于这个世界而言是多么地微不足道，而自己又是多么地自以为是。

世界风云变幻，难以捉摸，但让他更难回答的问题却在心里："我究竟需要什么？想干什么？"

他的脑子里全是这样的问题："我的人生是否已经注定？在已经诸多标签加身后，我是否还可以成为一个不一样的人？"

父亲去世的那一刻，他对生命的脆弱和无常又有了更真切的领悟，所以，在不知道意外和明天哪个先来的人生后半程，自己是不是依旧拥有足够的时间和心力追逐梦想？

生命是有限的，下一步该走向何方？是换一家公司闯荡江湖，还是加入创业大潮体验新的世界？抑或放下一切去周游世界？

这些问题萦绕心间，在他的脑海里挥之不去。

深陷内耗的怯懦者

曾经在公司因观念不合上下周旋的经历仍旧历历在目，接下来难道还要换一家公司继续体验吗？他心中那股"少年气"还在，他不愿意把自己活成自己不喜欢的模样。

那么还有什么样的可能性？身边的人陆陆续续做出了选择，或创业，或做咨询，或索性回归简单的乡间生活，倒也快活自在，可是轮到自己，却什么选择都不想做，也不敢做。

其实他心里知道，自己不会再回归职场了，只是想到要重新改变自己的社会身份、从零开始活自己，他的内心还是有点发怵。毕竟，确定的职场金字塔里是如此安全，大众化的生活模式又是如此规律、舒适，外企高级打工人的标签又是那么地光鲜靓丽。逃避像是温水，苟活永远是最安全的选择，在改变的想法面前，人类的惰性永远有着强大的力量。

改变很难，拒绝改变却不费吹灰之力，更何况是面对人生这场没有回头路的赌局。

他的内心每天都在进行斗争："抛弃现有的生活方式就能找到更好的吗？安全吗？曾经那么多年的积累，放下不可惜吗？除了自己懂得的领域，自己到底还能做点什么？"

不间断的自我怀疑将他的行动力剥夺，他想改变，却很难拿出全盘计划，只能留在原地。

不知道面前哪条道路正确的时候，每一条路都有可能是正确的。不行动就不会有答案，而行动却又不知该走向何方，所有的焦虑聚焦于此，让人如鲠在喉。

机会成本太大的时候，停在原地最让人有安全感，但也产生大量内耗，他讨厌这个很厌的自己，但又拿自己没有办法。很多个中午，他都独自坐在国贸冰场旁的长椅上，拿着汉堡陷入沉思。

中午是国贸冰场最热闹的时光，有经验的舞者们展现着他们婀娜的身姿,优美而舒展地在冰面上刻下一个个圆滑的弧线,自然而流畅,而那些初来乍到的穿着职业装的新手们,则是亦步亦趋,小心谨慎地在每一步之间游移,更有一些好奇的人,带着羡慕的目光,在冰场的入口处驻足,在美好的体验面前,内心里做着评估。那些在冰上的体验者,无论正在经历怎样的过程,似乎都充满了喜悦,而那些站在入口的人,却还在各种思考衡量中纠结,评估每一个决策风险,这是一个非常复杂的演算过程。就在这一瞬间,他突然有一种感觉,自己像极了那些正在冰场旁驻足盘算的人,而真正的答案,已然在他面前。

在生命的旅程中,思考能够解决的问题少之又少,行动带来的体验才最真实。问题再多,也总要亲自试试,缺乏掌控感,那就从体验掌控自己开始。

不敢改变世界,就先改变自己

说干就干,拖着多年不曾运动的身体,他怀揣5万元径直冲进了健身房,当了40年的体育差生,改变自己的第一步,他想向过去的自己开刀。连身体都掌控不了的人,又怎么可能掌控自己的一生?他雄赳赳气昂昂地走进健身房,开始了第一次体能测试……

20分钟后,教练在洗手间的马桶旁找到了正在疯狂呕吐的他。

健身有意思的是，你永远会以失败结束每一组动作，而一次次力竭再爬起来的过程，他磕磕绊绊走了八年。

运动让他看到了自己的局限性，也看到了自己的弱小，对曾经骄傲的他来说，不成功是难以接受的，但经过几年的运动训练，他学会了谦卑。

他最喜欢的是训练结束后的 20 分钟，可以独享休息时间，随着多巴胺的分泌和理智的关停，他可以清晰地感觉到身体的智慧源源不断涌向心间，滋润着他的心田，很多纠结的问题，似乎突然间就有了答案。

一杯冲泡的蛋白饮料，一缕缕温暖斜射入室内的阳光，耳机里轻松明快的曲调，以及浸润在阳光里感受着智慧生发的湿润微热的身体，让身边一切的嘈杂都不再重要，只剩下自己，这就是"Me Time"——自己的时间。他第一次感受到独处的惬意与自由，和自己在一起如此重要。

身体的畅快感与智慧带着他把焦点从外在的探索和认可转为对内在的觉察。运动仿佛打开了他身体里的开关，也将那些郁闷难解的能量转移了方向，潜移默化地改变着他的身体，也改变着他的内心，润物细无声。他看到了希望。

身体的体验为他打开了新的世界，更多内在的声音可以自由流动，也让他更好地厘清了自己。

他突然意识到，活出真实自由的自己并不等于对曾经的职业选择说不，他完全可以放下既定的"应该""不应该"，去探索、尝试更加适合自己的生活方式，自己定义自己的人生。对呀，之前的自己是被固有认知困住了，所以选项看起来才那么少。

"那么，就开启新的自定义人生吧。"此刻，那个少年气的自己，好像又回来了一点。这次的从零开始少了一些计算风险的顾虑，多了一些改变未来的动力。

他以为自己要跟过往的"职场成功人士"标签彻底诀别，想想还有点可怕，就像要亲手折断自己的翅膀，让自己直线坠落一样，却不想一场自虐式的体验让他看到了自己新的翅膀。

凤凰的翅膀

内心的动力有了，但真的行动起来却不容易。他开始尝试以教练的全新身份与世界交流，但当他开发客户、走访机构拓展业务时，他才发现自己很难放下身段，他发现自己曾经身居高位而滋生的"清高"，正成为他前进之路的阻碍。

他褪去了高管的外衣，却褪不去内心的骄傲：介绍自己时添油加醋的演绎，回答问题时旁征博引的炫耀，以及面对同伴时好为人师的得意和故作玄虚，都带着不可一世的年少与轻狂。年少时的聪明成就了人生早期的成功，却也为现在的他挖下了深深的"坑"。

山本耀司说："'自己'这个东西是看不见的，需要撞上一些别的东西，反弹回来，才会了解'自己'。"当他还在思考该如何放下清高时，机会来了，在一次和好友聚会中，他在兴头上竟答应了朋友"催化他成长"的馊主意，于是他开始了一场自我拉伸的体验：害怕什么，就去干什么，以此来杀死内心的清高。

那是12月24日的上午，在著名的北京三里屯街头优衣库广场上，寒风卷拂着树梢上摇摇欲坠的几片落叶，清晨的空气中带着微微的湿冷，往常繁华热闹的街道此刻显得有些落寞。

他用三角架架设好手机，调整好机位，打开直播，铺开设计好的海报，用身边的小石子压住海报的四角，冻得冰冷的手指拨弄了几下尤克里里的琴弦。

在一群朋友的关注下，他将在这里弹奏4个小时，并且给大家现场直播。

这不是行为艺术，而是一场他自己选择的冒险。尽管此时的他依旧能感受到内心的抵抗——已经定格40年的成功人士应有的样貌，让当下的疯狂行为不断经受着自我评判，内心也因此弥漫起浓浓的羞愧感。他身上的标签塑造了他的骄傲，也成了他放不下的包袱，让他举步维艰，失去了生而为人的鲜活。

寒风侵袭着身体，让他的大脑无法思考，他颤抖着在冷风里俯下身体，在冰冷的地面上做了20个俯卧撑，随着身体热量的激活，羞愧感也像微风一样慢慢散去。曾经的骄傲，在弯下腰低下头的瞬间，突然间像灰尘一样，一文不值。

太阳缓缓升起，冷清的街道上行人渐渐多了起来，但没人注意到他，路人行色匆匆，都在忙着去往某个地方，即使他特意准备了海报与音乐吸引关注，也没有获得路人多一分的驻足。正像自己的人生旅程，没有人会在意你正在经历什么，在真实的人生剧本里，没有那么多观众。

放下前半生的骄傲，将姿态放低到尘埃里，也放下诸多背负，才能重归赤子的鲜活。

有时候我们自认为已经放下了心里的包袱，但只有身临其境，才知道自己还远远未达到预期。

他依然不敢面对路人的目光，不敢直接伸手"乞讨"，他甚至事先准备了海报和二维码，为了躲避不劳而获的羞愧，只管低头弹奏，之后他为自己披上了保暖外衣，但他的心里随即想道，这样的自己会不会跟其他的街头演奏者格格不入……那时的他没意识到，真正的放下自己，正应该是给予自己更多的"允许"。

当头脑停止思考，身体便随着意识作出自然反应，在直播弹幕加油打气的声音中，他感受着被看见的自己，也似乎看到了更深处的自己。

回顾视频时，他注意到一个镜头，在刺骨的寒风里，他的身体自然地蜷缩起来，头缓缓低下，阳光在他身后投出修长的影子，越来越长……

朋友们告诉他，当他低下了高傲的头颅，背后就长出了"凤凰的翅膀"。

图 4-1　2018 年 12 月 24 日于北京三里屯

　　看到那个画面后，他不禁感动，也被因此而来的力量深深震撼：承认自己的笨拙与局限，从曾经的游刃有余到一切从零开始，面对和拥抱内心真正的热爱与意义，需要的是彻底放下与接纳，更要有充足的耐心，在不确定性面前保持勇敢，与孤独共处，才是真正的勇气。

　　这一刻，他才知道自己依旧那么软弱，但他接纳了这样的自己，因为他突然领悟到，真正的勇气不是不害怕，而是明明知道前途充满恐惧和危险，仍然敢于坚定向前。

于现实中涅槃

这次体验带来的感悟深深击中了他的内心,也让他放下了内心的骄傲,随之而来的是内心平静的松弛感:做个普通的胡同大爷挺好的。

带着这样的心态,他的行动力也上升了好几个等级,他坚持健身,不断精进自己,拿到了人生教练的认证,为企业做咨询顾问,去大学讲课,做声优……他仿佛开启了二次人生,不断尝试新体验、自定义自己的人生模块。

此时坐在电脑前的他平和而放松,在键盘打下的每个字都直达内心,他的工作也不再是那些冷冰冰的工作,而是极具意义,富有温度。

在接下来的一天里,他将作为导师与刚刚配对成功的 MBA 同学见面,在这里完成一次教练会谈,然后与正在创业的伙伴们开一场定期的产品迭代会,最后完成和教练朋友们共同创作的书稿文章最终版。晚上,他会去和朋友们进行一场飞盘比赛前的队伍配合训练……

自定义的工作依然是忙碌的,远离了传统职场,他发现自己的工作更加真实。同时,看到了自己内心真正想要的东西,他的内心十分平和,不端也不装。

探索和改变从来都是量变到质变的过程,有人需要几个月,有人需要几年,而他用了整整 12 年。

他不再是那个职场里能量过载的自己,现在的他转身

第二人生

一变成为"不务正业"的北京大爷,当然,他的标签里又多了很多新的符号:创业者、声优、教练、健身爱好者、顶级商学院职业导师、飞盘运动体验者、摄影玩家……尝试很多新的挑战后,他的生活更多元,更有趣味,而这些丰富的体验,又反哺着他的精神,让他更好地探索更多可能,体验那些前半生从未有过的可能。

时至今日,他仍然不知道这条路继续走下去会怎样,但他仍然感谢自己:感谢自己曾经的选择,感谢自己敢于思考,敢于探索和追寻内心想要的人生,而非别人期待的人生;感谢自己不停打破观念,探索从未尝试过的人生体验;感谢自己有勇气面对和放下曾经执着且没那么勇敢的自我,迎接全新的生命体验;感谢自己面对不确定的勇气与坚持。

虽然现在的他偶尔还会怀念曾经的荣光,但直面自己内

图 4-2　2024 年春节于坦桑尼亚某马赛村落

第二部分 被痛"吻"醒

图 4-3 2023 年于泉州南少林

图 4-4 2023 年于北京某飞盘活动　　图 4-5 2023 年于北京

心带来的真实的温度时刻提醒着他。他感谢那 12 年的时光，让他看到了活在意义感中的自己的蜕变。

他相信人生是用来体验的，敢于面对、承认、接受自己的不完美，接受一切发生和生命的馈赠，看到自己真实的内心，相信自己的独一无二，体验人生的多元性，感知每个当下，才是幸福。

如果有人问他，假如人生只是体验，没有结果，还值得过吗？

他只会面带微笑轻轻地说：We only live once.(我们只活这一次。)

自定义的人生从来不是单调的，他知道自己还在路上，前方更加独特丰盈的精彩正等着他。

本篇作者简介

张胜利 Victor

毕业于中国人民大学劳动人事学院，国际教练联合会认证体系教练，管理咨询和企业教练服务领域创业者，健康管理公司合伙人，久病成医的健身爱好者。曾服务于可口可乐、壳牌等5家世界500强顶级公司人力资源管理部门，支持大中华区、亚洲区和全球业务。北京大学国家发展研究院职业导师。

希望为你带来自由的意识、有趣的体验、有意义的思考，致力于成为健心、健身、健声三位一体的个人教练践行者。

教练风格：有趣且深刻，善于探索并思考，主张通过全人的整合[1]陪伴职场人群和创业者找到自己的意义感，获得身体/头脑/内心一体的健康，释放自身潜能，从知道到做到，活出自己想要的样子。

手机：13501016125

微信：Victor_Zhg

邮箱：victor_zhg@hotmail.com

---

[1] "全人的整合"（Holistic Integration）是一个涉及多学科和多方面的综合概念，它强调将个体视为一个整体，包括身体、心理、情感、社会和精神等各个层面。这个概念在健康、教育、心理学、社会学等多个领域都有应用。

05 从心出发,更好地成为自己

文 / 郭瀚 Grace

刚接到一起写书的邀约时,我毫不犹豫地答应了,但没想到在写作的过程中,我越来越发现自己的人生没有跌宕起伏的故事可以讲。曾经觉得颠覆了我的世界的那场职场变故,现在写下来再看也不过是个小波折。

我碎碎念的心路历程真的会给读者启发吗?

虽然只有我自己知道,在经历变故的最初几天里我的世界也曾山崩地裂,但现在想来,当时自己怎么就一根筋困在自己给自己写的苦情剧本里?

朋友鼓励我说:"其实这世界上有很多经历巨变一时不知所措的人,你的故事,对很多人来说是有价值的。"

朋友的话给了我信心,我才有勇气把自己的经历如实分享出来。

之前对自己心存怀疑和不确定的时候,我的稿子被退了三遍,但当我怀着如其所是的心态写这篇文章时,竟然一遍就定稿了。

这个过程也和我接下来要讲的故事一样：生活中的所有困扰，所有障碍，都是我自己的心念投射所造成的，"我是一切的因，一切是我的心"。

我就这样从公司消失了

那是一个冬日的午后，我站在港汇二楼到一楼的自动扶梯上，扶梯缓缓下行，我的脑海里突然冒出了一个声音："俯瞰众生，人生圆满！"我被这"狂妄"的念头吓了一跳，赶紧甩了甩头，"真是的，在想些什么啊！"

彼时的我，刚参加完美国总部的领导力培训，带领着世界500强的大中华区医学事务团队，身为部门技术权威，上有老板信任，下有团队伙伴支持，团队清一色的顶级院校医学硕士，在公司左右逢源，前途光明。我以为这样的光景会一直持续下去……

三个月后，一个普普通通的周二，我见完客户匆匆赶回公司。人事经理约我下午4点开会，我想着还能赶在开会前给老板汇报一下项目进展。但等我到达公司，老板却一反常态地把自己关在小会议室，背对着玻璃门，中间偶尔出来一下，也是阴沉着脸，似乎还在回避我的目光。当时的我还在猜想，大概又是业务压力太大了吧。

时间到了下午3点半，我的手机响了，是老板打来的，

"5分钟后我们在公司楼下对面的小花园见!"平时老板也会把我拉到楼下喝杯咖啡聊聊工作,今天为什么去小花园?还要分头走?我的心里顿生疑问。

我三步并作两步跑到小花园,看到老板正坐在角落里的花坛的边上,她看着我,欲言又止,眼圈却越来越红:"他们要让你走,昨天才告诉我。我不同意,连夜找了总裁,但是没有办法……待会儿人事经理要找你聊的就是这个……"

什么?谁要让我走?走到哪里去?我的大脑一片空白,已经不记得老板后面还说了什么,也不记得我是怎么回到办公室,只记得,回到办公室后我用最快的速度把当天的项目资料打包发给了相关同事。

人事经理直截了当地告诉我,由于我负责的一些活动被公司判定存在风险,所以公司今天就要和我终止合同,请我立刻离开公司,接着人事经理给我展示了一堆所谓的"证据",曾经让我引以为傲的一次次学术活动,如今都变成了指控我的"证据"。我完全说不出话,视线渐渐模糊,只感觉到脸上流下热热的两行泪,滑过脸颊、口角、下巴,滴落在裤子上,一个个好大的圆圈……

随后,我就被没收了公司电脑和手机,并被告知不准再回办公室,桌面上的背包同事一会儿会帮我拿过来,办公室剩余的个人物品,周末再来取走,保安会接待我。人事经理亲自把我送到楼下,看着我坐上出租车。我还记得我和她说的最后一句话是:"我没有做过任何损害公司利益的事,请还我清白!"

但事情已成定局,我就这样从公司消失了。

"无常"与"我执"

回家后,我瘫软在沙发上,关了手机,悲伤如潮水一般涌来,泪水决堤,完全止不住,我也没想止住,胸口一阵一阵刺痛,难道我无比热爱、全身心投入的工作只是一个幻象?我热爱的公司居然以这种方式结束了我的工作?曾经那些让我引以为傲的成就都可以忽略不计,甚至被拿来当成攻击我的"剑"?我信奉的公正诚信,无私奉献,到头来竟然是个笑话!一切都那么虚无,唯有胸口那一阵阵的刺痛如此真切。

我无能为力,任脸上泪水肆意……

没有工作,我不需要再扮演冷静克制的角色了。不需要上班,我想怎么哭就怎么哭,不用担心明天会不会肿成桃子眼。那好像是我很多年来第一次哭得那么肆无忌惮。我把自己封闭在家里,毫无顾忌地让情绪爆发,我无法压抑,也无力控制。那时候的我还不知道,这一次的肆无忌惮居然让我无意间走完了一次情绪体验和自我教练。

"这不是真的,一定是搞错了,明天人事经理就会打电话告诉我这是个错误。"

"为什么是我,我到底做错了什么?"

"我那么爱公司,我那么敬业,为什么公司要这样对我?"

"我兢兢业业,诚信公正,为什么这样的诬陷要发生在我身上?"

"在这家公司干了快10年,我已经40岁了,接下来我还能干吗?"

"如果我找不到工作怎么办?"

"你看看你,有什么用,只能一个人躲在家里哭。"

…………

一个又一个念头闪过,从茫然、委屈,到怨恨、悲伤,再到自我哀悼,各种情绪掺杂在一起,反反复复。伴随剧烈情绪而来的,还有强烈的身体反应,流泪、呕吐和腹泻,折腾了一个晚上,后来我才明白这是我的身体在帮助我把情绪毒素清理出去。

我可以清晰地感受到胸口针刺般的痛,特别是当我深呼吸的时候,好像我的胸口被扎了一根刺,它提醒我这一切都是真的。我仿佛是自虐般让自己一次又一次感受自己的情绪,让自己停留在痛苦里。这当然很不舒服,但我吃惊地注意到,感受情绪并没有让痛苦加剧。刺痛持续了一阵子,我的感受并没多大变化。但在某一刻,我突然感觉到,刺痛的强烈程度稍微降低了。这样反复几次之后,我开始平静下来,委屈、怨恨和悲伤的念头一个一个开始消散,就好像一旦你解开捂着的纱布，承认伤口的存在，去观察伤口的大小、深浅，伤口反而没有那么可怕了。我凝视着我的伤口，微妙而深刻的变化发生了，我的脑子里突然冒出来一个新的声音：

"为什么不能是你呢？为什么这件事不能发生在你身上？"

听到内心的这句话，我瞬间醍醐灌顶。对啊，为什么不能是我呢！类似的职场突变，我在别人的故事里也听到过。发生在别人身上的时候，我会豁达地开导他："失业也是机会啊，代表着新的开始，好好睡一觉，给自己放个假，爬起来又是一条好汉。"

但当它发生在自己身上时，怎么就要终日以泪洗面，觉得世界坍塌了，人生再无希望？怎么就一根筋别住，转不过来了呢？原因是什么？我就必须永远光彩夺目？难道我应该是最特殊的那一个？是对自我的痴迷，是"我执"，让痛苦的情绪不断放大。

"诸行无常，诸漏皆苦，诸法无我，涅槃寂静。"《正见》里的"四法印"清晰地出现在我的脑海里。一个星期前我刚刚读过这本书，书中对"四法印"的解读，当时就让我心里一动。没想到，老天爷那么快就给我送来真实的人生考题，让我真真切切地面对"无常"，觉知"我执"。

我站起来，走到书架前，抽出《正见》，又读了起来。

这世界万物时时刻刻都在变化，无常才是恒常。我明明知道这个世界是无常的，明明知道自己没法不接受无常，却偏要掩耳盗铃，说这些都不应该发生在我身上。我只愿意接受无常里好的那一部分。但事实上，在"台上"的时候，就应当想到"下台"的日子；花朵正当鲜艳的时候，意味着即将凋谢；掌声响起的时候，更该记得门前冷落的滋味；得意的日子里，我可以肆意表现，去盛开，去寻寻觅觅，但永远不要妄想当前拥有的能够长久，能够永不改变。企图长久地拥有的心，正是我的枷锁，也是痛苦的根源。无常并不是死亡，而是变化，冬天已经来了，春天还会远吗？

每一段经历最终都会化为生命的厚度。每每回想这段经历，我都觉得是老天在冥冥之中的给我的安排和指引。老天安排了"无常"和"我执"这道考题，还在考前一周悄悄地把答案送到我眼前，指引我穿越情绪的迷雾，看见"无常"与"我执"。这可不是妥妥的偏爱嘛。

你看，心念一转，你就会发现自己多么幸运，多么值得感恩。

我是一切的因，一切是我的心

经历过这次顿悟，我迫切地想要看清楚自己的心念和情绪的变化规律。我一直相信，无论是什么，只要能了解它背后的原理，就能够为我所用。我读了不少书，包括心理学，佛学，高维智慧，宇宙法则，吸引力法则，等等。读的书多了，我发现大家讲的其实都是一个道理，"我是一切的因，一切是我的心"。一切外界的现象，都是因我们的心动而动。一切的境遇、喜乐都是我们自己的心造成的。

就拿我被裁员这件事情来说，曾经我觉得它颠覆了我的世界，但现在看来也不过是个小波折。客观事实是，我遭受了不公平待遇，暂时没了工作，我还是我，没有任何变化。如果当时我能放下"我执"，看到事实，那么解决方案也就不言而喻——我需要重新找工作，或者开拓其他收入途径。但那时候的我就是"一根筋别住了"，转不过来，满心被汹涌的情绪所遮蔽，只有被诬陷的愤怒、委屈、对公司的怨恨、对自我价值的怀疑，以及对未来不确定性的恐惧，是我的心让我的世界破碎不堪。

你是不是也有过和我一样自己困住自己、自己让自己痛苦不堪的经历？其实世间的人、事、物，本质都是中性的，也可以说是没有定义的，是我们的心给它们赋予了各种各样的意义，是我们的心分出了好的、坏的、喜欢的、讨厌的，有了分别心，我们又生出了贪、嗔、痴、慢、疑的妄念。实际上，我们一直在处理的，不是客观事物，而是自己的起心动念，各种由"我执"产生的情绪情感的体验。如果我们可以放下"我执"，放下分别心，站远一点，以第三者的角度看自己的生活，就会发现其实一切都很简单，一切的痛苦都是自己给自己加的戏码。

活出轻松自洽的第二人生

我的第二人生是心的转变，从不断向外求，需要外界定义的各种成功和价值来证明自己，转为向内修心，追求自己定义的轻松自洽。

经历一切之后，我依旧选择回到职场，虽然还是朝九晚五的工作，但随着心念的转变，我的状态越来越松弛。

重构安全花园，重新定义工作

我被裁员之后虽然头脑想通了，接受了现状，但当时的状态还是很低迷。曾经的我几乎把全部时间都花在工作上，稳定的工作和收入给了我足够的安全感，不断地升职加薪塑造了我极强的价值感，我渴望被认可、被赞扬，每当我的努力被看见、被肯定，我就会非常快乐。所以当我第一次列出自己的安全感和幸福感清单的时候，自己也被惊到了："天啊，除了工作，难道就没有让我感到愉悦和幸福的事了吗？"

这也就不难解释为什么当工作发生巨大变化的时候，我会觉得整个世界都坍塌了，破碎了。因为我把全部的安全感和幸福感都放在了"工作"这个篮子里。

带着这份觉察，我开始观察日常生活中的小确幸，重新用身边细小的幸福去构建自己的"安全花园"。每天早上可以完好地醒来，窗外的湛蓝的天，明媚的阳光，一杯热气腾腾的咖啡，小区门口爬满墙的绿萝，偶尔飞过的蝴蝶，父母的拥抱，朋友的问候……我开始用这些近在眼前，本自有之的小幸福，为我的"安全花园"添砖加瓦。

带着这份觉察，我也开始重新定义工作。以前，我觉得工作的意义就是我的专业水平有多么权威，做过多么厉害的项目，升职升得多么快。现在，我更加关注工作带给我怎样的感悟，心念发生了彻底的转变；我开始关注与他人的连接，我给他们带去了什么样的影响。工作不再是我的全部，而是我得到稳定收入的途径之一，工作是让我体验这个世界的方式之一，工作是我和他人连接的方式之一，从此，工作也是我的修心道场。每当我面对起伏时静观内心，必然可以觉察我的盲点和问题所在。每当我感觉内心不平静的时候，就是我向内看的机会，因为我愿意改变。我内在的智慧会引领我该如何向内关照，找到答案。

在工作中放下控制，超越"我执"

控制欲是"我执"的主要表现之一，想要超越"我执"，就要放下控制。我曾经是一个控制欲很强的人。我总要求自己把计划做到万无一失，一切都必须按照我的计划进行，所有的结果都要在我的掌控之中，一旦出现意外情况，我就会恐慌和焦虑。这一方面可能是因为多年从事医生职业形成的模式，另一方面就是"我执"在作怪，我自大地要求外界的一切尽在我的掌控。通过觉察和转念，我慢慢找到了应对的办法。

首先,改变自己的观念。我告诉自己,现在的工作不再是人命关天,我不需要再执着于每一次都要完全按我的计划执行,必须万无一失。我明白在工作中,不可控的因素很多,出现意外也很正常。

其次,我给自己设定了一个反应口诀。以前遇到意外状况,我的第一反应是:"糟糕!这下完蛋了!"现在,我给自己设定了一个反应口诀:"我就知道!"这句话暗示着,我就知道会有意外发生,我就知道老天又要给我成长的机会。这样一想,我好像又把掌控感拉了回来。

最后,我重新定义了"意外"。以前我对"意外"的定义就是"失败"。现在我把"意外"定义成"偏离计划"。偏离计划不但可以是"让我下次做得更完善的学习机会",有时甚至还可能得到"意外的好结果"。这样一来,我面对意外的心态就完全不一样了。即使有时候客观状况确实不佳,至少在主观上,我还可以用正面、积极的心态去应对。在转念的加持下,勇敢地让它失控,我慢慢发现失控也没有那么可怕,甚至搞砸了也没那么可怕。经历过几次失控,最后却得到不错的结果的正向反馈之后,面对不确定性越来越高的工作,我更加松弛和富有弹性了。

在工作中练习"无我",照见他人

年初,由于困惑于"00后"的团队管理,我总是感觉无法和"00后"沟通,我苦口婆心地说了半天,他们怎么就一点都听不进去呢？带着这样的疑问，我报名参加了团队教练的学习。没想到在线下课程刚刚学习了"临在当下"和"中正无我"，第二天就有了实践的机会。

周一早晨，我收到一封邮件，来自于一线的小伙伴小王，邮件里就一句话：对于第二季度的 KPI（绩效指标）不认同也不接受。我当时脑子嗡的一下蒙了："小王的 KPI 在第一季度可是团队第一名啊！这是怎么了？"我问小王的主管什么情况，主管说她们周五简单沟通过了，对方的抵触情绪很高，沟通无果。我说："那好吧，待会儿有时间把小王叫进来，我们一起聊一聊。"

那天的谈话从一开始，我就没带任何目的——不像以往，总是目标明确，直切主题，把握节奏，说服对方。那天，我很自然地处在一种倾听的状态。"我只是单纯想知道你为什么说不接受，不同意。"我对小王说。在整个对话过程中，我只是不断重复小王的陈述，确认小王的想法，没有任何的评论或建议。

我猜小王在谈话之初就预设了我是要说服她的，所以她整个人处于防御状态。而当她发现我一点都没有说服她的意思时，她似乎也松了一口气，这才慢慢地开始分享内心真实的想法。小王是一个对自我要求很高的人，她的抵触和抗拒其实是担心自己达不到第二季度的 KPI，担心自己落到团队后面去了怎么办，还有就是她一个人在上海，工作压力很大，觉得非常无助和无力。她的抵触和抗拒背后，更多的是害怕和焦虑，她是在求助。讲着讲着，小王的眼睛红了，眼泪唰地流了下来，当我看见她流泪的时候，我自己的眼泪也唰地跟着流了下来。

当小王看见我的眼泪的那一刻，我可以感受到，她的心防彻底松了。她的不容易被我看见了。与此同时，我的心疼和我的不容易也被她看见了。我们之间突然建立起一个共同的连接，彼此谅解了。这真的是一次非常神奇的体验，对我来说也是一次突破。我深切地感受到了人与人之间的连接，体会到了你我本是一体。以前的我一定无法想象，我会和我下属的下属四目相对、痛哭流涕，而且还是当着我下属的面。我一定会说这绝对不可能。但那一天那一刻，这件事自然而然地就发生了，我放下了我的控制欲，我不再维护我冷静克制的主管形象，我的关注点不再是我，而是小王，而是我们。

打开心防之后，真正的沟通就产生了。小王开始听我对KPI的解释，听我分享我和她的主管为达成这个KPI而做的种种努力，最终她愿意和团队一起努力达成这个目标，最后我们还给了彼此一个拥抱。

这件事也让我反思之前对"00后"武断的评判。其实人和人的底层需求都是一样的，都需要被看见、被理解、被接纳，你我本是一体，当我们放下评判，中正无我，人和人之间的连接就产生了。我真切地体会到带着中正无我、好奇开放的态度，我们可以更加坦然地暴露自我，坚持做自己，而不用担心被评判，被指责。带着当下与同在，我们可以与周围的人产生高质量的互动与支持，建立深层次的连接，并在这种关系中滋养彼此。

结　语

随着自我觉察越来越深刻，转念的能力越来越熟练，我慢慢接纳了自己。我清楚地看到我的自我评判，看到我的战斗意识，看到我的计较之心，看到我的控制欲……看到这些让我活得不自在的内心包袱，我选择放下，放下那些心中紧抓不放的东西，我一天比一天放松，一天比一天更柔软，更有爱。

我变了，曾经事事要争第一的我慢慢变了，我不再说我必须拿到什么样的结果，必须比别人厉害，绝对不能出错，而是开始学着爱自己，不再批判自己做得好不好。但这并不意味着我打算躺平，或不努力了，而是我找到了适合自己的"度"，我不会再在工作中或生活中折磨自己，而是该努力时就努力，该认怂时就认怂，放过自己，让自己轻松，告诉自己"做不到也没关系，这不代表我不好，可能只是时机还没到"，在减少内耗和磨损的情况下去工作，去生活，我相信这样的自己会越来越顺利，越来越轻松。

我的第二人生还有很多功课要做，还有很多知易行难去修炼。但我相信每个人生而本自具足，我们需要的资源就在我们的内心。"我是一切的因,一切是我的心。"希望你我都在不确定的日子里,找到自洽的方式,爱自己,接纳自己,不拧巴,不纠结,轻松地拥抱无常。

本篇作者简介

郭瑜 Grace

国际教练联合会认证体系教练，团队教练。医学硕士，曾有七年三甲医院医生经历。具有十余年外企职场经验，历任多家五百强医疗器械公司大中华区医学事务经理、教育培训经理、运营高级经理。

因困惑于"00 后"团队管理，走上教练之路，相信偶尔躺平也是补充能量的好方法。

教练风格：温暖抱持，允许一切发生。着眼于你的本质优势，支持你最大限度挖掘自己的潜能，实现蜕变。世界其实是你自己的小剧场，一起来给大脑写一个你想要的剧本吧。

手机：18616703501

微信：Grace-angng

邮箱：coachxiaoyu@sina.com

06　50岁突然被裁，人生下半场重新活出来

文 / 张睿

周日晚上六点半，我背着沉重的电脑包，迈着疲惫的步伐，向地铁站走去。今天是重阳节，因此老公和儿子都回了公公婆婆家聚餐，只有我因外出上课一整天，没有参加。发微信到家人群里，报告了行踪，我很快收到老公的回复："打包晚餐给你带回去。"儿子说："我去地铁站接你。"我突然感觉好安心，身体好像也没那么累了。大半个小时后，坐在儿子的车里，我突然想起来问他："如果我把自己的人生故事写下来，你想看吗？"儿子在开车的空隙瞄了我一眼，反问："在一个地方待了26年，能有什么好写？"听到这样的回答，我忍不住哈哈大笑，疲劳感一扫而空。

是的，平凡如我，收到秦加一教练共写人生故事的邀请，内心还是有一些意外。在我的认知里，自己只是芸芸众生中的不起眼的微尘，只不过一直带着对家人的爱、坚守做正确的事的信念，特别特别认真地活着。漫长的人生旅途

中，我走到写着"50岁"的站牌下，有感慨和遗憾，更有内心的从容和平静。在50岁的当下，回看来路，我更加坚定自己的信念；远眺征途，我仍然渴望探寻未知的美好。

也许我的故事，会有从未放弃努力的你，愿意打开来读一读。

突如其来的改变

我正在电脑前埋头工作，突然被通知开会，要求确认是否选择50岁退休。按照公司的制度，依我的职级可以自己选择退休年龄50岁或55岁。考虑到自己的业务能力与工作高度匹配，新部门刚起步，高度认同企业哲学，等等，我回复选择55岁退休。但在一周后我收到通知，公司明知违法也要单方面解除劳动合同，我的最后一个工作日是该周的周五，距离50岁，还有107天。

我知道，这是我坚决不加入损害公司利益的小团伙所付出的代价。

五年一轮换的总经理是权力的制高点，但现任总经理完全背离了优秀的企业哲学，一心谋私，导致管理乱象丛生。我一直不肯低头，坚持做我认为正确的事情，所以"冥顽不化"的我，三年前还是人力资源部门最高负责人，之后被调任从零负责组建法务知识产权部门。三年时间，为匹配新岗位需求，我拿齐了法律职业资格证、知识产权师、专利代理师职业资格证三张证书，业务推进也得到集团总部高度认可。

我原本以为，恰逢新冠肺炎疫情，作为跨国集团公司，管理监察没有办法做到位，疫情之后应该会得到改善。但我没想到，我等来的不是曙光，竟是这样的结果。

最后一个工作日，我发了个朋友圈，借苏东坡的词，铭记自己的感受。

"莫听穿林打叶声，何妨吟啸且徐行。竹杖芒鞋轻胜马，谁怕？一蓑烟雨任平生。

"料峭春风吹酒醒，微冷，山头斜照却相迎。回首向来萧瑟处，归去，也无风雨也无晴。"

变化初期的不适

一份持续了 26 年的工作突然被动停止，让即将 50 岁，却不想就此躺平的我心情无比复杂和混乱，如水般汹涌的焦虑感向我袭来，我的职业生涯将何去何从？

离开前一周，我听到各种各样的声音，有人为我鸣不平，有人安慰我，有人为我出谋划策，等等。

有人说："你怎么那么傻，竟然相信所谓的公司文化？坚持原则有什么好处？你就是职场政治的牺牲者。"有人说："不如走法律程序，不要放过那些人。"也有人说："这样的地方你早就应该离开，离开没有什么不好。"

此刻，熟知劳动法律法规的我，不是不知道从法律角度，自己有什么操作空间。离开，也并不表示认同这种违法行为，只是我真的不愿意和自己热爱的公司对簿公堂。同时不可否认的是，我对公司情况的快速扭转缺乏足够的信心：已经花了几年宝贵的时间去努力，真的还要将自己的时间和精力继续卷入这个黑洞吗？

我离开公司的那天是个周五，晚上回到家后，面对家人的包容和安慰，我没有做太多的回应。我静静待在房间里，坐在衣柜和床夹缝的地板上，紧紧抱住自己，缩在角落里。实际上，表面平静的我，内心五味杂陈，无论嘴上是否承认，这次变故对我的冲击还是非常大的，难过、自嘲，还有一些自己也没看清楚的感受，包裹住我，好像潮湿的水汽，让我的头脑有点恍恍惚惚。又如同有什么东西压在胸口，让我不能顺畅地呼吸。

其实在收到通知，跟同事交涉、对接各种程序的那一周，我一直感觉自己像一张绷得紧紧的弓，清醒而冷静。而此刻，我却像松开的琴弦，发不出一点声音。

紧接着的周六、周日，我按照计划，去参加一个早就报名的线下团队教练培训，在培训的过程中，我听见学习伙伴说着自己公司的发展宏图、职业生涯规划和自己所面临的团队挑战，突然感觉它们都离我很遥远。因为一直不在状态，上课过程中我有点吃力，最后在团队教练的"热椅子"游戏[1]环节，收到一些同学对自己状态的负面反馈，这更增添了我对自己的不相信。

50岁再去重新就业？或者，还有其他选择吗？在这个对中年再就业不友好的时代，我的内心升起一丝迷茫，再加上那些盘亘心底看不清的情绪，让我总觉得有块石头，正沉甸甸地压在我心上。

放下慌张，看清镜中的自己

突如其来的变化已然是既定的事实，除了面对，别无他法。这时候，家人的态度给了我极大的安抚。老爸老妈一副"喜提"女儿退休的样子就不必说了，老公就说了一句话，"顺其自然"。儿子的反应甚至带了一点羡慕，"哎呀，退休了，可以想干吗就干吗啦，多好"。让我突然涌起一点点若有若无的被妒忌的错觉。

父母提出回老家探亲，此时我发现自己有了能够随时出发的自由，于是立刻买了高铁票。在老家的几天，去山上扫墓，去寺庙拜佛，听老人家们聊天，在寺庙听师傅们做晚课……不知不觉，我的精神状态不再紧张。有趣的是，我一

---

1 热椅子游戏：团队教练工作坊中使用的一种方法。目的是建立团队信任，营造直接沟通的氛围，帮助中高层管理者探索个人盲区（别人知道，自己不知道）。过程中通过营造场域、激发参与者的开放接纳、直接反馈（直接犀利、一针见血），鼓励小组成员说出心里话，坦诚相见。

直不敢和父母说起自己的职业危机感,这次就顺便趁此机会讨论了一下,想不到,父母异口同声地回应道:"太好了,你好好休息休息。一直那么拼命,早点退休没什么不好。"

这时候我回头一想,如果不是突然失业,我也不会有大段时间好好陪伴父母,所以失业也不全是坏的影响。好吧,既然50岁到来前,老天送给我这个"生日礼物",那我就当是给我一个机会,告别以往对时间和空间有高度约束的固定工作模式,体验一下时间自由的人生下半场吧。

心定了,逻辑思维的能力开始回归,按照自己一贯以来面对新挑战的思维方式,我开始冷静地对现状进行梳理,毕竟我并不打算直接从中年迈入无所事事的老年。

盘点一遍后,我惊讶地发现年龄并没有给我带来实际的困扰。

首先,身心康健。我一直对世界充满好奇和探索的勇气,从来不畏惧改变,所以心态很不错。坚持长期健身,也让我的体能和精力状态不输给身边很多年轻的朋友。

其次,我对于新知的接受能力很强,依然有很强的学习能力,我有自己独特的系统学习方法,否则,我不可能以"高龄小白"角色,在保持正常生活节奏的前提下,不依赖刷题,短时间一次性通过被业界公认高难度的法律职业资格考试和专利代理师资格考试。

再次,这世界上没有白走的路,多年的职场经历让我积累了丰富的跨界职业技能、综合的管理素养、敏锐的人际洞察、丰富的人脉资源等等，这些都是时间和经历换来的宝藏。

最后，可能也是最重要的，我的内心有很坚定的信念，我一直相信爱和真是照进内心的光芒，一直坚守以纯净坦诚的心去对待周围的世界，因而也得到来自家人、同事、朋友的很多支持和帮助。

看清自己，知道了自己有什么，我慢慢放下了慌张，但我还没有完全想清楚我的第二人生具体要做什么。我依然需要一点时间思考，我想要什么，我不想要什么，我能做什么，我愿意做什么，还有哪些可以开拓的资源，还有哪些需要重新学习的能力，等等。

此刻，在我内心里，有个声音一直在回旋：我要时间自由，但不要躺平。

50岁又怎么样，我依然拥有无惧年龄的成长力，第二人生，我要过得比第一段更精彩！

探索新方向，找到第二人生的理想

奇妙的是，境随心转。许是多年以来坚持做正确的事情，认真靠谱的专业精神，乐于分享、乐于助人积累的好口碑，让我在离开原公司不到1个月，就收到了来自不同行业公司的邀请，包括文化行业的公司、咨询公司、律所等等。有的邀请是希望我全职加入，并承诺可提供给我更有吸引力的薪资；有的是兼职加入，时间自由但收入不确定。

有了选择的余地，我开始犹豫，要怎么做选择。

我的头脑里好像有两个小人在折腾。习惯了早出晚归的上班模式，习惯了在每月的固定日期收到银行工资转账短信的那个"过去的我"，想从身体里钻出来，劝诱着："要不回到原来的状态吧，有机会继续过安安稳稳的日子哦！"一个"当下的我"立马跳起来，狠狠地拍一下"过去的我"："我要时间自由！我要时间自由！""过去的我"大声吼过来："时间自由但没有固定收入！""当下的我"小声地反驳："固定不固定没那么重要，这不是我现在想要的！""过去的我"："收入才是价值唯一且最好的体现，不是吗？""当下的我"继续挣扎："我要做我想做的事情。"

停在原地不会有答案，那就边前行边探索吧。我承接了一些兼职工作，并继续着各种学习。

在一次团队教练课程上，我被坐在对面的同学问到："你的使命是什么？"我愣了一下，好像突然被拔掉了头顶的"塞子"，灵光一现："我希望能够陪伴个人或团队正向成长。"

我知道自己想做什么了。如若人生积累还可以带来更大的价值，为什么不突破原有的模式，去更广泛的领域试一试呢？就算不知道新的尝试会有什么成果，那又如何，人生不就是一段又一段的旅途吗？旅途的意义在于体验啊！

在第二人生的开始，我想要按自己的方向、节奏、目标去活，而教练工作能够激发个体潜力、激发组织活力的利他感，正与我自己内心里的渴望不谋而合。

第二人生

50岁,我给第二人生设定了一个崭新的理想——成为一名职业教练。

成为职业教练,回归心灵自由

线下课程对于个人教练部分的深入程度未能满足我的需求,我想要用十分的力,投入足够时间和精力进行沉浸式学习,而不是只学习皮毛。本着绝不能接受在专业上裸奔的想法,我报名了倾析本质的系统教练课程,连续数月去上海上线下课,每周都有网课或教练对话,大部分周末还要参加线下的其他教练课程或管理类课程,与此同时,我的兼职工作也在继续。从此我进入了学习、工作连轴转的状态。

好几位朋友因此提出疑问,那么多人想了解你们集团的文化和管理,而你在原公司有那么深厚的积累,学习了最正宗纯粹的企业哲学和管理,你何不选择直接做和这些相关的工作?选择从零开始做教练,不是选择了一条更难走的路吗?

说难也不难。

我并不是盲目的人,做选择和判断,必然经过缜密地分析。教练是当下最符合我自己客观条件和主观意愿的职业选择。

我的个人特质属于尽责性、宜人性、情绪稳定性都很高的类型,非常适合做教练。丰富的人生经历对从事教练有一定的优势,两年的心理学研究生课程、多年以人为中心的管理工作、跨领域的专业知识与思维，让我兼具理性客观的逻辑思维能力与对人际的高度敏感与洞察力。所以，生活、工作中的积累让我在学习与从事教练工作时，产生了1+1大于2的效果。

教练与我第二人生的使命感高度连接，我内心向往之，尽管辛苦与困难是客观存在的，但内在的热爱给我带来了源源不断的动力。同时，我也有一个新的觉察，即找到一个合乎自己价值观的社群或圈子，是支持自己往前走的不可忽视的力量来源。在教练课上，老师毫不保留的分享，同学们互相鼓励和认可的氛围，深度的体验，以及丰富的社群学习、交流活动，让我有一种找到值得信赖且同频的伙伴的庆幸。倾析本质的口号"本质召唤本质、生命影响生命"，对于我有着莫名的吸引力。

繁忙的另一面，是工作形式不受约束，时间可以自由安排。成为教练后，我陪伴家人的时间反而增加了，我可以带着电脑待在父母身边工作，也可以在陪同家人喝早茶的时候，沉浸在自己的世界里看书，或者在和家人出门旅行的时候，晚上在酒店里开会、上课。

所以，即便存在现实的不容易，我也愿意一直去学习、探索、体验、实践、贡献。

抛开所有客观现实的考虑，人生教练的学习和实践，对于我也是自我心智模式持续成长、蜕变的过程，是一场让心灵回归自由的修行，不断向前，没有终点。

先来看看,作为教练客户的我。

回看 50 岁的人生前半程,我简直是小心翼翼地活着。在父母眼里,我是一个乖孩子,读书、工作、结婚、生孩子,按部就班,没有让他们操心;在丈夫和孩子眼里,我是没有娱乐的人,时间都花在学习、工作、照顾家庭上;在同事的眼里,我是一个好员工,认真踏实,敢担责,敢创新。

一路走来,我也有很多开心时刻,但是我知道,在我的内心看不见的地方,其实还藏着另外一个我,一个爱自由、想做更多尝试而无惧失败的我,一个想在做选择的时候首先遵循本心,而不是一直被责任捆绑、一直优先他人的我。我也想要在做选择的时候,更多地观照自己的内心,选择自己想去的大学,而不是让父母决定;我也想把照顾家庭的责任分给家人,让自己多一些自由时间去做与责任无关的事情;我也想不考虑风险和不确定因素,到更广泛的领域学习,突破自我,而不是在标准轨道上做选择。

不可否认,我原有的思维模式会给我的未来带来一定的困扰,就像在刚开始从事教练的时候,专业上我有底气,但在商业化方面,我非常缺乏勇气,不好意思让别人知道自己从事人生教练这个小众的职业,甚至不好意思正常收取教练费用,尽管我付出了时间和精力,也收到客户的好评。

历经数月,我也无法靠自己突破这个障碍,后来,我选择自己做一次教练客户。老师用专业的教练方法,引导我看清了自己的内在信念,那就是我希望用教练技术在更广泛的领域去帮助他人成长。要实现这个理想，首先就是要让有需要的人看见我。有了这个觉察，第二天我就放下障碍，积极地发朋友圈、注册小红书等等，让更多的人可以找到我，获取专业教练的支持和帮助。也是通过教练对话，我看清楚了自己能为客户带来的价值，也许是内心的平静，也许是重获新生的力量，也许是更好的商业选择，等等。这本身就是提供服务的过程，收费难道不是理所应当吗？通过自己与教练的对话，我完全打开自己，能够通透地看待这个新的职业并有勇气说出教练的价值。

在与教练的对话过程中，我发现自己固有的思维模式不知不觉地在变化。有一次，教练不断重复地问我同一个问题："如果没有失败，你是谁？"我想到了各种意想不到的答案，直到感觉手上有凉凉的水滴下，才发现自己已经泪流满面，这是真正被治愈的时刻。什么是成功，什么是失败，人生并没有标准答案，我可以认真努力负责任地过一生，但这个前提是，这是我想要的人生。女儿、妻子、妈妈、管理者、员工、朋友，无论是哪一个角色，首先，我要做自己。

在我的第二人生，我要做有强健羽翼的大鸟，自由飞翔，去看看更广阔的天地。

再来看看，作为教练的我。

作为教练，对于每个人都本自具足的事实，我深信不疑。人生没有标准答案，更没有绝对正确的底层思维逻辑，这一点也与我的教练思维很好地融合。利他是我的动力源泉，虽然我已经明白商业化的必要性，但我还是愿意不那么计较回报，去帮助任何一个渴望与教练对话的人。每次看到客户的成长蜕变，都会带给我由衷的快乐和满足。在从事教练的过程中，我的教练信念、状态和风格也被磨砺得越来越有光芒。

在我眼里，教练工作的过程更像是一场伴随客户的共舞，陪伴客户看见盲点、卡点、心魔，找到他的优势、潜能、资源，让客户有新的觉察，从而产生由内而外的成长。

我的客户来自各行各业，还未踏入职场的毕业生、在换工作的中青年、身居高位的管理者、负重前行的创业者、全职家庭主妇……客户带来的人生课题，范围是如此之广，从个人心智成长（思维模式、沟通模式、宗教信仰），到职场课题（定位、成长、困境、生涯再设计、企业发展瓶颈），再到日常生活（选择困扰、亲密关系、亲子教育），等等，几乎涵盖了生活的方方面面。

我常常见到客户因为一场教练对话，深度激发了自我觉察，从而带来意想不到的蜕变。也许客户需要的不过是真正的被听见、被看见，然后他们会发现自己行为背后深层次的诉求，由此带来新的行动。看到这些案例，我对自己以人生教练来支持他人成长的第二人生选择，有了更多确信。看似不起眼的一场教练对话，也许就能为他人带来认知觉醒和行为蜕变。

有一次，一位老板为自己的核心员工聘请教练，他认为员工业务能力很优秀，但情绪不稳定，像个爆竹容易被点燃，让他很痛苦，他很惜才，不想轻易放弃。

在与员工进行教练对话的过程中，我全身心地聆听，感同身受地陪伴，这才发现员工也有着不比老板少的痛苦，老板的责骂和否定让他很受伤，1个小时的教练对话，客户从一开始面红耳赤大声、快速地表达，到声音变小、变缓，最终看见了自己情绪爆发背后的原因，那就是他觉得自己不被理解、不被接纳，不想做替罪羊……面对纷杂的情绪，他不自知的激烈地表达，就是希望能改变老板的想法。我问他，你发脾气后，目的达成了吗？客户脱口而出，当然没有。说完后，客户愣住了。我再问，那么发脾气带来了什么回报？客户笑了，当然没有。

这场教练对话之后的数月，员工与老板起剧烈冲突的情况再也没有发生。

另外，我常常遇见一类客户，是大约35岁到50岁之间的职场人或创业者，在他人眼里，他们有很不错的事业，有幸福的家庭、乖巧听话的孩子，但他们依然有跟别人一样的困扰、苦恼、焦虑，原因有的是孩子没有自己想象的优秀，有的是亲密关系的不确定，也有对自己的不自信，或对未来职业发展的迷茫，等等。人生相同的烦恼和忧虑平等地没有放过每个人，它们毫无例外地带来消磨人的内耗与痛苦，数月甚至数年让人被负面情绪的旋涡裹挟。

来找教练对话时，有的客户带着对教练的相信，但也有不少客户是抱着试试看的心态，在我问到对于教练对话有什么期待的时候，他们甚至会直接给教练一个下马威："一个小时能干啥，估计就是聊个天，我也不抱有太大的期待。"或者："你也不懂我这个行业，估计很难有启发吧？"又或者："我也不知道，感觉很难有答案。"但随着对话的深入，绝大多数客户会有不同程度的变化，有的会发现自己从未意识到的思维模式或行为模式，有的会看清楚给自己带来干扰的限制性信念，或者终于认清自己内心一直渴望的东西，从而找到新的动力来源。或者拿起，或者放下，无论谈话后客户的决定是什么，选择是什么，他们都不再深陷苦痛，而是对自己有了更多的认可与接纳，以及面对未来更大的勇气。

每一个真实鲜活的人生故事，都验证了人生没有标准答案，这并不是一场考试，所以也无须和身边的人对照。我越来越认同，大千世界，各有各的活法，各有各的精彩，何必按照他人的标准，把自己活成熟悉的陌生人。

对他人过多评判、索求、依赖，往往只会平添自己的烦恼，与其这样，还不如求自己，因为人能改变的只有自己，而改变最快的，唯有心态。谁也无法预测未来，相比起时时刻刻活在对未来不确定性的焦虑里，不如做到与当下的自己更愉快地共处。路总在那里，我们要做的，是把脚迈出去。

教练工作极大地拓展了我的圈子，让我与不同的人产生连接，也让我走到了更广阔的领域，学习了从未留意到的新知识，带来了很多意想不到的新机会。可以说，在与客户的共舞中，我自己也得到了"升级换代"，对原先固有的模式不再留恋，敢于去挑战很多原先不敢想、不敢做、不敢尝试的事情，比如，让自己成为故事的主人翁，给同学做小红书的素材；研究、比较自媒体不同渠道的宣传效果；因为文笔风格及对专利的理解被认可，受朋友邀请为专利产品写广告文案；与不同领域的朋友一同开发新的咨询业务模式，跨界打通、促进新合作；以及接受倾析本质秦加一的邀请一起写这本人生故事……

我的第二人生，像一个初生婴儿，每一天都是新的一天，每一刻都在迎风生长。成长是自然而然的存在，没有恐惧、没有犹豫，晴也好，雨也罢，都不过是人生路上的风景。

结　语

也许生活是一个任性的小孩，从不在意我们是否害怕或抗拒，随着性子抛给平凡的我们各种难题，逼迫我们面对巨变和冲击，甚至有时，将我们困在原地。但请你一定不要因眼前的困境就轻易折断自己的翅膀，请保持随时再起飞的能力。要相信，拥有内心的笃定与从容，保持足够的学习力和行动力，就会为自己带来新能力，产生新价值。

年龄算什么，只要内心不为自己设限，每一天都是最年轻的自己。

正走在第二人生路上的我，感谢耐心看完这个故事的你，也欢迎带着你的人生故事，来找我做教练，我愿意陪伴你一起学习、成长，做自己！

本篇作者简介

张睿

国际教练联合会认证体系教练，高级人力资源管理师、知识产权师，具备法律职业资格和专利代理师职业资格。曾从事平面设计师、人力资源管理、法务知识产权管理等职业。50岁前是跨国外企多领域管理者，50岁后开启自由人生，从事职业教练、教练式管理咨询。

教练风格：洞察、理解、承托，拥有如水的包容力，逻辑、系统、思辨，兼备破局冲击力。相信本自具足，相信觉察带来蜕变！

手机：13728338148

微信：lifecoach_Rui

邮箱：lifecoach_rui@163.com

07 穿越难行时刻，绽放第二人生

文 / 杨霞 Senay

突如其来的暂停

"你的状态真好，一看到你发邀请，我就想约你了。"对面的雅婷面带微笑地看着我，真诚地说道。她是我朋友圈里不常联系的朋友，也是我这次教练对话的客户，作为一家外企的部门负责人，她光鲜亮丽，精明干练，但我仍能看出她精致的妆容背后的疲惫。几年前因为业务上的联系，我们互加了微信，后来再没有什么交集，最近我在朋友圈发出教练对话的邀请，雅婷是其中回应我的朋友之一，这也让我很感谢她的信任。

寒暄之后，我们聊了彼此这几年的变化。我和她聊起了我做教练的初心，也介绍了我的工作就是通过聆听和提问等方式启发客户觉察，找到自己的力量去达成目标。看得出来她听得很认真，她说这次找我的目的，主要是想解决她和母亲的关系。提到母亲时，她收起笑容，眉头紧锁，表情痛苦，她说无论她做什么都得不到母亲的欢心，无论她如何付出，得到的永远只有责备和抱怨。糟糕的原生家庭也让她的夫妻关系和亲子关系受到很大影响。

"过去几年，我试过很多方法去解决我的问题，学心理学、去参加疗愈工作坊等，但要么是知道了做不到，要么只是得到暂时的平静，过后又恢复原状，这让我很沮丧。今天听了你的介绍，又看到你的状态，我想我可以用教练的方式试一试。"她向我说起这些的时候，手机铃声响起，随即她接起电话。原来是公司有件急事要马上处理。"真的很抱歉，我得先走了，很高兴今天和你见面。"她说完这句话，之后和我约好第一次教练对话的时间，就匆匆离开了。

雅婷走后，那句"你的状态真好"还在我的脑海回荡。我望着咖啡馆玻璃上自己模糊的影子，思绪回到了一年半前那个初夏的早晨。

那天温度适宜，不热不冷，是苏州城最美的时候，连风中都透着江南的温柔。我起得很早，因为要去酒店与新任亚洲总裁开会。虽然他已经上任半年多，但这是我们第一次会面，他工作的常驻地点在澳大利亚，口罩原因让跨国出差变得困难，但尽管没有见过面，在多次网络沟通中，我已经充分感受到了他的雷厉风行又让人感到压迫的风格。这几年公司很不容易，中美海运费连续大涨，对于我所在的美国集团在亚洲的采购中心来说，挑战非常大。作为公司10年的老员工，同时也是负责人之一，我内心渴望公司有一些大的变化。所以即使同事都觉得这个澳籍华人风格极端，不喜欢他，但我想也许这并不是件坏事。

我提前到达酒店，映入眼帘的还是那个装饰色彩妖娆的酒吧，我找了一个位置坐下。不一会儿，总裁出现了，他热情地和我打招呼，之后我们来到一间会议室，我发现亚洲HR经理正站在我对面，我们是老相识，但她出现在这个时间和地点却让我产生一丝不祥的预感。

接下来的谈话节奏很快，他们先宣布公司打算调整组织架构，搬离苏州，接着对我10年来对公司的付出一番吹捧，最后终于说出了那个我已经猜到的决定——我被裁员了。由于公司准备的赔偿方案看起来无可辩驳，我迅速签署了赔偿协议，接着回到办公室整理好自己的东西，离开了公司。当我的车开出那间工作了10年的写字楼，我大大地舒了口气，终于结束了！

在外人看来，我独自带两个孩子，现在又失去了工作，真的有点惨。但是我知道，我太渴望这次暂停了。4年前的一场意外，我失去了爱人，在短短休息一个月后，我立刻回到工作岗位；之后三年大环境不好，也让我的工作变得异常艰难；还有多年前我患上的一场血液病经过几番治疗，现在仍未痊愈，让我的身体出现了更多问题；我的两个女儿，一个上初中，一个上小学，她们需要我更多的陪伴和支持；帮我一起照顾孩子的公公婆婆，他们的身体最近也出了问题。

我的责任感和不认输的性格让我继续在职场坚守，但我知道我已经是强弩之末，我太需要暂停下来了！

"那时候真是不容易啊！"想到此前发生的这一切，我感叹道，深深地吸了一口气，拿起桌上微凉的咖啡，大大喝了一口。

教练与正念是穿越情绪泥沼的武器

我抬起头，开始观察四周。在这个周边高校和高新技术公司林立的咖啡馆，大多是年轻人。正对着收银台的一条长桌上，有几个学生在专注地学习；靠近门口的两张桌子有几个穿着职业装的人正在聊天，时不时发出笑声；坐在我前面的是一家三口，他们对面是一个身穿英文字样衣服的人，他们在认真地听着他说话……为了自己的目标和责任，为了更幸福，每个人都在很努力地生活着。突然，我脑海中冒出几个问题：他们是谁？他们想要什么？他们的人生有哪些艰难时刻？他们都是怎么面对的呢？

我的视线回到窗外，又再次陷入回忆中。离开公司后，我充分地休息了半个月，身体状态慢慢改善。接着，我开始投身到人生教练的课程当中。新的认知让我很兴奋，深层次聆听、强有力提问、冰山模型等，让我感觉像发现了一处新的宝藏。专注投入的学习，与教练伙伴们的交流，让我很快转移了被裁员的挫败感，就像我曾经历的那些艰难时刻一样，我通过用头脑说服自己，强行给自己打鸡血或者转移注意力的方式把自己从痛苦的泥沼中拔了出来。这种方式我已经驾轻就熟。

随着课程的循序渐进，我的状态越来越好。我的朋友和要好的前同事看到我的状态恢复得那么快，都很惊讶，十分佩服我，我也对自己感到很满意。可那时候的我并没有意识到，我在深深压抑自己的痛苦。当别人说佩服我的复原力的时候，我告诉他们："我没得选啊，我只能坚强，只能乐观，没人喜欢祥林嫂，对吧？"我为自己做了一个看似很不错的决定：我要坚强乐观地过好每一天。但这每一天里，我都在小心翼翼地隐藏着自己的脆弱。

除了教练，我还开始和我的正念冥想导师练习正念[1]。正念呼吸练习能帮助人们关注当下，而不是纠结过去或者焦虑未来。

通过持续的正念冥想练习，我感觉到自己开始慢下来，静下来。静带来的智慧让我学着接纳自己，接纳自己的不完美。这个世界本来就没有完美，更何况是小小的我呢？我怎么会有"我很完美"这样的执念？当我开始接纳自己，放下执念，我对孩子们不再那么紧张，也能够接纳真实的、不完

---

[1] 正念：正念是有关当下和觉知的修炼，其风靡于美国，但其实源于中国。正念是我们国家儒、释、道三家的底层修心方式，后来西方的正念先驱者们利用科学的实操方法把它变成人人都可以练习的技术。正念能帮助我们超越"自动导航"模式，活在当下。

美的她们。这也大大改善了我和大女儿的关系。

我的大女儿进入青春期后开始变得叛逆，我让她做什么，她肯定不做什么，还喜欢做点"小坏事"，比如上网课时玩游戏，她非但不会愧疚，还会觉得自己很厉害。她每天花很多时间和固定的几个朋友聊天，而且情绪波动很大，经常不开心。她对自己的容貌不够自信，总觉得自己太高，不好看。

她的这种状态一度让我很抓狂，甚至有一次被气得躲到厕所里哭。有一次她直接不耐烦地对我说："你不就是想让我努力学习，考个好大学，找个好工作吗？"听到她这么说，我身体发紧，胸口堵得厉害，但我知道我必须先处理好我的情绪。我开始内观自己，我看见我的情绪里有生气，有委屈，也有些失望。我深呼吸，抱抱自己，问：你可以接纳这些情绪吗？我说：可以。我接着问自己：如果放下这些情绪，我真正想要的是什么？我告诉自己：我要的是好的亲子关系，我要的是我的女儿学会为自己负责。

当我看到我们冲突的本质，我立刻跟她进行了一次深入的沟通。我说："妈妈能看到你的努力，我感受到了你的压力，也理解你想弄明白为什么而努力。其实，大学和工作并不是结果，只是我们家长认为这是实现自己人生目标的重要途径，如果你现在找到了真正热爱的事，我可以接受你上完初三就出来工作。"当我和她说出这些话，我感受到了自己内在的笃定和力量。我说："妈妈相信年轻时犯错走弯路不是坏事，妈妈不想你拿到高学历回家后躺平，甚至以后人到中年还不知道自己想要什么。"

当我把自己紧握沙子的手慢慢松开之后，沙子反而不再想用力从我手中逃走，我惊喜地发现大女儿变了，她开始真正独立自主，把自己的事情安排得很好，什么都不落下，我也变得更加稳定和松弛了。

和青春期女儿改善关系后的一天，一个客户经朋友介绍紧急找到我。她的女儿也到了青春期，学习成绩一直不错，但是喜欢打游戏，有时候周末会玩到半夜12点。她担心女儿周末长时间玩游戏会影响身体健康，也担心一直这样玩下去会影响学习成绩，于是跟女儿讲道理，但女儿不听，还觉得烦。在最近一次考试中，女儿果然如她所料没考好，于是夫妻俩说了女儿一顿，结果女儿干脆不去学校了，整天在家玩游戏。

我开始和她对话时，她非常着急，人也很焦虑，于是我引导她观照自己的情绪，等她的情绪有所释放后，我向她说出我的直觉："我感受到你的担心后面好像藏着不相信，不相信你的女儿能为自己负责。"她沉吟片刻，深深地点点头。后来，我邀请她回到自己的16岁，看看那时候的自己是什么状态，什么对自己来说最重要。她说："我的妈妈很严厉，只要我考试没考好，就会被拉到门口罚跪，那时候我特别希望有一个能理解我、支持我、对我宽容一点的妈妈。"她说到这里，眼泪止不住地往下流，缓了一会儿她接着说道，"我女儿跟我说过她没那么喜欢玩游戏，只是升初中后每天的学业压力很大，玩游戏能让她放松……其实我需要先理解她，相信她。"

她的表情开始变得柔和，身体也放松下来。我继续问她："理解和相信女儿的妈妈面对现在的状况会怎样？"她说："我发现自己在担心那些没有发生的事情，我没有真正地相信她，我没有真正地关注她，所以今天我打算好好地陪陪她，先让她看到我的理解和支持。"第二天，客户告诉我，她的女儿已经回学校了。她说，其实，她女儿心里也觉得不对，只是不想就这么认输。

当我们放下情绪，开始思考自己真正想要什么，我们就能更有觉知地选择自己的行为。正念冥想练习可以让身和心暂停下来，慢慢合一。

脆弱与坚强，硬币的两面

在一次自我教练中，我把对自己最重要的东西重新排序，身体健康、家庭和事业是我清单里的前三位，明确这一点后，面临选择的时候我不再纠结。我每周给自己安排时间锻炼；我花更多的时间陪伴孩子们，支持她们的学习，带她们出去旅行，这样家里的老人也可以更好地照顾自己的身体，不需要为我们操劳；最后，我从事着自己喜欢的人生教练职业。我达到了四年来最好的状态，我认为过去的伤痛会被慢慢疗愈。

但我还会时常不自觉地陷入低迷，每当我回忆起和爱人相处的时光，我就会很悲伤，有时甚至躲在车里哭完再回家。我有种感觉，好像哪里还差那么一点点。那时候教练伙伴陆续开始推广自己的教练服务，打造自己的个人 IP，甚至开拓"教练+"的新模式，而我离开职场已经一年，教练伙伴的"内卷"和现实的压力让我开始焦虑，我想赶紧开始做点什么，但是却行动力不足，甚至一张简单的个人海报我都拖了好久才做出来。

宇宙总是在我需要的时候给予我回应。就在那段时间，我开始接触到三个情感系统：寻求安全和保护的威胁系统，聚焦资源和行动的驱力系统，聚焦亲和、安全、友善和归属的安抚系统。这三个系统在每个人身上都占据不同的分量，相对均衡是比较好的状态。了解了这三个情感系统的我意识到，一直以来我的驱力系统都很强大，而其他两个系统占比很小，只要遇到危险的状况、糟糕的情绪，我就会激励自己想办法行动起来，解决它。我的模式是直接从威胁系统到驱力系统。我觉察到我内在渴望被尊重，而我认为只有坚强的人才能受到尊重，脆弱让人无力，坚强才有力量。失去爱人时我不敢脆弱，我要求自己不在孩子面前难过，因为她们更需要一个乐观向上的妈妈；自己生病时我不敢脆弱，哪怕面临生命危险也要在公司需要的时候远赴印度出差；丢掉工作时我不敢脆弱，只有这样才能让别人看到一个不会被打倒的我……我就像是一个坚强的女战士，一直在自己的迷雾森林中披荆斩棘。

我突然发现我自以为的坚强，其实是我努力藏起了自己的脆弱，因为脆弱让我感到羞耻。我的安抚系统没有启动，没有给予自己足够的安抚，我的内在并没有感到安全，也就没能生发出更大的力量。这个发现让我感到惊喜，同时又有些悲伤。

宇宙再一次在我需要的时候给予我指引。在一次仅有我一人参加的正念答疑会上，我和导师聊起我最近的状态，我感受到导师的允许和包容，一直持续不散的焦虑也让我难受，我一下子打开了话匣子，我告诉导师我失去爱人已经有几年了，当我说出这句话，眼泪立刻控制不住地流了下来，顷刻间，表面坚强的我卸下了自己的伪装。导师温柔地说："这么久了，我从来没有听你说过。感谢你对我的信任。"导师的话还没有说完，我的情绪已经完全失控，我一度哽咽到无法言语。许久后，我说："我很难过，有时候我会很后悔自己一个人面对这一切，有时我觉得很有压力、很孤独、很无助。"导师温柔地说："我理解，这也是大家都经历过的苦难，不是只有你一个人在受苦。"接下来，我已经不知道导师说了什么，我只感受到安全、包容和被接纳。渐渐地，我的情绪得到了很好的释放，整个人轻松很多。当我慢慢平静下来后，导师建议我找机会多和别人说一说，会对我更有帮助。于是，我开始鼓起勇气和教练伙伴说我过去的故事，尤其是我藏得最深的那些故事。

在一次团队教练的活动中,有一个主题是大家说出自己小时候发生过但对现在仍然有影响的一件事。我再一次挑战自己,把我从来没有分享过的一个故事说了出来。"我有一个很爱我的父亲。"刚说完这句话,我已经绷不住了,我显然高估了自己,但我还是鼓起勇气继续说下去。

我分享了父亲给我买礼物、给我惊喜的故事,分享了他在那个中专学历很吃香的年代无条件支持我冒险去考高中的故事,分享了他为了不让远方上大学的我担心而不告诉我他生重病的故事,分享了当我进家门的那一刻才发现我永远失去了他的故事……我从父亲那里得到太多,但这辈子已经没有机会报答。

说完后,我发现我已经用掉了一堆纸巾,但浑身感到很轻松。我非常有幸遇到我的教练伙伴,他们中正、不评判,他们包容、接纳,他们会温柔地接住我的情绪,永远会发现我身上的亮点,不断地给我赋能。

展露内心的倾诉,决堤的眼泪,让我感觉身体里累积的悲伤已经慢慢地散去,内心生发出更多的感恩和幸福。布琳·布朗(Brené Brown)[1]在一次演讲中说:"你无法只麻痹那些痛苦的情感,而不麻痹所有的感官、所有的情感。你无

---

[1] 布琳·布朗:社会工作博士,她的 TED 演讲《脆弱的力量》是世界上观看次数最多的五场 TED 演讲之一,以下文字选自这篇演讲。

法有选择性地去麻痹。当我们麻痹那些（消极的情感），我们也麻痹了欢乐，麻痹了感恩，麻痹了幸福，然后我们会变得痛不欲生，我们继而寻找生命的意义，然后我们感到脆弱……危险的循环就这样形成了……脆弱是耻辱和恐惧的根源，是我们为自我价值而挣扎的根源，但它同时又是欢乐、创造性、归属感、爱的源泉。"

我亲身体悟到：脆弱和坚强是硬币的两面，它们都是我。接纳脆弱让我不再麻痹痛苦，也让我活得更真实，更有力量。当我们无法独自面对的时候，身边有人能看到你，陪伴你，支持你，会让自己更有力量穿越这些难行时刻。

迈入第二人生，释放生命能量

在最近的一次教练工作坊中，我们玩了"热椅子"游戏，一个队友说感觉我似乎还活在过去，对她的误解我不置可否，我深深明白那个活在过去的我是不会在公众面前坦然释放自己的脆弱与情绪的。但她的话也提醒了我，我看到自己已经拥有足够的力量迈入我的第二人生了。

如今的我每天脸上自带笑容，情绪稳定，语气温柔，我的外貌都好像发生了变化，朋友们说我越来越有女人味了。

我画出自己前40年的人生曲线，有波峰，有低谷，就是这些经历给予了我生命的厚度。如今我再次从谷底升起，展现出全新的生命状态。小的时候我的奶奶告诉过我，我会越老越好,当时我不理解,几年前我一度非常怀疑,而现在我终于明白那句话的含义。那些艰难的经历,是为了成就越来越好的我。

正如迈克尔·辛格在《臣服实验》中所说:"如果生命让一些事情发生,那我就把它们都当作是来引渡我的。"[1] 我喜爱的心理学导师吴文君老师曾经说过:"穿越所有创伤之后,你会得到你的独特资源,你为世界服务的独特能力就蕴含其中。"经过人生的难行时刻,我更能对这句话感同身受。只因我走过很多弯路,所以我希望我能帮助更多人超越"自动导航"模式,更有觉察地过自己的人生。我渴望我的第二人生可以帮助更多人度过难行时刻,活出更加幸福美好的人生。我愿每一个人都能用觉察之光照耀自己,全然释放自己的生命能量!

过去的日子里,我陪伴几十位客户穿越了他们人生的难行时刻,收获了更强大的内在力量去面向未来:有不知如何教育孩子,面临亲密关系挑战的职场精英;有积极向上、对自己要求很高,却深陷焦虑,无法为自己的目标展开实际行动的大学生;有全职在家照顾孩子4年,想要重新开始自己事业的妈妈;有频频加班,因巨大的职场压力而身心俱疲的中年女性……

---

[1] [美]迈克·A.辛格,易灵运译:《臣服实验》,南京大学出版社2019年版,第56页。

我相信雅婷会是下一个获得力量的客户!

回忆到此戛然而止。我拿出笔记本,写下在自助和助人中收到的生命礼物:

我们应该如何穿越低谷期?

1. 当你站在谷底时,你要首先看到自己站在谷底;

2. 接纳自己,释放脆弱,而不是假装坚强,告诉全世界我挺好;

3. 当我们接纳自己、敢于放下之后,变化是自然发生的。这种转变不是用道理说服自己、强行给自己打鸡血、灌鸡汤,而是从根本上发生的变化,是身与心的合一;

4. 寻找一种方式释放情绪,痛哭会很有帮助,哭完你会觉得浑身轻松;

5. 用正念的方式支持自己不掉入深渊,带着觉知活在当下,而不是活在痛苦的过去,反复折磨自己;

6. 请相信:否极泰来。在人生的谷底,也要始终保持一颗乐观向上的心;

7. 在无法独自面对的时候,要敢于寻求帮助,找到那个不评判、全然支持自己的人,你将不再孤独,也会更有力量。如果你需要,我也会来到你身边!

生命短暂而美好,我们每个人带着自己的使命来到这个世界,经历应该经历的事情,遇见应该遇见的人,无论是高峰还是低谷，所有这一切都是为了让自己的灵魂变得更美好。感恩我的长辈和爱我的朋友们给予我无尽的爱、无尽的祝福和陪伴，让我在面对人生困境时始终能够保持勇敢和相信的力量。感恩生命中所有遇见的人和事，是你们成就了现在的我。我已经做好准备迎接宇宙给予我的第二人生！

本篇作者简介

杨霞 Senay

又名蓝月,国际教练联合会认证体系教练,团队教练,家庭教练。中科院认证心理咨询师,正念冥想践行者。同济大学 MBA,西交利物浦大学校外导师,16 年外企跨文化管理职业经理人。

教练风格:因为经历过,所以更能感同身受;因为经历过,所以更能明白在人生难行时刻,能有一个无条件信任和支持自己的人是多么重要。我相信客户本自具足,我相信生命影响生命。过去两年公益教练时长超 200 个小时。

手机(微信同号):18662338101

邮箱:89263745@qq.com

08 一只"仓鼠"的蜕变

文 / 王梦 Rachel

一个洒满阳光的冬日午后,在一场酣畅淋漓的教练对话之后,我缓缓地喝完了杯中的拿铁,脑海里还回响着对客户说的话:"一年后的你,会如何感谢现在的自己?"

此时这个问题好像突然指向了我,我想起了那个曾经踟蹰不前、跌跌撞撞的自己,是如何经历了一场彻底的蜕变,走出内耗,变得自在、包容、勇敢、有韧性。于是,当秦加一向我发来写书的邀请时,我知道这是命运给我的机会。现在,请允许我欣喜又从容地向你讲述我的故事。

不对劲的火苗

那是一个初冬,深夜 10 点 30 分,我刚刚下班回家,拍了一张单元楼下路灯的照片发在朋友圈,配上文字:"终于到家了,孩子早已睡着。我有很久都没有陪他们入睡了,心里一阵内疚。"

蹑手蹑脚地洗漱完毕，我躺在床上，累得一根手指都不想动，脑子却停不下来：哪些重点项目要到达节点了，后天的新制度要如何向总经理汇报，下周的中层管理者研讨会准备得怎么样了……

想了半晌，我突然一阵恍惚：停不下来的思绪，转动不停的生活，这一切是如何开始的呢？

我从小是成绩不错的乖乖女，但骨子里有一种自由洒脱、闲不住的劲儿，研究生毕业后我进入一家外资管理咨询公司做了10年咨询顾问，接触了大量行业和组织，专业上获得了飞快成长，我也因此锻炼出强大的逻辑左脑。在咨询公司我主要做的工作是方案策划，出于对企业方案的真实落地场景的好奇，我选择加入了企业工作，负责组织部门从0到1的搭建。

当时我已经结婚有了孩子，先生一直希望我能够找个轻松的工作，花更多的时间陪伴孩子。我嘴上答应着，心里却有不一样的想法：那是他的需要，不是我的需要，我还是要做我自己，做我喜欢的事。这样做的原因一方面是因为新工作有许多我感兴趣的元素——更复杂的组织，更大的团队，更广的管理范畴，更大的做事空间；另一方面是因为我当时在读一个组织发展的认证项目课程，新公司或许是一个不错的实践场。此外，趁着孩子还小，我还可以折腾几年，继续探索更具挑战性的工作机会。抱着这样的想法，几年前，我加入了这家庞杂的多元化集团，负责组织与干部管理工作。

起初，一切都很正常。但很快，由于集团阶段性发展的需要，许多重要项目都要同时上马，而"降本增效"政策下人手并不充裕，于是，在领导的高要求下，我不得不开始一人当成两人用，经常在公司一待就是十一二个小时。以前我很少喝咖啡，但那时的我每天都要靠咖啡提神醒脑。我一心只想把事情做好，但凡心里有一丝"怠惰"，都被我无情浇灭。

紧张的工作节奏下，我竟丝毫没有觉察到心中那一丝丝不对劲的火苗。

转盘上的仓鼠

第一个拉响警报的是我的体检报告，一向健康的我，突然许多指标都出现异常，我这才意识到以前每周光顾一次的健身房，已经很久没去打卡了。我的精力就像蜡烛的微光，忽亮忽暗，时有时无，只能勉力支撑身体。但面对堆积如山的项目跟进工作，规律的作息尚且被挤压，去健身房打卡就更成了奢望。

第二个警报信号是家人的不满。一个周末的早晨，先生邀请我和他一起带着孩子去玩滑板，可身心俱疲的我只想一个人待着。不料，好脾气的先生突然发火说："你看别人的家庭，每次出去玩都是一家人，你看咱们家，每次带孩子玩都只有我一个人。我不知道你平时都在干什么，好像精力都被掏空了，一到周末就死气沉沉。"我的脑袋嗡一下蒙了，反应了好久才缓过神来：原来在最亲近的人眼中，我是如此消极！与家人的关系原来已经这么紧张！我突然感觉自己像撑开许久的橡皮筋，几乎到了绷断的边缘。

第三个警报信号是工作中的差错与负面反馈。有一天上午我和领导开视频会议，但参会人员发生了差错，导致参加会议的各方体验都很糟糕，领导在会上也表达了强烈的不满，生气地斥责我道："这工作你还干不干得了？不如我帮你管了吧！"进入公司以来，这是领导第一次如此严厉地指责我，以至于这件事过去了好几天，他的话仍然在我脑子里萦绕。我责备自己，明明以往都会提前确认好会务安排，保证流程一丝不乱，怎么偏偏这次出现如此低级的失误？好不容易与领导建立起来的信任关系，也因为这些差错出现裂隙，实在令我沮丧又委屈。

诸多信号的叠加，让我产生了自我怀疑：为什么我过得比互联网公司还"卷"？是事情太多，是我没抓住重点，还是我不够有效率，方式、方法不够灵活？不知不觉间，我变成了一只转盘上的仓鼠，焦虑而迷茫地不停奔跑，筋疲力尽，却仍在原地。

尽管在警报信号的提醒下，我进行了反思，但在现实洪流的裹挟下，我始终看不清自己究竟哪里出了问题。又一次与家人剧烈争吵之后，我坐在沙发上呆呆地望着地板，心中有好多声音同时冒了出来：

"最近的几个项目，我和领导的想法不一样，到底该不该提？"

"还是算了，万一想法不一致又要被批。"

"你看看你，干不好就别硬撑了，你不适合做这些！"

"项目最难的时候都过去了，再坚持一下啊。最起码把团队带起来再说。"

"每天回家这么晚，陪娃的时间都以分钟计，你是怎么当妈妈的？老人年纪都大了，很累的，你懂不懂？"

"你这个星期又没去健身房。"

…………

一时间，我只觉得黑云压境，四面八方的压力都涌过来，好像要把我吞没。终于，在这窒息的浓雾中，心里有一个声音冒出来：我要摆脱这一切！

脱轨的齿轮

我意识到自己必须要停下来。

我尝试恢复运动，周末与家人去散步、健身，也开始做正念冥想。专注于呼吸的时候，我感到自己轻盈了一些，焦虑感少了一些。然而，行动能够带来一些心理上的安慰，却没有从根本上改变我的状态。每天早上一想到上班，我就开始倦怠，焦虑，继而陷入疲于奔命的仓鼠模式。

在一天下午的线上学习会上，我遇到了许久未见的朋友安娜。

"你好，安娜，好久不见，你最近在忙什么啊？"

"你好，梦，我现在在一家互联网公司做内部教练。"

屏幕上的安娜神采奕奕，眼神坚定而有力量。我知道她一直想要做专业教练，很显然，她现在正走在正确的路上。

"你最近怎么样？"

"我……我大概需要跟教练聊一聊。我需要你的帮助。"脱口而出这句话后，连我自己都吓了一跳，要知道，我几乎从不主动寻求帮助。

那天我们聊了一个半小时，并不是严格意义上的教练对话，绝大部分时间都是我迫切的、细碎的倾诉。安娜问了我三个关键问题，却如拨云见日，把我带出了思绪的泥淖。

安娜问道："你做这份工作的初心是什么？你当下在多大程度上活出了你的初心？"

"我的初心是支持这家组织更加有弹性、有准备地面对行业新的竞争格局。为了站稳一个有利的行业生态位置，它需要做一系列的组织调整，涉及复杂的、渐进式的改变。我认为我们当前工作的方向是对的，所有的人都非常努力。但问题出在过程上，大量项目同时进行，组织不断做加法，系统的复杂性不断叠加，这会影响变革的清晰度。缺乏清晰度，信息反馈就开始偏差，更加不利于决策层拍板……"

听到我在工作上打转，安娜及时介入，跟了一句："我注意到你的眉头一直皱着。此时此刻,你的内心在想什么?"

我眉头一皱:"我觉得很无力,缺乏新鲜感和成就感,看不到曙光。"

安娜继续问道:"听起来你和你的工作、家庭之间有一些问题,如果邀请你用一个比喻来形容你们之间的关系,你会怎么来描述?"

"这是个好问题。"沉默了一会儿,我继续说,"我好像一只每日在转盘上奔跑的仓鼠,非常封闭,没法抬起头看看周围都在发生什么。如果把自我、工作和家庭比作一组齿轮的话,现在的状态是自我这个齿轮在疯狂运转,但同时也'脱轨'了,没有连到家庭齿轮上,也带不动家庭的齿轮;而另一边,自我与工作齿轮之间好像被胶水紧紧粘死在一起,自我到哪里,工作齿轮就跟到哪里……"

安娜看着我,轻声说道:"亲爱的,我感受到了紧绷的你、你的被动和无奈。"

在那一瞬间,我似乎才真正看见了"紧绷"的自己,这份"看见"让我既惊讶又委屈,眼圈霎时红了起来。

"我看到在遇到这么多压力的时候,你没有停下来。那么第三个问题,如果你停下来,你最担心的、最不能接受的事情是什么?"

"我担心自己不够努力,没有做到完美,担心自己不是那么有竞争力。我好像特别在意维护自己一个'很强的、什么都能搞得定的'形象。我担心自己一旦停止转动,就会带来连锁的不良反应。"我终于没有负担地说出了自己一直以来有意回避的顾虑。

"如果没做到完美,也搞不定所有事情,最糟糕的结果会是什么?"

"那我就会失去价值,要被市场抛弃。"我的眼神逐渐黯淡。

安娜温柔地笑了:"我好像听到你说,只要不够努力,就没有价值。是这样吗?"

我愣住了,在心里反复咀嚼着安娜的话。"只要不够努力,就没有价值"——是这样吗?真的会没有价值吗?真的会被抛弃吗?

我突然发现,我引以为傲的逻辑左脑在焦虑和恐慌中"失灵"了,我将不好的后果放大了,甚至极端化了。

一个半小时的对话很快结束,但是这场对话就像往我的心里丢下了一颗小石子,持续激荡出一波又一波涟漪。当天晚上,我给安娜发去了一大段的感谢和反馈:

"安娜,特别特别感谢你!你帮我看到了我以前从来没机会看清楚的事情!我找到了那个推动转盘的东西——我的执念。我把自身价值等同于努力,一旦不够努力就立马否定自己,这让我无法放松下来,让我在权威面前不敢表达真实的想法,也让我陷入完美主义和过度防卫的困境。现在想想,我真的好傻。人生很长又很短,我要活成自己想要的样子。"

发完这段话,我长长地呼出一口气,好像内心的担子卸掉了一半。看清了自我与家庭的需要，在得到家人的支持后，我决定暂时离开职场。在连续工作十四年后按下"暂停"键，为的是好好休整后，再次出发。

重启人生

在暂时离开职场的一年中，我问自己：我该怎样用好这宝贵的一年呢？之后我给这一年定了一个关键词：重启（Restart）。在这一年之间或之后，我会重新锚定职业方向，向着新的目标远航。

我闭上眼睛，感知内心，感知内心能量的方向，这时，有三个主题浮现出来：探索（Explore）、实验（Experiment）、激活（Energize）。

探索

探索第一步，向内探索，了解自己的心智模式，书写自己的人生。

令我惊讶的是，虽然我离开了公司，但是前领导对我说的话仍旧历历在目，甚至在一段时间之内占据了我的心智。我意识到内向探索的第一站，就是要了解我现在处于什么样的心智模式，这种心智模式是如何帮助我走到现在，又是如何成为我的桎梏。

我翻开高管教练的必读书——珍妮弗·加维·贝格

(Jennifer Garvey Berger)[1]的《领导者的意识进化》寻找线索。当我读到成人的心智大部分会处在"规范主导"阶段时，我恍然大悟。原来，这就是我百思不得其解的事，在这个阶段，人倾向于依附于某种标准、规则、文化、规范，好处是这让他们很快成为组织和社会的一员，弊端是他们个人内心的价值观或原则就失去了位置，发不出自己的声音。

我想起公司曾经组织的一个活动，实际落地情况与最初的方案相差很大，当时我特别想跟上级反馈，但思来想去还是放弃了，因为我担心反对领导的后果。这里的"权威的声音"就是"规范"的一种。在我成为教练并教练了很多客户之后，我发现这种"规范"会穿上各种各样的"马甲"，有时候我们都没办法完全识破它。"规范"可能是父母的一句叮嘱——"吃饭不可以浪费"，可能是上司的评语，或一种评判的标准——"最佳、最好"，也可能是别人的做法——"你看看某某某"……我自以为是个有独立思想的女性，但到头来我还是陷入了外在标准与内在价值观的博弈与消耗之中。

我意识到，这种模式让我感到安全，但是，也阻碍了我其他的可能性，限制了我的成长。我必须要改变了！

---

[1] 珍妮弗·加维·贝格：世界五百强企业总裁教练、企业顾问、作家及演说家，代表作品有《领导者的意识进化》(*Changing on the Job: Developing Leaders for a Complex World*)。

我开始练习不去在意他人的眼光,即使有时候脑中不自觉地与人比较,我也会接纳这些差异性。神奇的是,当我接纳了这些差异性,我反而从自责、内耗中慢慢走了出来。这种体验就好像我进入了一个完全不同的空间,在这里我是我自己的权威,我可以遵从本心的需要,有一套自己的导航系统,可以兼收并蓄地听取他人意见,独立自主地做出决定,特别是我可以自己定义"成功"。于是,我把"书写自己的人生"加入到了对年度关键词"重启"的含义中。这种边探索边成长的感觉令我兴奋不已!

探索第二步,寻找人生使命,构建自己的支持系统。

向远处探索。我的客户向我咨询最多的问题是"不喜欢现在的工作内容,但也不知道该做什么"。这个简单的问题其实蕴含着每个人对个人使命的探索需求。不同的人经历的沿途风景不一样,有人面对的是浩瀚海洋,只需登高远眺,便可一览无余;有人则置身密林,乱花迷人,岔路满布,难免晕头转向,患得患失。我自己也走过这样的路,深知这个时候往往需要鼓起勇气,躬身入局,积累更多亲身体验,才能做出明智的选择。

我叩问自己的内心:在平凡琐碎的日常生活中,哪一个瞬间让我兴奋、愉悦、满足?哪一个时刻又令我感到特别,久久难忘?答案呼之欲出——与OD(组织发展)界的前辈和老师学习的时候,每次与他们交流,我都会体验到醍醐灌顶、茅塞顿开的兴奋,老师们对组织的硬核理解和自身的临在状态与洞察力令我高山仰止，心向往之。所以，做一名值得信赖又有影响力的 OD 工作者，助力建设更好的组织，是我现在能够想到的最清晰的个人使命。

带着这个粗浅的想法，我常常去和我尊敬的老师、前辈们交流，向他们取经，他们也给了我许多宝贵的建议，我抓住一切机会，吸收了许多理论、方法，同时慢慢学会掌握工具，找机会应用与输出。做教练的经历，也时刻磨炼着我觉察、介入的时机把握，把"自我"这个工具用好。

在这个过程中，我还精心地选择并搭建了自己的支持系统，我寻找与自己气质相符的教练，把每次的教练对话当作对自己过去工作与生活的检核，在这个过程中我不断地看到新的挑战，并被不断赋能。有自己的支持系统真的非常棒！

实验

做教练，不断实验，锻炼自己新的能力。

这一年，我希望自己在学习与思考之外，寻找机会参与实践，从"知道"到"做到"，形成一套新的思维模式。为此，我选择了人生教练作为一个起点和转折点。

曾经我的许多决策都是在学习教练的时候做出的。教练对我而言是一份礼物，我特别认同教练的价值观，常常能在与他人教练对话中体会到赋能于人的乐趣，它不仅仅是一份职业，更是一种存在方式。学习和实践教练，让我享受着技能增长、状态改变与助人挖掘潜能的多重愉悦。在我与我的教练对话的过程中，我刷新了对自我的认知，教练也陪伴着我做出许多重大的决定，激励着我不断改善与他人的关系，让我从盲目忙碌的仓鼠状态变成了稳定饱满的教练状态。

我做了倾析本质教练初级、中级班的助教，参加了护航班，在学员与客户身上，我不断地看到曾经的自己。我意识到焦虑与迷茫是人生常态，而接纳这种常态是自我成长的第一步。我支持了数十位职场人士越过他们人生的小小山丘，支持他们在职业转型中不断建立信心直到成功转换身份角色，支持遭遇升职天花板的客户看到自己未爆发的潜能，支持职业倦怠的人创造出工作的意义，支持职场妈妈在工作与生活的焦灼中放松下来寻回松弛感……

这一切都让我感到满足、有成就感，也让我感觉自己一直在成长。

激活

要保持自己不断有精力去探索与开发，我必须有足够的能量。为此，我构建了自己的五个关键方面的能量管理系统，与低能量"说拜拜"，这五个关键的方面是：规律运动、健康饮食、正念冥想、完善任务效率系统和游戏娱乐。

通过规律运动和调整饮食，我的体检报告终于在一年后恢复正常，尤其是规律运动，带给我的改变非常大，起初我一周去一次健身房，但后来我发现单次时间比较久，所以改为每次 30 分钟，每周 5 次，兼顾有氧与力量训练，这种方式让我的精力一直处于不错的状态。工作期间，我还会进行短时间的正念静心，通过3—5分钟的呼吸或正念行走把大脑清空，好让我再次专注工作。独立工作者的最大障碍是效率，居家办公时，干扰项非常多，所以我为此专门完善和升级了个人的任务效率系统，还把GPT（生成式预训练转换器，一种基于文本的对话系统）作为自己的人工智能小助理，用它处理一些简单任务。最后，我也没忘了给自己留出一些娱乐时间，让大脑在轻松的游戏与活动中恢复敏锐度。

我的太平洋

通过践行"探索—实验—激活"，我惊喜地发现自己的能量值一点点变高，逐渐平稳下来，我的生命图景在我面前徐徐展开，我放松地舒展出无数"触角"，与精彩的世界建立了更深的连接。以往那个努力、积极、敏感的自己回来了，同时还增添了其他丰富而鲜明的色彩。

我不再追求"最优秀""最成功"的社会标签，不再过分在意他人的眼光，而是扎实地活出自己的本来样貌（本质）；我不再把工作与生活二元对立，而是接纳这两者间的张力，并努力寻求新的互动与平衡；我不再紧绷地生活，而是享受"玩一下、做个实验"的松弛感，这样的松弛感也逐渐融入了我"好玩有趣"的性格底色；我不再随意评判他人或自我，面对生活，我有意识地让自己的判断"暂悬"，描述客观事实，好奇探询未知，而不代入评判（这一点非常难做到，所以接纳自己有评判的时刻）；面对权威时，我不再压抑自己的想法，而是探询他们内心的防卫机制……

这些丰富的色彩，让我的人生自由、鲜活起来。如何成就第二人生？有勇气书写自己的人生，探求与践行自己的人生使命，就能成就自己的第二人生。

教练导师问我："想象一下，当你实现你的人生目标，你会是什么样的？你脑海中浮现出什么？"

沉思许久，我回答道："不知道为什么，我看到的是太平洋。它非常宽广，浩瀚无边，散发着深沉的蓝。它并不平静，经常有大浪拍打，但因为它足够广阔，不管多大的浪都会被它接住。我觉得太平洋是我的心境，那是未来的我，我的第二人生。"

本篇作者简介

王梦 Rachel

国际教练联合会认证体系教练，美国国家培训实验室（NTL）体系认证组织发展顾问，中国人民大学人力资源管理硕士。拥有 10 年四大管理咨询公司顾问经验，服务过 10 多个行业的 30 多家客户，提供组织、人才、文化、机制的系统化解决方案；曾任上市多元化集团组织发展负责人，带领组织从 0 到 1 搭建体系，推动组织转型。

教练风格：擅长启发管理人员、职场人士跳出原有模式，看到成长关键点，激发愿景与动力；支持客户澄清自我定位，获得积极与调适的心态，发展领导力，建立高质量的信任关系，建立跨组织层级的影响力，打造拥抱变化的健康团队，建立系统视角。

手机（微信同号）：18101707520

邮箱：kayleewang2023@outlook.com

09 中年人的觉醒
——吟啸徐行见南山

文 / 季鹏飞 Patrick

沉默震耳欲聋,两仪四象逍遥

人生上半场的成功策略,很难在下半场复制。近半个世纪的光阴流逝,一个人的身体、情感、认知,以及外部的压力、资源、对个体的要求,都会发生巨大的变化。从概率上看,八成的人在人生过半时会渴望换个活法儿,然后无论觉察与否,都会在生命的下半程,渐渐麻木沉默,或蜕变迭代重生。

就像安迪,一个接近 40 岁的北京男人。

成年人的崩溃在无声无息间?不是的,是在一瞬间,在"哐当"一声间。

这年冬天,一个灰蒙蒙的下午,安迪倒在自己办公室的地上,压扁了垃圾桶,里面的隔夜茶残渣沾污了衣襟。

这是他人生中的第一次昏倒,安迪有点蒙,爬起来后还是不太相信年富力强的自己会昏倒。心里虽有疑问，但外表看去，站起来的他还是一副面无表情、毫无波澜的平静模样，仍旧跌跌撞撞，一往无前。好朋友颖子却看出他的不对劲，彼时她正在学习人生教练，曾多次推荐他去找个教练，而直到经历那次昏倒事件，他才终于决定见见颖子介绍的所谓"人生教练"，也就是笔者（人称 P 哥）。

初识教练

安迪第一次与 P 哥见面，是在自己的车里。结束了一天的工作，他停好车，深吸一口气，准备与 P 哥见面。傍晚时分，夕阳落到城市的天际线，灰沉的天空多了一抹橘色。

他调整了一下后视镜，拿起手机瞥了眼跟教练的聊天记录。正当他准备下车时，有人敲响车窗。安迪转过头，看到教练站在越野车外，蓝色风衣，看起来自信沉稳，眼神明亮。

"晚上好，安迪！我是 P 哥，很高兴见到你。"

安迪按下车窗，握住教练的手，抱以职业性的热情微笑。

"P 哥，我也很高兴见到你，请坐。"

教练绕到车的另一边，打开车门，在副驾驶座位坐下，关门。两人都没着急开口，车内的安静显得有点尴尬。

教练（我）开口道："安迪，我要抛个直觉，你看起来有点丧。好吧，别打我，你让我想起了周星驰的《大话西游》里的一句台词，哈哈哈哈哈！"

安迪一愣，内心腹诽道：这个人看着怎么有点不太靠谱啊！但是听着这魔性的笑声，看着对方真诚的眼神里似乎还带着一丝温暖，自己居然也跟着嘿嘿笑了起来。

看起来也没那么费劲。安迪悄悄松了口气，可以给颖子交差了。颖子此前说自己的状态有问题，于是给自己介绍了一位人生教练，说一定能帮到自己，就当找个陌生人聊天吧，抱着这样的想法，安迪第一次约了教练。

和人生教练对话的时间不难熬，安迪从没试过跟一个初次见面的人说这么多自己的事，还如此地自然而然。教练始终认真而专注地看着他，眼神随着他的倾诉或明或暗，再没露出过戏谑的笑容，还偶尔点头或问一两个问题。

随着对话的流淌，安迪面对生活的疲惫和迷茫逐渐显现出来，他终于意识到，自己犹如温水里的青蛙，是日积月累的压抑造成了如今不堪重负的自己。

安迪在一个小镇出生长大，从小学习很好，长大后到北京读大学，再去欧洲读硕士，之后回国落户北京，他身处金融行业，一直做到中高管理层，他一直以为自己的人生虽然曲调有些沉闷，但总归还是岁月如歌。

直到前些天的昏倒，像一个不和谐的音符，"噔噔噔噔"的几下低音强势介入，让原来那个坚持听话、做正确的事的"三好学生"蒙在原地，他猛然发现自己长久的坚持和努力过后，人生回应给他的竟然不是一张满分答卷，而是充满痛苦的人生四连击，生活铺天盖地汹涌而来的陌生感淹没了他。

职场方面，安迪的直属主管还有两年退休，但他和主管的道德标准和价值观严重冲突，他不确定两年后自己能否顺利接替主管职位。实际上安迪作为副职的这些年，经历了从捧杀，到威胁，后被边缘化的困境。他也曾向上级反映过，但总裁除了不允许主管开掉他，其他爱莫能助。

亲密关系方面，安迪的太太近几年深陷抑郁，情绪并不稳定，安迪不可以把任何工作情绪带回家，特别是在自己已经非常紧绷的状态，他仍要分出情绪能量照顾太太，让安迪有点吃不消。长期紧张而无有效交流，以及非常强烈的自我消耗感，导致他们的婚姻关系处于破损的临界点，如果不是因为孩子，安迪可能早已与妻子分开。

原生家庭方面，安迪的父亲对他有着极强的控制欲，常常以爱为名让安迪心力交瘁，双方的每次沟通，都非常消耗彼此的能量。

身体健康方面，安迪长期处于亚健康状态，失眠、腹泻、内分泌失调、体重暴涨、脊柱变形……一系列健康问题让安迪华发丛生。

在高压笼罩的生活中，晚上偶尔刷刷短视频就是安迪难得的放松，手机里一个个无趣的庸俗故事，偶尔碰到就马上滑走的无聊人生，就像他的人生故事一样，其实也不值得看那么久。然而，当安迪发现自己一不小心成了庸俗、无聊却悲哀的故事主角，他感觉自己的生活成了一部充满窒息感的恐怖片。

"这根本不是我想过的生活。"话到此处,莫大的不甘、愤怒和屈辱充斥他的胸口:"我到底做错了什么?"安迪浑身僵硬,不知不觉泪水夺眶而出。

莫名其妙的泪水让安迪有点恍神,"男儿流血不流泪"的意识从小就扎根在他的思想底层,此时的安迪有点害羞:"不好意思。"他胡乱抹擦着眼泪望向教练,却看见一瞬间变得沧桑的教练、一双深沉但很温和的眼睛和一个几不可察的点头。安迪僵了半秒,双手无力垂下,眼泪更加汹涌,最后趴在方向盘上,号啕大哭。教练默默守在旁边,两三分钟后,安迪忽然收敛哭声,猛地抬起头望向教练。

"哪儿错了?!我到底哪儿做错了?!我一直都觉得自己做得很对,选得很正确,为什么会这样?"

按部就班也无法抵达彼岸,人生就是一道没有正确答案的选择题。那安迪之前以为的"正确",都从哪里来的呢?

安迪开始絮絮叨叨讲述自己的成长过程,那些关于权威的印象,做错的后果,在不自觉中让他的选择变得狭窄,尽管很多时候这反而是安全感的来源,因为"只有一个正确选项"也代表着确定感。

"我们很多人都喜欢这种确定感,不是吗?但我好像失去了点什么……"安迪若有所思。

"失去了什么?"教练问。

这个问题让安迪思考了好一会儿:"失去了人生的自主权,掌控权。本来这事儿好像也没什么大不了,大家都是在不得已中生活，但现在细想，好像挺恐怖的，没有掌控感让我成为了被现实打击的受害者……"

安迪的话还没说完，响亮的闹钟声响起。

"我们今天的时间差不多了。"教练掐断了手机的闹钟，"在下次对话之前，我留一个作业给你思考吧。如果完全由你来决定什么是正确的事，你的人生会有什么不同？"

没想到一个小时这么快就过去了，最后的思考让安迪回味无穷，好像有些重要的东西在他心中慢慢苏醒。

开车到单元楼下，安迪停好车，往家的方向走去，此刻连耳畔的风都变得清凉舒适起来。临近黄昏，路灯亮起，汽车的影子变长，安迪模糊的侧脸，在路灯照射下，渐渐清晰。

回荡在安迪脑海中的阿杜的老歌《Andy》，似乎也在回应他的心情：

你有多久没有看过那片海

你到现在对自己究竟多明白

总是不服输

永远要比别人快

在你前方是否有你要的未来……

可是Andy

活着是不需道理

谁都可能

第二人生

> 暂时的失去勇气
> 外面不安的世界
> 骚动的心情
> 不能熄灭曾经你拥有炽热的心……

建立自我权威

随着教练对话的继续,安迪和教练深入讨论了人生目标、未来愿景,以及生活中需要关注和希望改变的方面。他们约定每两周会谈一次,三个月后,看看安迪的生活会有什么变化,再相应调整他们的教练关系。汽车仍然是安迪的安全屋,在这里,他可以自如地敞开心扉,诉说自己所面临的挑战,探索并看到自己内心的力量。

最让安迪印象深刻的一次对话,是教练与他一起模拟了人生三条平行线,安迪以为自己会从 ABC 三个选项里选一条路走,没想到模拟完成之后,他的答案却是"活在当下"。

那三条平行线分别是:功名前程,举案齐眉,黄粱一梦。

如果选择全力冲击事业,年老之后他一定会后悔人生的幸福时光太少;若选择用所有精力经营家庭,人生意义和价值的缺乏会使得他抱憾终生。生活和工作平衡的选择题,虽然看似老套,实际上却真实残酷,可如果人生快进到死亡那一刻,无论哪个都是黄粱一梦,不值一提。

"那么人生究竟在活个什么劲儿呢?"安迪陷入沉思。

"好像即使你有了人生的选择权,但你依然不能落子?"教练在旁边不紧不慢,把安迪拉回当下。

虽然安迪很清楚是自己来决定什么是正确的事,但他还是发现,人生方向盘上老是有只隐形的手,干扰自己做出选择。

这隐形的手似乎是权威?对,就是这个!安迪好像突然找到了影响自己人生的"罪魁祸首",它有很多面相,有时是领导,有时是父母,有时是妻子。

"很多时候我无法为自己做出选择,因为我怕'权威们'说我是错的……错的背后是那一堆评判标签,把我死死钉在耻辱柱上,'不负责任''没有能力''懦弱''不靠谱'等。我更怕'权威们'万一说对了,浪费这只有一次的人生,到最后时刻空留'我本可以'的遗憾。做人有时候真的挺难的。"安迪喃喃自语,开始自我怜悯,他也没想到在人生教练面前,自己竟然能说出这么脆弱的话。

"我忽然想起托尔斯泰说过的一句话:再伟大的作家,也不过是在书写他个人的片面而已。哪有什么正确的选择。"难得人生教练发表了自己的感慨,随后教练顿了顿,看着低头不语的安迪问,"你这会儿在想什么呢?"

安迪呼出一口气:"我心里好像松快了一些。一辈子好短,咱们刚才聊了一会儿,就好像聊完了半辈子的事。"他抬起头,声音愈发笃定,"哪有什么正确的选择,时间有限,我们到这个世界上不是来表演完美的,是来经历、体验和享受的。"

"你好像做出了什么决定？"敏锐的教练再次不着痕迹地推了一把。

安迪没有停顿，声音都变大了："是的，我要摆脱束缚，不去管对错，也不去管那些权威的声音。想要知道橘子的味道，就自己去尝一口。我要大胆地去做自己想做的事情，去热爱！不管是失业，离婚，生病，创业，爱情，健身……经历不能束缚我，我要去创造经历！"

安迪不知不觉挺直了腰背："什么是正确的事重要吗？曾经人生不由我，从今天起，我要活出自己的人生。"

"安迪，你现在能量爆棚！那我追问一句，带着这股劲头，你有没有迫切想做的事情？"

"有！人应当赶快投入到生活中去，活在当下，先为自己而活。"

人与人的影响往往是相互的，后来安迪看到教练在那天晚上发了一条朋友圈：

除了落子无悔的每一瞬，我们不名一物。而落子无悔的每一瞬，人生决定权紧握自己手中，万物皆备于我。何期自性，本自具足。

悄无声息的蜕变

之后安迪做了什么惊天动地的大事吗？并没有。

但他实实在在地改变了很多，他从一个被生活"胖揍"的受害者，变成了一个迎向重拳的智者。

在工作中，他摆脱了过度责任心，摆脱了过度自省、自责的状态，不再执着于求领导认可，而是每天开心而踏实地做自己擅长的事，反而把事业之路走得更宽了。

在生活中，他不再小心翼翼生怕触动妻子和老爸的神经，他做自己想做的事，先让自己状态轻松稳定，反而磁极一般吸引家里人的情绪正向共振。

在这期间，他也学了点教练技术，竟然还挺管用，把领导给问蒙了，把妻子给感动哭了，还把老爸说得一反常态。

生活以痛吻我，我却报之以歌。教练陪伴了安迪一年半的时间，见证了他长期而积极的变化，他不再像之前那样用力去抵御海浪侵袭，而是拿着冲浪板踏浪而去，心情好起来的同时，他的身体也逐渐变好。

两年后，小会议室，部门同事向安迪汇报完主管的退休安排后，并没有离开，而是接着说道："安迪总，其实你才是众望所归啊，总裁一直看好你，过去几年我们也好辛苦的，如果你做我的老大，我支持。"

安迪看着对面的同事，曾经他也在公司的政治斗争中背刺安迪，如今却对安迪坦露真心，他背后应该也有一些不安全感，怕安迪上位之后针对他。

"部门工作还是要靠大家一起共同支撑，别担心，以前怎么样以后还怎么样，做好自己的事就行。"安迪微微一笑，给同事一个安慰的眼神,"这两年你确实承担了很多,辛苦了,这本书送你,有空可以看看。"安迪将一本蓝色封皮的《正念领导力》(*The 15 Commitments of Conscious Leadership*)递给同事,并对同事说:"人是无法发挥超越自己认知的领导力的,如同无法挣到超越自己认知的钱一样。越是在不确定性中,越要锚定自我,才能汲取力量。求仁得仁而已。"

同事离开后,安迪望向38层总裁办公室的方向,心中默念:"也许你会需要一个灵魂,不因你是否在位得势而改变对你的温度,始终澄明微暖,不是为了从你这里得到什么而使出浑身解数,而是这人本就如此。我对你真诚,与你无关。"安迪低下头,继续回复公司邮件,婉拒担任所在职能一号位的邀约,推荐了刚才的那位同事。

"提级加薪就算功成名就吗?那真是永无止境、充满消耗的路,对我来说差不多就行了,人生价值又怎会全在一个公司里。"安迪记起最开始的那三条平行线,选择守住自己人生主基调的初心。

"哥,回来帮我吧!"远在苏城的表弟再次发来信息。表弟如今的生意风生水起,横跨农业、酒店、餐饮。兄弟俩感情一直很好,弟弟觉得时机成熟,邀请安迪入股,回去助他一臂之力。

"叮!嗡!"表弟收到一条银行到账提醒和一条安迪的语音:"大肥,哥这些年攒的钱都买了这套房,贷了300万,加上我其他流动资金100多万,全部入股,好好用。我就不回去了，于道各努力，千里自同风。"

"家人彼此支持是安迪作为大哥所推崇的，但人生还是要为自己而活，希望自己在外闯荡回到老家的时候，有笑脸有温度，更有自己无悔的人生和故事。"这也是安迪在平行线之后，自己探索出的人生指南。

之后，安迪放下了"家庭破碎"的恐惧，把更多注意力放在自己身上，没想到他以为的"放弃"却迎来了关系的转机。妻子看到他的"自我"，反而退后一步开始尊重他的需求，进而受到感染，正视自己的成长责任和内在力量，磨合之后，关系的天平重新找到了舒适的平衡感，婚姻再现生机。

深夜，安迪书房的灯还亮着。从遇到教练，到自己开始学习人生教练，安迪这几年如同由内而外重铸了一遍，他的身体就是最好的证明，瘦了40斤，核心夯实有力，外在松沉柔韧。

安迪在主业之外，还延续着对他而言更有意义的副业：人生教练。

做教练一方面能让他挣得一份斜杠收入，但更重要的是意义感和价值感，就像当年教练于他，是一份莫大的支持，他也在学教练、做教练的过程中，更加修己达人，明心见性。

此刻，他正在复盘白天跟客户的对话，回听督导老师的建议。桌上还摊着一本《中医基础理论》，书页中插着一枚写有"言念君子，温其如玉"的书签。

妻子推开门，送来一碗梨汤："还不睡吗？可不能老这样。"安迪接过汤，活动了几下肩颈："我在对白天的对话进行复盘，一会儿还要准备明天 P 哥的播客内容，我还是很注意养生的，说不定还要二胎呢。"

做了多年人生教练的 P 哥有档播客叫《人生大排档》，希望给人生遇到卡点的朋友们提供解决问题的方法经验，以及有温度的陪伴。最近正邀请安迪去做嘉宾，分享他这两年人生状态巨大变化的心路历程和动力来源。

妻子白了安迪一眼："呵呵，我睡去啦。"

夜色深沉，灯火微阑，一股暖暖的橘色却依然照亮着小屋。安迪捻了捻书签，合上书本，伸了个懒腰，起身去找周公。明天，又是全新的一天。

本篇作者简介

季鹏飞 Patrick

国际教练联合会认证体系教练，全球 500 强金融外企特聘团队教练，旅居英国 4 年，曼彻斯特大学人力资源管理专业理学硕士。头部人力资源咨询公司及金融行业从业 14 年，历练总裁办、人力资源、市场、运营等多个职能岗位，擅长创新赋能，直击本质，湮灭内耗，陪同职场中坚力量重塑认知和心灵，进而迭代与自己、与家庭、与组织、与自然的关系，超越职场，拥抱当下的无限人生。

手机：18621162815

微信：pengfeixh

邮箱：pengfeixh@163.com

10   40岁，翻转家庭与职场的被动状态

文 / 蔡玲 Ling

赤道国家狮城新加坡常年夏日，到了10月还感受不到季节的变化。周末我在海岸公园骑着自行车，徐徐海风撵走身上的热气，我闻着空气里淡淡的咸味，双脚轻轻踩着车有节奏地往前走，感受到平淡的生活是如此美好。孩子们骑得比我这个妈妈还快，已经在目的地向我招手，晚霞照到她们微笑的小脸蛋，红红的，亮亮的，带着孩子的纯粹和稚嫩，远眺着她们，欣赏着美丽的晚霞，听着海浪的拍打声，我感受着心里的宁静和幸福。

谁能想到这样美好的画面我竟然最近才开始拥有？如果说现在的我由内而外地散发着能量，不仅自己充满活力，也给家庭提供着能量，那么两年前的我，就如同一口干涸的枯井，没有生机的同时，也让家庭笼罩着一股寒意。

40 岁，越来越被动的职场状态

2021 年初秋，一个周五下午，按照流程开完会议，回到办公室的我有些紧张。半小时后有一个对我至关重要的内部 HR 会议，主要议题是确定我回新加坡的职位，这也关系到我的下一步职业发展。

大概捋了一遍我觉得有挑战但有能力胜任的职位，我定了定心神，开始整理思绪，希望能够争取到我期待中的岗位，这样回新加坡的发展也就会顺利许多。

时间到，我深呼吸让自己放松下来，随即连上线上会议开始讨论。但是，整个会议过程让我非常失望，想争取的几个职位竟然在 2022 年取消了轮岗，有一些职位可以面试但是成功的概率非常低，HR 给我推荐的几个可以尝试的职位我都不太感兴趣。当我试图周旋、询问、争取更多机会的时候，听到最多的词就是"不确定""到时候看着办"。

会议结束，我瘫倒在椅子上，谢绝下属进来打扰，抚额沉思，沮丧感扑面而来："在同一家公司 15 年，辗转 4 个国家做螺丝钉，就是为了听从人事和上级随便安排一个职位吗？"

对于下一步的职业规划，我内心十分迷茫，还有一股委屈和不服气，面对未来，我突然失去了所有动力，没有勇气去走下一步，脚下的路好像变成万丈深渊，随时都在吸走自己的能量。

熬过上班时间，我急急忙忙下班，辗转地铁、高铁、地铁、出租车，在周五的下班高峰时间赶了近两个小时，风尘仆仆地回到家，还没开门就听到了"哇"的哭声，我心想：不好，小女儿又出事了，果然进门后映入眼帘的是孩子们还没吃好晚饭，小女儿在客厅里哭，大人们不知所措的样子。出于母亲的本能，我还没脱好鞋子就开口哄孩子，但今天本就过得非常不顺，我哄了两三句便没了耐心，为了快速结束闹剧，我搬出妈妈的威严："数到十，你最好不要哭啊，再哭，晚饭就别吃了。"孩子一听，哭得更厉害。

我终于崩溃了，顾不得制止孩子的哭泣，我只感受到自己内心汹涌的委屈和惆怅：原来我的生活和工作一样，全都是一地鸡毛。看起来光鲜体面的外企管理工作，背后是一次次的被动选择，每一次轮岗都是老板和人事安排好再走个过场问询我的意见；我自认为是新时代独立女性，但生活充满无奈辛酸，孩子们在学校的动态我都是通过老师们发布在微信小程序上的照片来了解，更多地是用碎片化的时间来陪伴孩子们，而在陪伴的大部分时间里，我要么是边处理工作边看孩子，要么是要求和监督孩子们学习。我真正想要的那种工作独立、生活幸福、一切井井有条的样子，根本遥不可及。

尝试副业的可能性

在我失意的日子里，一位好友邀请我去参加一个教练入门课，我被海报上赫然写着的那句话吸引："提升职场竞争力，打造让事业常青的职业第二曲线。"这句话击中了我，我的大脑飞速运转，心中嘀咕了好一会儿：这么多年，我都是一根筋儿地在一家公司干，结果却总是被安排，我的个人意愿从来没有被重视过，难道不是因为我自己没有底气吗？也许就是因为知道我没有选择，公司才会随意摆布我。如果哪一天，我有了可以选择公司和工作的底气，我的人生绝对就不会如此被动了——这是我要去翻转和改变的！

随着报名的决定，我内心里那种顾影自怜的自恋心态也悄然散去，住进来更多的是期待、好奇、探索。

五天的学习体验中最让我印象深刻的是线上互动、当场观摩导师的真实教练对话示范，学习过程中，老师专注、真诚的态度让整个学习氛围十分浓厚，我仿佛感受到了老师声音中的温暖、坚定和真实，当时教练对话的内容也让我深受触动，作为旁听的人，我甚至当场流下眼泪。虽然很难描述从这场对话中学到了什么，但我感受到内心深处很喜欢这样的对话。我第一次感受到原来隔着屏幕和距离，心声是可以传达，心灵是可以对话、可以被治愈的。

如果这是一种能力，我希望拥有它，去治愈自己和身边的人；而如果这种能力的积累还可以让自己成为一名专业教练，打造我的职业第二曲线，我就更加向往了。

我毅然决然地投入到了正式课程中，我以为自己会因为学习教练而改变职业现状，但没想到的是，它带给我最大的变化竟然是家庭状态。学习教练首先支持到了我自己，而后支持了我的家庭,最后它才成为我的副业。现在的我,作为教练为大量的家庭提供支持,成为家长与孩子关系的润滑剂、促进剂,不仅滋养了许多家庭,让孩子感受到了爱,也重新建立了孩子的主动性、自驱力。

家庭的改变

以前孩子们不管多不愿意,都要完成写字、做题、读书打卡任务。记得有一次我出差回来,发现大女儿3天没写作业,于是她放学一回家,我就很严肃地说:"孩子,妈妈不在的这3天你没有完成作业,这是不好的习惯。当天的事情一定要当天做完,特别是学习。"还没等女儿回复,我便要求她马上补齐作业。女儿边哭边写,十分不乐意。冷冰冰的权威式教育让我跟孩子的关系像极了部队里的上下级,我下命令,孩子们照做。

心累身累的同时,我其实也不知道该如何改变现状,我甚至一度认为,这可能就是做妈妈要承受的痛苦吧。我成了孩子的压力,孩子也一样成为了我的负累。

教练课程打开了我的新认知,我发现以前的我把注意力放在孩子的任务和按时达成目标上,单一的关注导致我对孩子的认识与衡量就只有成绩和结果,我根本看不到孩子的其他优势和潜力,而一个妈妈对孩子的关注和激发是多么重要。当我意识到这点,我才开始把注意力放回到有趣放松的亲子关系本身，从命令式、权威式的妈妈，成为相信孩子的妈妈，和孩子一起轻松搞定学习、情绪、兴趣、梦想等各类话题，这样的互动增进了我和孩子的关系，而因为关系的缓和，我和孩子更容易讨论和达成各自的行动计划，形成了一个新的正向循环！

最近我们讨论中文写作怎么提高，大女儿开口就说道："我最讨厌华文课和写作文。"按照我以前的反应，她的这句话之后免不了一顿批评教育，我们一定会不欢而散。

但在那一刻，我克制了自己，转而用教练的好奇心代替评判心，问女儿她讨厌的是什么？女儿说道："刚到两个月的华文老师经常批评和纠正我们的发音和写字。"我才恍然大悟，原来是换了老师还没适应，我差点下意识地就想教育她该如何与老师相处，如何适应新老师，还好我有觉察地收住了教说的欲望，依然把注意力放在她的思考与感受上，我问她喜欢什么样的老师风格？女儿边笑边说："我喜欢小猪佩奇的瞪羚夫人，上课开心。其实那位老师的嘴巴还有点像。"女儿爽朗的大笑让我确信她心里的一个小疙瘩解开了一些，果不其然，后面女儿自己提出用卡片、手工日记等方法结合上课内容提高写作能力。

与孩子的互动中我发现，孩子是独立的个体，有完整的想法和负责任的行动，学习和生活的每一步都是孩子成长的过程。孩子与父母的沟通需要完全的开放、信任和平等，父母需要重新回到孩子的位置，才能打开沟通的大门。

我的这些尝试不仅改变了我和孩子的相处状态，也帮助我和老公更加同频养育孩子，让家庭提升到有爱有温度的资源系统。小女儿的成长也很惊人，从以前无理哭闹，到现在自己发泄，事后还可以说出情绪和原因，与大人认真沟通；从以前发脾气可以闹到邻居叫警察，到现在她可以用小手拉拉我的手说："妈妈，我只跟你说这个秘密，刚刚姐姐用力推我了，我差点摔倒。"

我和小女儿的和谐沟通给了我无限的欣慰和鼓励。教练式沟通给我打开了与最爱的家人用心对话的大门，让家庭回归到每个人放松地做自己的样子。

家庭的改变启发并激励着我：现状是可以改变的，作为妈妈不是必须要面对和承受重压，我是可以通过一些方法撬动孩子、家庭的整个积极变化的。

家庭变好了，我的压力和负面情绪也随之消散了一大半，而工作的被动感也让我大胆思考：我是不是可以真的可以成为一个职业教练？是不是可以运用自己的真实经历，以及学习到的知识，去支持有同样困惑的家庭呢？

答案是肯定且坚定的，我开始迈出经营职业第二曲线的道路：着重学习和实践家庭教练领域，研究青春期孩子的情绪管理、亲子关系、人生设计、学习规划、留学规划等家庭相关话题。在这个过程中，一个青春期三兄弟家庭令我印象非常深刻。

第二部分 被痛"吻"醒

成为家庭教练

开始接触并支持真实家庭后,我不仅帮助了很多家庭,同时也帮助了自己——这个过程让我找到了自己的人生意义,以前我觉得自己的职业发展暗无天日,现在我不仅找到了自我价值感,更在新的职业赛道不断积累,心中明媚,一扫之前的雾霾。

我遇到的第一个家庭客户的问题是三个青春期的兄弟沉迷于手机,学习主动性很差,家长的引导没有起到正面效果。当时爸爸妈妈都非常焦躁,孩子大了有自己的想法,骂了伤自尊,说也说不好。

父母在找到我的时候,跟我说:"新冠肺炎疫情期间,孩子们喜欢上了玩电子产品,尤其是线上游戏,哥哥还带着弟弟们组队打游戏。"

爸爸尝试过暴力阻断,曾经因为玩游戏超过规定时间,爸爸和大哥有了肢体冲突,哥哥为此离家出走近四个小时,从此爸爸和三个孩子的关系非常紧张,父子几人的情绪经常一触即发。两位哥哥已经是初中生,学习成绩不理想,学业压力让家庭关系更加紧张。妈妈在爸爸、老人和孩子中间不断周旋调停,来回安抚,她也疲惫地说:"我现在就是一个碎碎念的黄脸婆,唠叨得我自己都烦了。"

经过前面三次与孩子们的对话,我发现孩子们愤怒的情绪背后是想争取自己的空间和家长的认可与信任。要解决关系问题，不能仅仅从孩子入手，家长也需要参与进来。于是，我约谈了爸爸两次，在我们深入的教练对话中，爸爸渐渐意识到自己表面的那些着急和愤怒，背后是想给孩子们多一些支持和帮助，多一些关心。

而当爸爸意识到，孩子们并没有感受到支持，反而是侵犯时，爸爸的眼眶湿润了。

"那么我该如何去改变呢？"爸爸真诚地提问，我已经看到了他想改变的心意。

趁热打铁的我鼓励他，让孩子主动制定计划，把空间和掌控权还给孩子。果不其然，一听说自己可以做决定并让爸爸配合，孩子们热闹地讨论起来，一起选定了篮球运动，这是爸爸和孩子们都认可的爱好。

他们开始每星期找时间一起打篮球，父子四人锻炼身体的同时增进感情，有说有笑，偶尔一起打闹，爸爸和孩子们的关系在轻松玩乐中逐渐改善。

父母慢慢感受到了孩子们每星期的进步，他们主动讨论每个人的学习、玩耍任务，从起初对孩子们的不信任，到看见并相信孩子们的成长意愿。父母的改变也被孩子们看在眼里，孩子们也渐渐放下心防，将注意力放到学习上，他们后来也说："其实自己心里懂道理，只是非常不喜欢原来的氛围和沟通环境。"当孩子们开始独立完成学习任务，妈妈的状态由起初的紧张，开始慢慢放松，可以安排做更多自己喜欢的事情，整个家庭的正向循环肉眼可见地产生了。

家长与孩子们的关系建立在每天互动的小细节里，建立在每件事的感受里，作为一名家庭教练，我的任务就是帮助每个人跳出自己的固有视角，从更多维度观察和思考，看见原来没有注意到的内心。我也帮助每个人承担起自己的责任，做出行动，一起进步。

在我的教练生涯中，还有一个家庭让我印象深刻。

那是一个新移民家庭，来新加坡一年多，妈妈找到了我做教练。第一次见面，我对她的印象就是眉头紧锁，语速很快，紧张又着急，她让我帮助他们一家更好地适应新加坡生活和学习，从她的言谈举止中，我感受到她的急切。

"为了两个孩子的教育，我才决定来到新加坡，从职场妈妈变成了全职的陪读妈妈，这对我来说也很有压力。在人生地不熟的国家，家庭的生活习惯和学习环境全都是新的，变化那么大，别说孩子了，我一个成年人有时候都手忙脚乱。"这位妈妈的描述让我很共情，因为我也经历过这样一段"新移民"的过渡期，确实充满挑战。

在与这个家庭深度沟通后，我发现这是一个每个人都很努力的家庭：爸爸在国内努力工作给家庭提供经济支持，妈妈努力给孩子们更好的教育环境，两个小学年龄的孩子努力突破语言关，全家都格外努力。但也正是这份努力，让家庭的每个人都在为彼此过度承担，过度压抑自己的无助，他们都在努力让彼此少一些压力，却忘记了其实可以彼此分享压力，相互依靠安慰。

当妈妈意识到自己过分保护家人，却忽视了自己也需要情绪支持时，她才明白自己这些日子的压力和焦虑是怎么回事，她泪眼婆娑地说道："我甚至都不敢让自己生病。"

教练对话之后，妈妈开始打开自己，将自己内心的脆弱分享给家人，她收获了家人的拥抱和眼泪，她说那一刻她才感觉到这是一个家，也因此放下了长期孤军奋战的焦虑感。

之后的半年里，我陪伴着妈妈重新找回热爱——跳舞，慢慢地，她放在家庭上的过多的注意力分了一部分，开始关注自己，兴趣爱好让她恢复了生命力，而后她积极寻找事业的可能性，在新加坡开始创业。

"你知道吗，不管成与不成，这个过程都让我找到了自我价值和信心，我不再自怨自艾，感觉人生只剩下母亲这个角色了。"她激动地跟我说。家里人也都感受到了妈妈的变化，家庭也因此有了新的话题、活力，各司其职又彼此连接在一起，这种紧密的家庭支持，让父亲和孩子们也逐渐进入正确的轨道，融入了新生活。

我们不是用某个家庭成员的牺牲来换其他成员的成功，而是每一位成员都能从家庭各取所需，各施所长，塑造良好的家庭生态。这也是让我特别有成就感的一次教练经历，我越来越相信，家庭可以在每一次重大改变中重新凝聚爱的力量，每个人都能看见家庭的爱和支持，一起面对挑战并汲取力量健康成长。

有意义的副业滋养了我的人生

现在，除了工作，我还有另一个身份：家庭教练。这个崭新的人生起点为我打开了第二人生的大门，每次看到很多家庭因为我的介入和支持而发生积极改变，孩子也获得更好的状态，我都很开心。但我依然保持初心，始终用陪伴、学习的姿态，把家庭教练看作一个过程，而非向一个固定结果推进。家庭系统的成长和个人成长同样都需要空间，需要耐心，注重当下的家庭需求，给予空间与相信，自然就达到想要的家庭状态。

还记得第一次当妈妈的时候我问过自己，孩子对我的职业发展是助力还是阻力？

当时我的回答是阻力，养育孩子是需要花个人的时间和金钱才能完成的社会任务。但成为家庭教练之后，我的视角完全变了，我非常感谢两个孩子，没有了无条件为她们付出的牺牲感，反而觉得是她们耐心地陪伴了我 10 年，促进我完成了从外在的社会需求转变为内在的价值需求的个人成长，帮助我弥补了未完成的内在成长。现在的我会大声告诉所有人：孩子是命运送给我们最大的礼物，他们帮助我们修习自己的成长功课，是我们追求理想工作和生活状态的动力。

现在的我，正在一步步地找回自己人生的掌控权。

本篇作者简介

蔡玲 Ling

国际教练联合会认证体系教练，曾任国企和世界 500 强外企高管，法国工科双硕士。游历三大洲，喜欢体验各国的语言和文化，致力于青少年身心健康和家庭支持，找到家庭原动力。

邮箱：lingcai1980@gmail.com

微信：cai_ling2010

练习二

如何走出低谷，
找到自愈的力量？

虽说世事无常，但人最大的力量恰恰来自于接纳世事无常，尽管明白这一点，但真的遇到事情时，作为凡夫俗子的我们依然会多愁善感，过多的情绪让我们深陷低谷之中，甚至让自己的身体和心理受到伤害。如何像修行者那样，把人生逆境当作修心的契机，为自己打造越来越稳定的内核，提升自我治愈的能力呢？在这里我为你介绍两个练习，不论你是否身处低谷，都值得练习。很多硅谷创业大咖、华尔街顶尖金融精英都有这样的练习习惯，因为这不仅能帮助他们减少压力，提升睡眠质量，还能帮助他们提高专注力，做事更容易进入心流状态，达到事半功倍的效果。

呼吸正念

请选择一个安静独处的空间，尽量让自己舒适，保持心情轻松愉快，慢慢盘坐在地上，轻轻闭上双眼，双手自然搭在腿上，整个人除了脊柱挺直以外，其他部位尽量做到放松舒适。

在整个过程中你可以选择做这两件事：

1. 始终关注自己的呼吸；
2. 注意力像探照灯一样扫描身体，关注每个部位的感受。

这两件事的目的只有一个：让自己专注在一个锚点上（呼吸/身体），不让思绪乱飘。正念冥想和发呆的区别，就是你是否能有意识地掌握自己的注意力，这体现在你能否在自己走神的时候，立刻有意识地把注意力拉回到锚点（呼吸或者身体）。

但呼吸正念并不意味着你不可以有其他念头，只是当你有杂念的时候，你能够立刻意识到：我出神了，并且基于这个意识，你可以把注意力重新带回锚点，当你把注意力带回锚点，你就已经把杂念放下了。

因为电子设备、碎片化信息和焦虑感飙升，现代人的专注力也在急剧下降，这个精微过程对于初学者来说通常没有那么顺利，思绪飘出去好久才拉回来很常见，长期练习正念冥想，不仅可以提升专注力，减压放松，也能让心态变得更好。

接纳练习

当你情绪爆发的时候，正念练习一样可以帮助到你。情绪是身体的感觉，当你感到紧张，你的胃部可能会有轻微痉挛，手心会出汗；当你感到愤怒，你的后脖颈可能会僵硬，心跳会加速。情绪来临时，正念练习能帮你把注意力放到这些身体感受上，只关注、观察，不做反应和评价。当情绪特别大的时候，你也可以辅以自我接纳的练习来帮助你释放情绪，治愈自己。

1. 我感受到了什么？我是否允许自己有这样的感受？告诉自己有这样的感受是 OK（可以）的，也告诉自己暂时不允许有这样的感受也是 OK 的。

2. 我在想什么？我是否允许自己有这样的想法？告诉自己有这样的想法是 OK 的，也告诉自己暂时不允许自己这样想也是 OK 的。

接纳练习的核心原则是允许自己当下所有的感受、想法，如果自己在抗拒自己的感受、想法，也允许自己的抗拒，这有点像太极拳里的借力卸力，只要你如其所是地允许自己，无条件地爱当下的自己，你就会卸掉内心大量与痛苦抗争的力量，当我们不再抗拒痛苦，我们就已经消除了大部分的痛苦。

大部分的痛苦其实并不来自痛苦本身，而是我们面对痛苦的反应。失去亲人的悲伤感，大不过我们不愿接纳失去的痛苦；身体的疼痛，大不过我们因此产生的懊恼与烦躁。当我们能够一层层地接纳自己的思想、情绪，放下主观造成的痛苦，那么我们需要面对的就只是很简单的客观事实，这就是佛家说的清明状态的获得。

如果你无法从文字上习得要点，可以找一位正念或者情绪教练来帮助你练习。

第三部分

从心而动

为什么受到启迪的人总是轻松愉快，宛如孩童？
因为他们是生命的主人，
熟悉自己的路，
因为他们听从良知的呼唤，
那是智慧和天真的声音……

——佐罗·大卫

第二人生

11 在人生的河流中野泳

文 / 张祺 Mandy

下午五点半，完成了几个教练对话后，我穿着拖鞋和泳衣出门，走向离家五分钟的利玛特河[1]。虽然已经过了立秋，但苏黎世仍然是夏天的样子，利玛特河边的户外小酒馆坐满了聊天的人，旁边的轮滑公园和沙滩排球场里运动的人挥汗如雨。我经过小酒馆和河边晒太阳的人群，伸了个懒腰，拉伸一下松弛的身体，感受明媚的阳光温暖地洒在皮肤上，目光偶遇了在河里玩水的孩子们，我冲他们微微一笑，跳进了河中，感受河水带着我游历苏黎世沿河的风景。

自从今年搬到苏黎世，每天傍晚，完成自由职业工作后的我都会去利玛特河里游泳，体会清澈的河水流经身体，或是慵懒地漂浮在河中，感受自然的滋养。而这一切都是十年前的我完全想不到的。同样是工作日的傍晚，十年前的我正

---

1 利玛特河：瑞士苏黎世的一条主要的河流。

坐在香港一家投资银行证券交易部的办公室里。办公室有面对维多利亚湾的落地窗，能看到整个港岛的海景，但当时的我无心欣赏窗外的风景，每天对着五六个屏幕，大多数时间都在焦头烂额地处理香港股市闭市后客户的交易。屏幕上和对冲基金客户的彭博对话框里，客户按了铃声："曼蒂，这一单交易是怎么回事？！两分钟之内给我回答！"我心跳加速，整个电脑和身体仿佛都在紧张地震动。

而现在，从香港钢筋水泥的丛林来到苏黎世利玛特河边，我从一个只允许自己走主流叙事中"康庄大道"的"别人家的孩子"，蜕变成一名跟随自己内心之流和人生之河的野泳者。

写字楼的香水味让我浑身紧绷

从小到大我一直是老师和家长眼里的"乖孩子""好学生"，老师说一我绝对不说二，我会因为考试考了92分而大哭，或者当一位同学课上问了一个她好奇的问题，老师说不是考点大家不用深究了，我心里却还在评判这个同学，心想：对呀，不是考点就不要浪费大家的时间了。上名牌学校，进知名公司，不停地拿大众认可的成绩就是我定义自己价值的钢印。

在工作的选择上，我也是二话不说选择好学生"应该"做的工作，什么职业选择精英最多、最难进、赚钱最多，我就去做什么，不管工作具体是干什么的，我只申请有名的大公司。抱着这样的想法，我在大学期间认知的职业选择范围就只有投资银行、咨询公司和律所。所以我每个夏天都在香港的投资银行实习。现在回看，当时的一些感受已经给我释放信号，比如拿到了投行的全职offer（录取通知）时心如死水，并不兴奋，反而咯噔一沉，条件反射地开始想各种借口试图拖延接offer的时间；比如我一进入写字楼闻到楼里的香水味就会感觉紧张甚至恶心；比如我每到周日晚上情绪就特别低落，等等。但当时的我并没有过多考虑，只觉得这也许是大部分人正常的工作状态。

他才三十多岁，就没选择了

在投行工作仅仅几个月，我就发现这个行业的很多特性并不适合我，我赚着丰厚的薪水，但并不觉得自己的工作真的为社会带来了相匹配的价值，反而是让小部分有钱人更有钱了。很多公司高管赚着高额工资，生活奢侈，但他们并不快乐和满足，反而总因为奖金没能拿到自己希望的数字而愤愤不平，还经常担心被辞退。

他们真的是我10年或20年后想要成为的样子吗？我开始怀疑自己的选择。

真正促使我改变的，是我当时的直接领导，我跟他关系特别好，他也给了我很多指导和帮助，但他因为各种原因被公司裁员了。裁员在投行司空见惯，我在投行工作了三年就经历了三轮裁员。

我的领导当时还很年轻，才三十七八岁，很聪明，很有想法。他想去创业，做一些更有风险的事情，但最后放弃了，因为他的家人已经习惯了高消费的生活方式。他自己虽然可以承受不赚钱的风险，但是他的家里人不行。因为这些顾虑，最后他还是去了另外一家投行。虽然说他不喜欢我们当时的工作，但是因为家庭和经济的现实顾虑，他只能继续这样生活。

这件事对我的触动特别大。

他跟我说起自己决定的那一幕至今历历在目，我们坐在皇后大道中路上的一家咖啡馆里，他没说话，周围的嘈杂也不能掩盖这震耳欲聋的沉默。在他的沉默中我感到一种沉重的无奈：传统意义上的成功光环背后，他才三十多岁就不得不放弃自己的期待与渴望。

这时，我的脑海中突然升起一个念头：我不想这样，我不想等到我三十多岁的时候，因为习惯享受被物质充斥，并逐渐麻木而习以为常的高消费生活，而失去了选择的自由，或者被金钱、光环、别人的看法、优越感和生活方式的黄金手铐捆绑住。以前的我服从主流社会期望而做出的选择貌似没有错，但冷暖自知，光环背后，只有自己知道这样的选择并不能让我的内心感到满足和充实。

我那时候就觉得，我还很年轻，没有什么负担，我要去

第二人生

冒险，去搞一些事情，搞不成也没关系，反正也没有其他人靠我生活。第一次我的内心有一个明确的声音：主流的"康庄大道"并不一定会带来幸福，我想要走一条不一样的路。

红药丸还是蓝药丸？

从那个时候开始，我开始摸索自己更喜欢更适合的行业方向。在大学期间我参加过几个公益组织的志愿服务项目和实习，那几次经历让我感受到与他人深度连接所带来的充实和满足感，和在投行工作的那种空落落的感觉形成了鲜明的对比。什么工作是跟人深度连接的，跟社会议题有关系的呢？之前我的每一个选择都有很多标准化的经验和所谓的"正确答案"，我只要按部就班地执行就好了，但开始探索和公益与深度支持他人成长有关的职业选择，让我第一次感到未来职业道路一片混沌，充满不确定性。

当时我不知道这些方面有什么工作可做，在哪里找到这些工作，于是我开始全世界各地找，去认识做这些事情的人，在领英上去看人家的背景，给人家发冷邮件[1]，等等。那时候我对自己也不了解，一般情况下公益组织的工资特别低，而我到底能接受多少钱，底线在哪儿，我完全不知道。

1　冷邮件：发给不熟悉的人或陌生人，希望通过信件或对话得到对方的回复或帮助的电子邮件。

有一次求职经历让我印象深刻,一个在印度做眼镜的社会企业给我发 offer,工资大概是每月 3000 元人民币,工作的地方在新德里。当时我有点难以接受,一方面是因为我从没去过印度,另一方面就是工资太低,而且我承受不了那么大的不确定性。

类似的经历多了,慢慢地我发现了自己的边界在哪儿,最后我找到了上海的一家公司,专门做公益组织的咨询和社会影响力基金,去投资早期的社会企业。

职业转型的感觉有点像《黑客帝国》[1]里的一幕:主人公如果吃蓝药丸,就会继续待在此刻的幻境,而如果吃红药丸,就会去到幻境以外的世界。不吃红药丸,你永远不知道另外那个时空、那个世界是什么样子。我当时就有一种吃了红药丸的感觉,我第一次发现原来工作还可以是这个样子:团队里的同事都是发自内心地在兴趣的驱动下工作,跟我在投行的大部分同事和工作环境完全不一样。会投身公益行业的人,可能也是某一种特定类型的人,所以大家非常契合。原来的我下班以后,一分钟都不想在公司多待,但开始新工作后,我觉得工作是我个人价值观与愿景的具体体现。我第一次发现做着感兴趣的工作时,工作可以是生活的一部分,而并不是与生活分割的。

---

1 《黑客帝国》:*The Matrix*,由华纳兄弟公司发行的系列科幻动作片。

第二人生

遇到教练，再次与不确定性相处

在公益行业工作的过程中，2018年，我在机缘巧合下接触到了人生教练的课程。上完一门课后，我的很多底层思维方式在短时间内发生了质的变化，导致我的人生际遇也发生了翻天覆地的改变，比如单身多年突然在教练课后3个月内脱单，进入哈佛商学院读书，等等。

因为通过教练对话，自己亲身经历的快速蜕变，我意识到了人生教练的力量，我的心里也种下了想要通过学习人生教练来提升自我并帮助其他人的想法。但到底如何成为人生教练？这个职业的未来会怎样我并不知道。这也是我在进入公益行业以后，第二次探索一个没有既定标准路径的职业道路。

虽然转型到公益行业是一次成功的尝试，但人生教练这条路上的不确定性依然让我条件反射地感到对未知的恐慌，从小到大根深蒂固的人生观此刻成了我前进的阻碍，因为我要求自己必须找到那条正确的、完全喜欢的职业路径，所以当我遇到其他职业选择，不确定性会让我会下意识地害怕犯错，踌躇不决。我总是想要找到一种人生是可以被清楚规划，被放进某个有明晰边界、可以控制、可以抓住的盒子里的确定性：我得把人生教练的职业路径想清楚再开始行动，我不能犯错误，不能浪费时间。一切都要按着我自己规划的路径来走。我下意识地想要在迈出第一步行动前就看到未来的整个图景。

但对人生教练这个职业的探索让我意识到，这样把未来完全清晰地规划好、直线上升的路线是几乎不存在的。从我最开始对教练感兴趣到真正开始实践，中间隔了三年，很多意想不到的机缘，让我最终走上了人生教练的道路。这些机缘绝不是我能提前计划好、一步一步达成的。

现在反思起来，在人生的某个节点定下一个线性的、永远不变的"正确职业道路"不管在哪个行业都是不现实的。

为什么呢？

首先，一个人的主观判断是很有局限性的。即使我做了自己能力内最好的调研、判断，我也不可能有上帝视角，全知全能，所以我认为最好的主观偏好和判断仍然会有很多疏忽，基于这样有局限性的主观判断而做出的决定是不可能万无一失的。

某个职业选择现在看来完全符合自己的喜好和需求，但万事万物都在时时改变，行业和行业内的公司在变，具体工作也在改变，事情永远不可能按照我个人的喜好和所谓正确的计划发展，很多外界环境的变化是个人无法预料和改变的。

比如，我本来为自己规划了一条光明而清晰的路：商学院毕业后，在美国加入一家关注教育和个人成长领域的基金会或社会企业影响力基金，在成为机构高管后开始做人生教练。结果新冠肺炎疫情来袭，我面试到一半的基金会和影响力基金突然停止招人，这些不可控的变化倒逼我认真考虑是不是可以通过别的方式探索教练行业，没想到反而将我送到一片新的精彩天地。

确定性和可控感是一种假象，我越来越感到人生的真相是任何事物都可能随时发生变化，自己能掌控的部分是有限的。当我走在大众眼中的"康庄大道"上时，仿佛身处一个室内游泳池，很多变量似乎都可以控制，每个问题貌似都有标准答案，以至于我时常忘记人生其实就像大海会随时变化，没有一个固定的钩子可以稳定地挂上我的帽子。

当我开始探索公益行业和人生教练时，我仿佛变成了一个游泳者，更加直接地和不断变化的人生大海近距离地接触着，中间隔着的那个由"优秀的人该走什么路径"这个单一评价体系构成的假想盒子不存在了，我感觉自己的人生可能性被扩大，原来我可以选择放下条件反射，不把人生的核心放在一种游戏规则下，兴奋期待的同时又带着一分惶恐不安，我像一个游泳者在挑战他还没经历过的一片新的海域、一群新的浪花，同时我的心底也会时常出现一个声音：世间很多的美好都不在个体100%的控制与计划中，而是在不确定性中生发的，比如野花的绽放、新生命的孕育等。与不确定性共舞才是人生本真的样子。

恐惧这个老朋友

在摸索跳出主流价值观的过程中，我内心中的恐惧经常会跳出来，让我怀疑自己的选择，推着我去选择更保险的选项：这样的选择靠谱吗？万一你判断错了呢？我也害怕跟父母坦白自己想要离开投行这个主流行业的想法，担心他们不理解，不支持，害怕让他们失望；我还担心自己已经适应了养尊处优的生活，而无法接受转行后比投行低很多的收入；在开始尝试申请新行业的工作后，屡屡被拒也让我对自己的能力产生怀疑⋯⋯

在长期对不确定性的探索中，我发展出了一套与恐惧相处的方法：我发现，那些貌似看不见摸不着充满整个空间的恐惧背后，其实是一些深层需求，当没有被看见、被认可时，它们有着强大的力量，让我感到卡顿，动弹不得。但当这些深层需求被挖掘出来，它们的存在被认可，我就可以更清晰具体地定义它们，和它们拉开距离，而不是像条件反射一样下意识地被它们影响。

比如我之前担心父母无法接受自己降薪转行，这个看似力量很大的恐惧可以被具象化拆分成以下几个问题：

问题1：公益行业和人生教练的收入能维持我的生活标准并允许我为未来做积蓄和投资吗？
问题2：我想要满足父母的期望值是什么？
问题3：钱和个人价值是否是线性正相关的关系？赚钱越多的人是否就越有价值？

当我把看不见摸不着的对钱的恐慌具象化以后，我就可以针对每一个具体的问题来进行思考分析，并找到相应的解决方案。比如针对问题1，我开始思考，到底有多少钱才算足够，以及我对收入的底线是什么。

而问题2可以被拆解成父母的哪些具体期望值是我可以满足的，而哪些是因为我们成长的年代不同、价值观不同所以只能尊重并接受彼此的不同。岸见一郎在《被讨厌的勇气》[1]里提到，我们每个人都有自己的人生课题，这些人生课题的后果需要自己承担。当他人想要插手别人的人生项目，或者当事人拒绝为自己人生课题的后果承担责任，痛苦就产生了。

职业转型过程中，如何做出下一步职业选择是我的人生课题，选择产生的任何后果都是我要自己承担的。比如，职业转型后的工作体验、是否有成长等都是我自己要去体悟和承担的。父母可以表达他们的意见和看法，但这不是他们的课题，父母也不会为我的任何后果兜底，我要为自己负责。在这个情形中，我父母的人生课题是如何应对自己的女儿和他们的观念不同，我只能支持他们，不应插手，或者期望他们接纳我的观点。

当然，找到自我，以及和父母建立边界感，分清属于自己的和父母的人生课题并不意味着不去照顾他们的感受和需求。边界感与爱和关怀可以共存。比如，我自己在职业转型的过程中观察到父母反对我转行的几个核心原因和感情需求

---

[1] 岸见一郎：日本著名心理学家、哲学家，《被讨厌的勇气》是他的代表作品。

是：第一，对我想加入的新行业不了解，所以会感到害怕。对未知感到害怕和怀疑是我们每个人都有的正常感受，我帮助他们应对这种感受的方式是时不时地分享给他们公益行业里的一些文章，帮助他们减少对未知的陌生感，增加对这个新事物的了解。第二，父母担心我转行尝试失败后会有不可挽回的严重后果。这种顾虑也是出于他们对我的保护和爱，我的策略是给父母吃定心丸，给他们具体地描述如果最差的情形发生，我会怎么应对，同时告诉他们失败的后果也没有那么可怕。

而针对问题 3，我开始反思对钱的需求背后我的深层渴求是：

安全感：知道自己有能力通过新的职业选择获得稳定足够的收入；
自我价值感：通过收入多少证明我创造了多少价值；
在不停进步的感觉：通过收入增长证明自己在不停进步、成长。

其实这些底层需求和收入的多少有一些关系，但收入并不是实现这些需求的必要条件，除了赚钱，还有许多其他有创意的选择。比如，关于上面提到的自我价值感，我的潜意识直接用钱进行衡量是因为我把投入到赚钱和搞事业的时间和精力看得比其他更重要，这也是由我从小形成的只有学习或者工作才是"干正事"的信念驱动的。然而一定要这样吗?其实很多带来价值感的事与赚钱无关,比如照顾自己的身体,与家人朋友相处,满足好奇心的学习与成长,等等。所以除了收入的增长能带来自我价值感,其实还有很多其他自我价值感的来源等着我去挖掘。

在和恐惧共处的过程中,我逐渐发现恐惧和充满热忱、创意与充实的人生如影随形:因为丰盈有意义感的生活自然会带来冒险与不确定性,而未知就是触发恐惧的理想环境,所以恐惧出现其实是一个信号,意味着我进入了成长与探索未知的最前沿。恐惧见多了,就像看到老朋友一样,慢慢地也就习以为常了,因为恐惧是丰盛人生中必有的一部分。

就像《美食、祈祷,恋爱》(*Eat, Pray, Love*)的作者伊丽莎白·吉尔伯特(Elizabeth Gilbert)曾说的,如果人生的探索与冒险像是一次自驾游,恐惧这个老朋友是一定会出现的,没关系,不用怕,它可以坐在后排的乘客座和你一起经历人生的旅程。但同时你不能允许恐惧碰方向盘,它不能开车,不能决定你旅行的方向和速度。

当我抵触恐惧,想躲开它,把它推开,它反而会像被忽视的孩子,以更剧烈的方式去引起我的注意,越是躲避恐惧,恐惧的能量就越大,与其这样,不如尝试让恐惧加入我的自驾游。当每一种恐惧被具像化以后,它的力量反而被削弱了,它可以加入我的自驾游,但它不能做决定,老朋友坐在后座就好了,开车的还是我。

无条件的价值感

成长在绩效主义的社会文化之中,作为所谓"别人家的孩子",我十分擅长在这个游戏规则中生存,所以很容易下意识地受到这种模式的控制。在这种游戏规则下,过去的很多成功导致我没有意识到硬币的反面。

《无路之路》(*The Pathless Path*)的作者保罗·米勒德(Paul Millerd)把主流叙事的"康庄大道"叫作"默认的道路",这种"默认的道路"的代价是人生已经被分配了一个既定的剧本,完全可以预料到下一步该做什么,而这种确定的模式让人丧失了与世界开放对话的好奇心。我也有同感,自己小时候的那种纯真的好奇心似乎已经离自己很遥远了,人生的默认模式就是"做我该做的",一方面是因为后天习得的恐惧,形成了一种多年养成的危机感,我害怕如果我不优秀,不获得各种成绩就会产生非常恐怖的后果,在这种恐慌中,我一直拿着小鞭子鞭策自己不管怎么样都要努力不断向前,以至于对自己不停地苛责。

这样的自我相处模式给我带来了一些短期的好处,比如在各种内卷的场景中胜出进入下一阶段人生的竞技场等,但这些好处就像是面包渣,让我尝到了甜头后不假思索地对这种自我鞭策的模式更加依赖。然而这种模式隐藏着很多代价,比如,我会条件反射地把人生当作一个零和游戏的竞技场,没有达到自己的预期(即使我的预期是非常有局限性的）就是失败，忽略很多其他更广阔的视角。再比如，我把定义自己价值的权利给了他人，陷入了对认可永不满足的怪圈：不停地追求权威的表扬，把权威对我的评价当作衡量自我价值的圣旨，仿佛老板和客户就是定义我这个人的最终审判者，拿到下一个奖杯，再把这个奖杯展示给我人生中下一个权威，下一个老板，来获得他的认可……我像一个渴望被认可的怪兽，没有认可能让我永远满足，我一直是饥渴的，所以一直陷在一个无限的死循环里，这种执着的背后是"现在的我永远不够好""我只有获得了××才有价值"，我一直给自己施加没有必要的压力，长期处在紧张的状态，忘记了那个小时候的自己，那个能无条件地接受自己、享受当下、充满活力和创意的自己。我获得了"内卷"游戏中的面包渣，但放下了本自具足的爱、智慧和创造力的面包。

我一直用产出结果的多少来衡量自己的价值，结果越多我的价值感越强，这种信念的前提是结果基本是我个人可控的。而探索第二人生事业转型的过程让我意识到，很多事的结果是不在我个人影响范围内的，除了我个人的努力和能力，宏观环境的变化同样影响着结果。如果我把自己的人生价值线性地和结果挂钩，那就意味着自己的价值感受很多自己无法影响的因素所牵制，这样是一定会带来痛苦的。

于是我开始重新审视之前毫不怀疑的信念：我的人生意义感一定要和工作结果线性挂钩吗？我是否可以在尽了自己最大的努力后，就能感到满足和价值感而不去管结果呢？更进一步思考，我是否可以无条件地接受自己，相信每个生命都值得快乐和满足，而不管成就有多大？我深深感到自己的一个底层人生命题是如何无条件地爱自己，成为自己的一个有爱的朋友。

当对自己有更多关怀时，我会感到更轻松、自在，更能享受生活中无处不在的美好。比如，在自我评判状态下，每天的衣食住行都仿佛进入了自动驾驶模式，而当关爱自我的朋友被唤醒，日常的咖啡、早饭都变得更有滋味，成了一种美好的享受。在工作场景中，当我能作为自己朋友的身份关怀内心的那个"孩子"时，我就能更多地享受工作的过程本身，而不是一直想着要怎么赶紧把事情做完。

第二人生：我开始野泳了

现在的我是一名自由职业者，大部分时间做人生教练，专注于服务其他"别人家的孩子"，帮他们放下内耗与焦虑，在工作中活出自洽、喜悦的状态，同时也会时不时地做关于社会影响力投资的咨询项目。我和伴侣生活在瑞士苏黎世，一年中3—4个月在亚洲、欧洲、美国旅居。我终于实现了自己的愿景：体验人生并尽我所能支持他人体验人生。

从在室内恒温游泳池里游泳，有稳定的环境与补给但受到限制，变成在人生之河中野泳，更近距离地接触世界本真的变化与无常。我从一个高度理性，需要极高的掌控感和规划的人（曾经人生的各个部分都有 OKR[1] 和甘特图[2]），变成更愿意在自由而不确定，甚至在不舒适的感受中去拓宽人生边界的人。

回想过去走主流道路的自己，为什么一直执着于大众眼中的"成功"？因为如果按照某种大多数人都认可的既定路线走，就能保证有安全感、稳定、幸福感、意义感等，而我从小就擅长玩这种标准化的、鲤鱼跳龙门的游戏。在已经玩了这个游戏很多很多次，看到自己和其他"游戏胜出者"的痛苦后，我深感世俗眼中的"康庄大道"并不能保证什么，人生试卷的标准答案本就不存在。

反正"康庄大道"也不能保证什么，索性选择放下，放下这些既定路径带来的条框、束缚和羁绊。就像一个禅宗故事里讲的，一个农民丢了他所有的牛，非常焦虑地在寻找这些牛。佛陀对他的弟子们说："你们很幸运，没有牛可以丢。"我深感自己心中最大的"牛"是对如何过一个有意义、幸福人生的局限性定义和预设。这些限制性信念让人感到痛苦，如果可以放下这些念头和定义，立马就会收获更多快乐和自由。

第二人生对我生命的意义在于没有一定之规，在于重新

---

[1] OKR: Objectives and Key Results，即目标与关键成果法，是一套明确和跟踪目标及其完成情况的管理工具和方法。

[2] 甘特图: Gantt chart，又称为横道图、条状图，通过条状图表来显示项目、进度和其他时间相关的系统进展的内在关系随着时间进展的情况。

审视一些主流叙事和过往身份认同带来的"应该",这些标签来自于哪里?它们是否为我服务?有什么根深蒂固的执念和身份认同是可以被放下的?

不用绕路了,人本来就是圆满的

《与神对话》(*Conversations with God series*)中讲到,很多人的人生模式是"先 Have- 再 Do- 最后 Be",即我要先有(Have)足够的钱、成就、地位,才能开始做(Do)喜欢的事,然后才能幸福快乐(Be)。"别人家的孩子"尤其擅长做这种证明题:我有成就,所以证明我有价值,我有价值,所以证明我值得被爱、幸福、自由。这些爱、幸福、自由永远是有附加条件的。

我最近经常想,自我价值为什么一定要证明呢?如果我生而为人不需要任何条件就是圆满的呢?无论外界环境什么样,松开内心束缚自己的条条框框,放下自己给自己的"证明题",由内心生发,在当下这一刻就给自己自由创造的权利,允许自己在这一刻听从内心指引享受在当下人生之河游泳的过程。

我从利马特河里上岸,夕阳洒在后背,远方格罗斯大教堂响起整点的钟声,傍晚温柔的空气充满鼻腔,我擦擦湿漉漉的头发,感到这一刻已经很圆满了。

本篇作者简介

张禛 Mandy

张禛 Mandy，国际教练联合会认证共创式教练（ICF CPCC），"萍言曼语教练"创始人，支持数百名"别人家的孩子"找到真实向往、兼顾现实需求和生命意义感的职业。

曾任香港摩根史丹利（Morgan Stanley）证券部经理，在全职工作的同时成功转行公益咨询与影响力投资。曾任上海深德公益咨询高级顾问和波士顿 Arctaris Impact Investors 公司高级投资经理。在影响力投资全职工作的同时跑通教练副业商业模式，获得稳定第二职业收入。

先后毕业于康奈尔大学和哈佛商学院，拥有 9 年冥想经历的正念践行者与创作者。

邮箱：zz68zhen810@gmail.com
微信：zz68zhen

有意义的人生，
什么时候开始都不晚

12

文 / 雯雯 Jamie

　　清晨起床后不慌不忙切片面包，再涂上蜂蜜，放进烤箱，等的时候煎个鸡蛋卷，时间一到，打开烤箱，面包的香气四处弥漫，一家人吃完早饭各自收拾妥当出门，接下来便是我自己的时间。我一天的工作是和客户沟通全屋整理收纳的方案，约定上门整理的时间，今天还收到秦加一的邀约，下午去她家做整理咨询和视频拍摄。一切都在自己的节奏下稳步进行着，经营一份小而美的事业，我的内心充满了欢喜。

　　看了以上内容，你一定想不到一年前的我的状态多么糟糕，每天五点半起床，天还没亮就出门赶小火车，再转两次地铁才能到达浦东的公司，在办公室坐下便开始紧张又忙碌的一天。每天往返通勤四个小时，晚上到家后只想瘫在沙发上休息，可还是要拿出仅剩的精力陪一会儿孩子，常常看着满地孩子的玩具，家里到处乱七八糟的东西，抱怨不停，却不知道该怎么办。

第二人生

在迷雾中失衡

时间回转到三年前的一天，我的儿子还不满一岁，不知什么原因，他哭闹不止，我抱着他怎么哄都不行，这时不远处的烧水壶咕咚咕咚地快烧开了，孩子被沸腾的水花吸引，扭动着身体想要伸手去够，那一刻，我突然无法压抑自己内心的烦躁，心里像是住着一个可怕的魔鬼，它在煽动我说"你去呀，你去呀"，鬼使神差的我拿起水壶直接摔到了地上，"哐"的一声，惊醒后的我下意识地抱着孩子躲开了。

清醒后的我陷入深深的自责："我为什么会做出这么危险的事情？为什么我有这么大的压力？大家不都是既要当妈妈又要努力工作吗？为什么我就不行呢？"

我渴望自己能够平衡好工作和家庭，既能在工作上有所成就，实现自我价值，又能做一个好妈妈、好妻子、好女儿，我想要有更多的时间陪伴孩子成长，想要面面俱到，可越是这样，越是什么都做不好。我开始变得敏感、焦虑，压力特别大，随之而来的就是对外界不满，对家人不满，对自己不满，我时常在失眠的深夜里焦躁不安，找不到自己存在的价值，甚至能感觉到自己游走在抑郁的边缘，不知道自己还能做什么，这时恐慌也找到了我。

探索第二人生的可能性

冥冥之中好像有一个声音在指引着我——"你该改变一下自己了"。当你思考人生的其他可能的时候，机遇的大门就会向你打开，整理收纳就这样被推到我的眼前。

我抱着整理好自己家的期待去学习了专业的整理收纳课程，还记得那天老师布置了课后作业整理药箱，看似很简单。我把所有的药品都拿出来，摊开、分类、筛选，最后再分类收纳回药箱，一盒盒药品看过去，是大人用的还是孩子用的，有什么功效，保质期多久，哪些是常用药，哪些是备用药，哪些药过期了需要扔掉，怎样摆放才能让我和家人快速地找到……

没想到这个简单的过程当下就深深疗愈了我，我可以安静下来跟自己对话：我需要的是什么，不需要的又是什么，当下对我来说什么才是最重要的。当自我开始被理解，我的内心也慢慢地平静下来，原本被困在焦虑中的我好像拨开迷雾走了出来。

我在整理物品的时候，思考的是我想要什么样的生活，我的家整理成什么样子更舒适，空间要如何规划才更方便我的生活动线，等等。我最需要关注的是当下的我的需求，日常使用的物品要放在最方便拿取的黄金位置，让我不用为找不到东西而烦躁。

我清理了很多一年内没有用过的物品，保留它们会挤压本不富裕的生活空间，常常挂在嘴边的"万一哪天要用到"其实是对未知的恐惧，而留下来的物品是要为我的生活服务的。此外，我还保留了适量心动物品，当我被喜欢的物品包围着，内心的幸福感也大大提升。

由此延展开来，我也不自觉地开始自我整理：未来我想要过什么样的人生？

我重新梳理了自己的价值观，自由排在第一位，家庭排在第二位。在我的理想生活的画面里，我做着自己想做的事情，幸福快乐地生活着，家人彼此相爱并互相支持，自己同时也在支持并帮助别人实现他们的理想生活，这是一个轻盈且有社会价值的人生，而不是踩着高跟鞋日理万机的"女强人"，也不是围着孩子团团转事无巨细的妈妈。想通这些的一刻我释怀了，我要放下对理想职业的固有认知，放下女人就应该要平衡事业和家庭的内心要求，放下对未来的恐惧，保留对整理的热爱，成为整理师。

有了目标，很快我学完了整理师的从业课程并拿到了国际双认证，同时也拿到了细分领域的亲子整理、慢性整理无能等专业认证，我开始向身边的人分享整理的理念。新冠肺炎疫情期间，我在线上做了一场关于整理收纳的分享会，发现很多人都有类似的困扰，却不知道该怎么解决，我发现这个行业在市场上有大量需求，于是主动联系朋友去帮她们的家做整理，收到的反馈是"太专业了，感觉多出来一个房间"。两天的陪伴整理，我体验到了在这份工作中的心流状态，身体虽然很累但精神很好，我也特别享受这份肯定和认可带给我的价值感。

我也常常在家里进行不定期的整理，带着孩子一起整理他想要的"家"，孩子在旁边用小手指指画画，用稚嫩的声音告诉我们这里放什么那里放什么，当我们挪动沙发和柜子的位置，他就兴奋地爬上沙发跟着一起移动，现在的他已经可以独自管理自己的小天地，这一切都让我看到了希望的小火苗，我越发坚定自己要成为一名专业的整理师的愿望。

被现实拷打后的重生

当我认真考虑辞职并转型做整理师时，我跟家人和朋友分享了这个想法，却遭遇了一系列现实的打击。

大家给了我最最真实的反馈："整理收纳不就是帮别人叠衣服吗，什么人会找整理师来收拾家啊，有经济能力的人找阿姨就可以了……"

当我跟妈妈说我想辞职，她的第一反应是支持，随后略带犹豫地问我："你是不是要去帮别人收拾家？"她的声音背后似乎是在表达这个工作说出去"没面子""不光鲜"。

连整理师圈子里的前辈老师们也试图劝我不要冲动，她们告诉我的现实是这份职业的收入并不稳定，你是否有足够的家底支撑。

我的答案显然是否定的，我很无力。希望的小火苗被一盆盆的冷水浇灭，我又陷入了迷茫和自我怀疑："我真的只能在看似光鲜的企业里拿着稳定的经济收入来实现人生价值吗？！"

偶然的机会我接触到了倾析本质和教练，现在回看当时的偶遇，我再一次感受到，当你决定要改变时，机会会自然地进入你的视线，抓住它就是了！

那段时间我除了上班就是学习教练，参加三人小组的督导练习，在教练的场域里尽情地打开自己。随着一个个真实的话题、困惑和卡点被逐一打破，我看到了自我怀疑的底层——我害怕自己的选择是错的，对未来的不确定性没有安全感，更害怕因为我的选择错误给家人带来压力、不安，所以我不敢走出舒适区，那个内在的小我还无力承担这些。

一部日剧《重启人生》启发了我，女主麻美意外死亡后一次次重启回到曾经的人生，为了扭转生命的齿轮，她不放过第一次人生错过的每一个细节，不放过每一次她未曾留意却意义非凡的生命体验。这让我突然意识到，我总是走得太快，从未想过要停下来看看身边有什么，也无法看到内在的自己。

我深深自问：如果我也像麻美一样重新来过，回到这个时间节点，我会选择什么？我会继续过着现在看上去光鲜稳定但虚无的生活，还是会活在当下做我想做的事情，并尽最大努力把它做好？

内心的声音立马肯定地回答是后者，我想要重启我的第二人生，我的内在小孩在努力长大，我发现自己好像没那么恐惧未知了。

离职前的最后一次教练对话，教练带我回到最初的目标："你想成为什么样的自己？当你成为这样的自己，你会有什么不一样？"

是啊，站在即将开启的人生下半场的路口，我真正想要的是什么？

想象中，时间跳转到五年后，画面里的我跟别人分享着整理和人生的关系，有自己的团队，面对不同的客群有相应的定制产品和服务。我的天赋使命就是支持和帮助别人解决整理的困扰，实现他们的理想生活，工作之余还有自由时间带孩子看世界，一家人快快乐乐地生活着。

我的教练继续问："如果这次选择失败了，你会怎么样？"

我脱口而出："我在漫无边际的海面上，眼前漂过来一艘船，船下面是我的家人，他们稳稳地托举着我，我是安全的，他们也是安全的。"

说完，我的眼泪无声地滑落，是温暖的。

写到这里，我想起当年在西藏冈仁波齐的转山路上，当时我的体力已经耗尽，最后只剩意志力在支撑双脚移动，绕过一座又一座山头，我走得很绝望、很崩溃，但前方的每一座山头都是一个小小的希望和目标，我的内心始终有一个信念，我一定能够走出去。就是靠着这个信念，我一直走了下去，生命之路不也是一样？

第二人生

成为整理师的第二人生

2023年7月底我正式离职，回想15年来的职业生涯，从刚毕业的懵懂青涩到后来的游刃有余，我在这里成长，在这里欢笑，也在这里故步自封，一幕幕过往像电影胶片一样在我的眼前闪现。我曾以为走出来我就解脱了，但没想到更多的是感恩，人生从来没有白走的路，每一段经历都将成为下一段人生的经验，现在的我，在39岁的年纪如愿开启了我的第二人生，成为生活整理师。

我的第一个客户找到我的时候说，她不会整理，经常找不到东西，家里很乱，她很焦虑但又不知道怎么下手。客户的家是一个顶楼的复式，上下两层，一楼有敞开式的书房且被绿植环绕，二楼的斜顶设计成厚实木框架的天窗，简约又特别，设计师将所有的多余空间都做成了柜子，但三角形的异形柜体不好用，还有很多空间没有得到利用，物品杂乱无序，没有明确的分区。客户还想在网上购买收纳用品，被我拦住了，碎片化的整理显然不能解决问题。

深入咨询后，我帮客户梳理了她的整理目标、价值观和日常生活动线，对她的行为习惯也进行了测评，我出了一份全屋整理的提案书，总共35页PPT，客户想要自己参与整理，于是我们分了两次，整整四天，我陪客户一起把这个有温度的房子变成了温暖舒适的家。

事后客户立马给我反馈："我在收纳时经常毫无头绪，

图 12-1　整理前后的衣柜对比

对陌生或不熟悉的人进入个人生活领域也有深度恐惧，但第一次深度咨询之后，你的专业和全面规划，潜移默化地改变了我对整理收纳的想法，我不是被迫去做件重要又不擅长的事，也不是在压力下不得已要把东西全部扔掉。正是你的陪伴和鼓励让我在决定物品的去留时有非常大的安全感。囤积本身是源自不安全感，这个结被打开之后，一切就容易多了。深度参与之后，我完全不敢相信自己真的做到了，感觉如释重负，身体也许有点劳累，但精神上我非常轻松愉悦，出门回家都异常高效简洁，生活不再被各种杂乱困扰。我们终将会越来越好。"

我持续被她感动着，激励着，每隔一两周都能收到她的报喜，她说整理以后厨房的空间更大了，在厨房里说话都能

第二人生

图 12-2　整理前后的橱柜对比

听到回音，以前她妈妈做饭习惯把调料都放在台面上，现在反而更喜欢整理以后的台面整洁无物，做完饭就把调料收起来，她还继续优化着角角落落的细节，越来越享受整理的过程和结果。

还有客户跟我说："当你走进家门的那一刻，我就感受到自己被接纳。""谢谢你帮我成功地断舍离，做到了这么多年我都没有做到的事情。""整理之后我一键清空了购物车，那

第三部分 从心而动

图 12-3 整理前后的杂物柜对比

种感觉爽极了，再也没有之前冲动购物的焦虑了。"……看到她们把不需要的物品送出去时拍照留念，我知道她们做到了跟过去的自己好好告别，也已经准备好照顾全新的自己。

现在除了咨询和整理，我也在给对整理收纳感兴趣的朋友准备整理收纳的认证课程，我会持续学习整理细分领域的老龄整理、装修收纳设计等，以及倾析本质的教练课程，将教练对话融入到整理当中。我意识到未来我们需要终身学习，且服务于人，物品和空间始终是为人来服务的，我学习整理的机构"规划整理塾CALO"的创始人敬子老师提到，整理1.0时代是以空间和物品为核心，整理2.0时代是以生活整理为核心，而当下的整理3.0时代则是人生整理术，让人有能力应对人生的发展，向外做好重要课题的梳理和决策，向内做好自我成长，在人生的每个阶段都好好生活，收获自己想要的幸福人生。

正如《臣服实验》中所说：有些事刚开始的时候看起来一团糟，但最后也仍可以有积极正面的结果。事实一再证明，只要我们能把握当下，风雨过后总会有彩虹。

结　语

每个人都值得拥有不一样的人生，不一定是完美的，也不一定是光鲜亮丽的，你也可以做一份小而美、且让你内心踏实的事业，让你的家变得更好，让生活在家里的你内外合一，成为更好的自己。

如果你想要转型但还没有方向，不妨读一读《斯坦福大学人生设计课》(*Designing Your Life*)，它告诉我们：在人生设计的过程中，需要保持好奇，不断尝试，重新定义问题，保持专注，深度合作，而我也正是这样尝试并将继续探索下去。

如果你有了方向，但害怕离开舒适区而犹豫不决，不妨读一读榎本英刚的《创造有意义的工作》，它告诉我们：纯粹意愿可能是你想做某件事的念头，只要我们尽心尽力地追寻纯粹意愿，就会找到自己的生命意义，当你高速驾驶感觉到累的时候，不妨从下一个路口下高速，停下来听听内心的声音，它会指引你走向下一个未来。

本篇作者简介

雯雯 Jamie

国际教练联合会认证体系教练，中日国际双认证生活整理师、儿童整理教育师，中国规划整理塾协会（CALO）三级课认证讲师，日本生活规划整理协会（JALO）脑整理亲子整理教练，美国慢性整理无能研究所（ICD）慢性整理无能一级认证，国际职业整理收纳师协会联合会（IFPOA）成员，正念冥想的践行者。

手机：13701892683

微信：whl260620

邮箱：jww8426@sina.com

放弃"铁饭碗",重新找回人生的掌控感

文 / 张立臣 Simon

我再一次辞职了

父亲在电话里跟姐姐抱怨:"你劝劝你弟弟,又要辞职了,好好的工作,刚干了几年又要辞职。上一次就是,上家单位也是央企,干得好好的,福利也好,领导也好,工作也轻松,收入也不低,买了房买了车结了婚,从毕业就在那家单位上班,干了十几年,眼看着资历越来越老,根基越来越深,说不干就不干了。现在眼瞅着四十几岁了,工作有那么好找吗?瞎折腾什么啊?放着好好的日子不过,非得折腾!"

这可能是一向通情达理的父亲对我意见最大的一次,姐姐对我也有同样的疑惑,四十多岁的中年男人,为什么要再一次离开体制内选择创业?但这个在很多人眼里近乎自杀般的决定,对我而言却不是一时的冲动。

第一次离开工作了 13 年的央企,放着好好的工作和前

途,辞职瞎折腾,别说我的家人不懂我,身边很多朋友也不懂我,有时候甚至连我自己也很难用正常的逻辑说服自己。但是,自己内心的感受是不会骗人的,长期积压的焦虑和困惑,总会在特定的场景跳出来警醒我——人生不能这样继续下去了!这次警醒来自于工作中的一个挫折。

有一种焦虑叫在别人身上看到自己的未来

在央企工作多年后,我被任命为某行政部门的负责人,除了一些常规的管理工作,这个部门还要负责管理公司离岗、退休职工的事务。离岗是指公司允许距离退休年龄还有五六年的老员工提前离开岗位,把机会留给更年轻的人。离岗的收入是原来的80%,同时享有与在岗员工一样的福利,只是不需要来上班了。很多人可能会认为他们赚到了,但实际上站在他们的角度,感受则完全不同。

有一天,一个刚刚离岗一周的老员工来到我的办公室,希望公司帮他支付每年九百多块钱的物业费,他住在当年公司分配的房子里,物业公司也是公司当年花钱请的。如今虽然国家规定公司不再为员工负担物业费,但因为物业公司不是他请的,他也不需要物业公司的服务,所以他不愿交费。物业公司找他要钱,他只能找公司要钱。我很惊讶,甚至有点惊愕,惊讶的是他的离岗收入过万却为几百块斤斤计较,惊愕的是说到激动时,他不惜以死相逼,声称如果不解决,自己就要从我19楼的办公室窗户跳下去。

上周还客气地称呼我为"领导"的同事，现在竟成了"你死我活"的"敌人"。即便学了心理学、教练技术，我也没办法理解这样的行为，更别说处理好这件事了。之后的一段时间里，办公室里反反复复上演着类似的戏码，只是当事人换了一个又一个，从一个人变成了一群人。

就在我焦头烂额的时候，有一天，我的领导在一次午饭后的散步中，跟我讲了他的看法。"如何对待前辈就是如何对待自己，因为你的后辈正在以你为榜样做事。公司里如此，家庭里也是这样。只要试着活在他们的世界里，就能理解他们为什么会一夜之间跟公司反目成仇了。他们曾经也是公司的骨干，也像你一样把公司当家，把同事当兄弟姐妹，把领导当父母长辈，他们为公司努力过、付出过、牺牲过，可是时代发展太快了，今天还是众人羡慕的给领导开车的专职司机，到了明天，发现开车不过是个基本技能，领导的司机也不再是别人羡慕的工作。今天还是技术工种的打字员，明天就成了可有可无的装订工。他们曾想着跟公司绑定一辈子，但真的到了离岗、退休这一天，才发现组织是组织，个人是个人，合同是合同，感情是感情，他们是接受不了的，因为他们已经被训练得只能适配这家公司的需要，离开这家公司，他们几乎没有独立生存的能力，所以他们会拼命地抓住组织，不是几百块钱的事，而是对老无所依的恐惧。"

这段话对我的影响，不只是让我找到了解决这件事的关键，更是对我如何过一生振聋发聩的提醒——沉湎于组织带来的舒适感的我,有一天会不会成为像他们一样只有在这个组织才能活下去的人?我有什么理由相信今天的他们不是明天的自己?我今天以为自己拥有的真的是我拥有的吗?比如别人对我的称赞与恭维。我引以为傲的本事是真的有价值的吗?我以为自己是在靠本事赚钱,实际上很可能只是平台带给自己的错觉。

那一天我突然明白了一件事,对我而言,"独立自主"真的很重要。

并不是说靠组织活着就是错的,这本没有对与错,只是我的成长经历,我的家族文化,我的天赋秉性,以及其他所有让我成为今天的我的一切,让我把"独立自主"这个价值观排得更靠前,这是我的独特性(虽然在另一个角度看来也可能是我的局限性),是我对自己人生的定义。如果我不想活成自己讨厌的样子,那就要从今天开始改变,于是我下定决心离职,离开这个让我舒适的组织,因为我想要的不只是个"好工作",而是一个"有意思的人生"。

央企很好,但什么是我渴望活出的样子

实际上,在央企的工作体验并不差,我甚至对它有着深厚的情感。

大学毕业后的第一份工作我干了13年,这其中的12年里,我从没想过要离开,我的师傅、领导、同事,大部分人都是在这里参加工作,在这里退休离岗。对我和同事而言,

公司已经超越了单纯的职场概念，而是生活里密不可分的一部分，同事也不仅仅是同事，更是朋友、邻居，有些人的关系甚至是世交，子一辈延续着父一辈的同学、同事的关系。对于我这个因为上大学而留在北京，再来到这个公司工作的人而言，这里带给我的归属感是无比珍贵且稀有的，以至于几年后对比在其他公司工作的体验，我还会在聚会上跟这家公司的前同事感慨："这里把我惯坏了，我曾以为全世界的公司都是这样的，把员工当家人，同事都像兄弟姐妹一样，可等我离开这里，到外面转了一圈，才发现这其实是件很奢侈的事。"

即便如此，我仍然欣赏自己在第12年年底做出了离开的决定，促使这一切发生的，并不只是怕自己丧失自主性，全靠平台温床而失去独立生存的能力，还因为一次正面激发的体验。

那是一次教练课程学习，学习过程中每个学员都要深刻思考一个问题：什么是我渴望活出的样子。

第一次认真思考这个问题的时候，我有点慌张，有点窘迫，甚至有点羞愧。我慌张于这个问题的宏大，窘迫于自己竟然从来没有认真思考过，羞愧于自己这些年都在浑浑噩噩、不知所以地活着。好在教练的课堂足够包容、足够开放、足够坚定，并没有对我的感受妄加评判。事实上，在探索这个问题的过程中，我发现每个人的人生都有两条线：一条是看得见的明线，求学之路、从业之路、情感之路、婚恋之路、财富之路、地位之路；而另一条线，则是不易察觉的暗线，这条暗线包含着每个人对自己成为谁的期待、如何看待自己的审视、如何与真实自我相处的模式，同时，这条线也蕴含着推动人生发展的动力。

教练让我把这个动力形象化地描绘出来，我发现自己脑海中的形象居然是济公，游街串巷，嬉笑怒骂，一个酒肉穿肠过、佛祖心中留的亦正亦邪、亦哭亦笑的济公。即便此时此刻我写这段回忆时，也能清晰感受到当时自己掩藏不住的笑，笑里有自己看见自己的温柔，也有如丑媳妇见公婆一样的羞怯。后来，在同学和老师的帮助下，我意识到笑里隐藏着自己的人生观——要活得有意思。

什么是活得有意思？那时候的我还不太清楚，但在之后的折腾和探索中，它在我心中的定义渐渐清晰有形：不仅要活出自己，还要助益他人。

降薪入职互联网，我之蜜糖，彼之砒霜

毅然辞职之后，我才发现事情的发展并不会因为自己做出了一个艰难的决定而一帆风顺。35岁重新找工作不容易，但好在就业市场还算不错，一家互联网科技公司的企业文化总监在"不知道我能做什么，但觉得我可以做点什么"的直觉下接纳了我，我以腰斩的薪资水平加入了这家公司，成了基层员工。抱着学习的心态，与小我10岁的年轻人一起加班熬夜，燃烧自己般地适应着快节奏和高要求——既然做出了

选择，就要打心底臣服，直到自己觉得达到了内心"独立自主"的标准。

一次在做内部的团队教练时，大家聊起了自己的职业经历，得知我上家公司是待遇优渥的央企，伙伴们纷纷不解："张哥，你放弃的就是我们很多人梦寐以求的啊！为什么啊？"

我回答："因为我想体验有意思地活着的感觉，就像现在！"

即便我这样解释，很多伙伴还是没办法理解为什么让他们觉得压力大、强度大、收入低的工作，却成了我甘之如饴的选择。虽然在这里工作大半年，我的工作量堪比之前十年，虽然我仍然觉得在上一家单位工作很幸福，但我知道自己这一步走对了，因为内心少了纠结，多了愉悦。这份在组织里通过文化活动影响人的工作足够有意思，我享受创造一个场域、影响一群人的过程，沉浸在用教练唤起人的蜕变、用文化手段改变氛围的每一个项目里。那种干劲十足、走路带风的感觉，大概就是活出自己的感觉吧。

再次从央企离职

之后的职业生涯，我继续从事着自己热爱的培训工作，站在讲台上，讲授自己研发的课程；走进学员中，推动教练、团队教练技术在组织内的应用。无数次体验着自己信奉的价值观与他人产生共鸣的激动，也感受到人生意义得以实现的满足。其间我还短暂地创业,之后我去了另一家央企工作,度过了更加充实且富有挑战的六年时光。

同样的决定再做一次,并不一定就容易

六年后,当我发现工作带给我的"活出自己"的感觉逐渐消失的时候,我知道自己要再一次做出选择了,只是这一次比上一次阻力更大。

"你今年都41岁,奔五的人了,还折腾个啥,不嫌累吗?再说自己干多难啊!"姐姐在转述完父亲的抱怨后语重心长地劝我。我知道他们都是为我好,我也知道这一次不是换个工作那么简单,而是彻头彻尾地换一种生活方式,如姐姐所言,这确实很难。可当你知道自己想过什么样的生活且切实感受过一次之后,就很难允许自己把生命用在感受不到意义感的事情上了。

再次做出离开的选择依然经历了重重的心理阻碍,有对未来的担忧,对当下的不舍,也有对过去的不甘,半年多的时间里,单就离职这个话题,我跟自己的教练、咨询师沟通了不下20次。正如那句话——明白很多道理却仍过不好这一生——所言,"好的一生"与"道理"之间的鸿沟,就是"迈出这一步"的行动,而这个行动需要的勇气,远比道理更难获得。

好在有妻子和朋友们的支持和肯定,还有自己内心经历风吹雨打都没熄灭的小火苗,最后让自己攒够了勇气,我再

一次离开了体制内安稳的工作，做了一名自由职业者、教练、心理咨询师。

中年 Gap（间隔）旅行，答案在路上

开始创业后，我经历过一段迷茫期，自己知道自己要做什么，却还是像无头苍蝇一样乱撞，这时候的焦虑水平是最高的，好在我有一些如何度过这段时间的经验：2016 年，我离开那家互联网企业后选择了创业。创业之难超出了我的承受范围，在我焦虑、迷茫到极致的时候，我做了那件想过无数次"等我有时间就做"的事——去西藏，在那里，我找到了自己内心的平静与答案。

西藏的旖旎风光自不必多说，浓厚的宗教氛围和坚定的信徒，让我逐渐沉静下来，直到旅行的第十六天，偶然遇到的一个藏族小孩让这场旅行的治愈效果达到了顶点。

那一天我们从珠峰大本营返回拉萨，中途遇到在路边搭车的母子，好心的司机大哥在征询了我们的意见后，载上两人继续后面的行程。中途落脚休息的时候，我看到小朋友老实安稳地坐在打电话的母亲旁边，很可爱，于是走过去坐在他身边，想要跟他自拍合影。

一开始小朋友对我非常警惕，身体不由自主地远离我，可当他发现自己出现在我手里那个有画面的机器（他可能是第一次见到大屏的智能手机）里时，他的脸上瞬间流露出了好奇，接着他探出圆圆的脑袋，凑向手机屏幕，尝试伸出手

去触摸屏幕上的画面，而忘记了对我的戒备，我也自然而然地靠近他，最后安然地把自己的头与他的头贴在一起。

那一刻，成了我多年来一想起就能感到温暖的瞬间。

孩子眼神中流露出的自然和干净，与我互动中呈现的简单和纯粹，让我觉得那一刻这个世界已无它物，只有两个简单的人的相遇，当真是世间本无事，庸人自扰之。

有了这次的经验，第三次离职的我，毅然把这次迷茫期当作是生命中难得的假期，给自己放了两个月的假，不谈工作，只享受休闲与娱乐。其间，碰上我进修的国际存在人本学院在大理举办开班仪式，于是我兴致冲冲地前往大理。苍山的云，洱海的月，喜洲的麦田，沙溪的小雨，让我的每一个细胞都浸润在自由和温暖中，更重要的是，我结识了很多对人生充满乐观、对生活饱含热爱的新同学。大家一起上课，一起游玩，分享着自己的人生故事和体验，重塑自己对人的理解，重新看见自己。我真切地感受到，新世界的大门正向我缓缓打开。

这场中年 Gap 旅行，彻底扫除了我的焦虑，让我的内心充满了对未来新篇章的期待。

"自由"之后

事情从来不会因为你做了一个艰难的决定而一帆风顺。从大理回来后，我依然要面对现实问题和内心困境。

"王子与公主从此幸福地生活在一起"只是童话的结局,现实还有省略的十万字是关于"王子与公主的柴米油盐酱醋茶"。

我的现实问题是收入变得不稳定且下降幅度很大。不得不说,按部就班地在公司上班,哪怕不开心,每个月都会定时拿到薪水,这种稳定感和确定感都会让我们下意识地劝自己留在原地。可离开公司自己创业就完全不同了,不工作就没收入,就这一点而言,我悟到了"没有比给自己做老板更心狠手辣的了"这个道理,不用打卡机,无须KPI(关键绩效指标),每天都是永动机,睡觉都在PUA[1]自己。

内心困境则是对未来不确定的焦虑。虽然我在旅行中得到了治愈,但焦虑并没有消失,它仍然会不时地冒出来,变成对自己的质疑、责备、失望,还有对他人的苛责、不满、偏见,这些负面情绪无时无刻不在干扰我,影响着我每一段重要的关系,而要如何管理焦虑,甚至如何利用焦虑,与自己和解,与世界愉快相处,成了我不得不去面对和解决的议题。一旦做出选择,就意味着没有任何理由和借口再把责任推给别人,应该是我,也只能是我为此负全责。

---

[1] PUA: Pick-up Artist,意为"搭讪艺术家",原指亲密关系中为发展恋情、达成亲密接触等目的,系统性地学习如何提升情商和互动技巧。目前已延伸至职场、亲子等语境中,指一方通过言语打压、行为否定、精神打压等方式对另一方进行情感操纵和精神控制。

做正确的决定之后，是要把决定做正确

我只能想办法把自己认为正确的决定做得正确。

济公——代表我人生观的济公会怎么做？吃饱喝足，睡了一大觉醒来之后的济公会做什么？我用这样的教练式提问为自己找到了答案——走街串巷，拜亲访友。是的，我要在我的朋友圈里走街串巷，拜亲访友，闲聊漫谈，建立连接，了解朋友们的现状和困难，分享我自己的现状和动态。也就是在这个过程中，很多朋友开始对我从事的专业教练、心理咨询师的工作产生了兴趣，自然而然地，身边朋友的职业困扰、家庭麻烦、成长烦恼等问题，都找到了倾诉的出口、咨询的对象。我时而是积极共舞的教练，时而是全然陪伴的心理咨询师，时而又成了把酒言欢的挚友。慢慢地我意识到，仅仅是为身边人提供专业的助人服务，就已经让我忙起来了，更别说还有一些老朋友推荐过来的企业端需求。我需要的订单、业务，都不在遥远的陌土，而是来自于身边的关系。

原来，我渴望的"活得有意思"的另一个要素，不过是"助益身边人"。服务好身边的人，既能解决我的现实问题，也能让我在帮助他人的过程中，体验有意思的每一刻。在我身上，焦虑的本质是对虚度人生的担忧，而当我每一次沉浸在深度对话中时，心流替代了焦虑，满足感充盈着自己。原来那些困扰我的问题的答案，就在身边，就在此地。

你若盛开,清风自来

虽然我能给自己交代,为自己负责,但我的解释并没有完全让父亲释怀,这也是萦绕在我心头的一丝顾虑与不完整:我的做法似乎仍然没有得到亲人完全的理解。

而让我有点意外的是,正在读研究生的外甥女的一封信,如清风一般把我内心的这一丝顾虑扫除了。

那是一个寻常的周末,外甥女来我家做客,早上我跟她简单聊了几句后,匆匆前往甲方公司交付项目。她体验了我在家里给自己布置的"工位",临走时给我留下了一封信,信的内容是这样的:

致 Tony 老师(外甥女对我的戏称):

看到你在 40 岁的年纪选择重开人生,20 几岁的我深有触动,你仍然对这个世界保持着强烈的好奇心,这是我非常欣喜的。坐在你精心布置的书案旁,各式各样的小玩意儿、小设计让我觉得,尽管生活不断地剥削你、压榨你,但你依然活得很好。

早上和你短暂的聊天让我意识到,你仍有相当多的顾虑。独自打拼这件事我可能有一些体会,自己寻找机会,全力争取资源,从籍籍无名到杀出一条血路。以你的才华和智慧,虽然在这条路上你未必会遇见神的庇佑,但你可以成为庇佑自己的神。

看到你又从零开始,作为你的后辈既担心你但又感谢你,

第二人生

至少你为我即将到来的全新人生阶段树起了里程碑,因为我一度担忧我无法在新的环境中重开人生,从一点一滴开始,积累经验、人脉,重新取得新的成就。你留给后辈最宝贵的财富除了你说的支持系统,还有你丰富的一生。

作为咱们家的一分子,我迫切希望自己跟上前辈们的脚步,在你们的肩膀上看到更广阔的世界。你的此次重开行动正是在丰满你的羽翼,让你的肩膀更宽厚,当未来我们站在你的肩膀上看世界,定会是大不同的视域。

祝愿你重开行动顺利,把椅子坐稳了,一个人就是一支队伍。

——你美丽乐观自信大方的外甥女

2023.3.31

看到这封信的那一刻,我不禁感慨,原来真的是你若盛开,清风自来——你只管做好自己,其余的静待就好。

如今的我,一边感激于朋友们对我的信任,一边笃信每一个人的内在都拥有自我实现的能量;上一刻我还在全身心地共情倾听,下一秒则一本正经地谈着商务合约,正如在存在人本课堂上学到的——极其的理想,非常的现实。活出自己期待的样子,也如自己期待的样子般活着。

有时候,当我回忆过往,我没办法记得每一天发生了什么,能让我想起的不过是人生的若干个关键时刻,那些关键的决定、关键的行动决定了我人生轨迹的走向。评价这走向好与坏的，往往有两个声音，一个来自自己，一个来自他人。有的人会鼓励我听从自己的内心，有的人则会让我照顾他人的感受，这两者本没有对错之分，只是如何平衡的问题。而我的选择是不必为了对抗而特立独行，也不必为了和谐而回避冲突，听从自己内心的声音做出决定，这是对自己负责的觉悟，努力地把决定做正确，这是对他人负责的担当。

愿每一个读者都能活出自己的精彩，不负内心的如来，不负身边的卿。

本篇作者简介

张立臣 Simon

国际教练联合会认证共创式教练（ICF CPCC）、团队教练（ICF CTPC），经常用沙漠徒步打造团队感，喜欢从历史中寻找规律的盖洛普认证优势教练，笃信人是答案的心理咨询师。

希望有一天拥有自己的自然疗愈工作室，供朋友们可劲儿撒欢。

手机：13466772907

微信：yilvyun

邮箱：zhang_lichen@163.com

第二人生，
成在理性决定，感性行动

14

文 / 杨岑

"七年之痒"后，人生才真正开始吗

据说人的一生总要叛逆一次，青春期没有叛逆过的人，到了中年，就容易突然离婚、裸辞，或搬去另一个国度，这句话在我身上应验了。这个跨度七八年的蜕变故事要从我30岁说起。

2015年6月，团队同事为我庆祝30岁生日，当时的老板对我说："30岁，人生才真正开始。"这时四十多岁的日本同事回应道："如果人生是一场苦旅，30岁人生才真正开始呢。"那时的我似懂非懂。说来也是神奇，"人生才真正开始"的快乐和轻盈刚体会了一年，我就开始了自由落体，家庭和事业这两个稳定的阵地都不再让我感到心安。

2016年8月，我出差回来刚下飞机，就收到了命运的玩笑：表妹发给我一条信息——我的妈妈被查出了乳腺癌。

那时我还没结婚,爸爸早在我高三时因为癌症离世,如果妈妈再有什么差池,我难以想象在世上无依无靠、孤苦伶仃的自己要如何活下去……生命如此脆弱,我忍不住想去抓取住些什么。

事业上,我也开始遭遇"七年之痒"。我本科学的是船运,实习时看到领导丹麦大叔在电话里谈笑风生,动辄成交几百万美元,心里默默认定那就是我的理想事业。毕业后没到两年,我就坐上了他的位置,凭着天生爱冒险、爱开拓的劲儿,在有着160年历史的大宗商品交易集团,我轮换过五个岗位,业务覆盖整个太平洋和印度洋,偶尔还替同事做做大西洋市场,也能得心应手。我曾非常庆幸自己一下子就找到了"真爱",并决定与它厮守终生,但自己怎么"变心"了呢?

后来妈妈的病情稳定了,但我对余生该怎么过的探索已经停不下来了。面对职业倦怠,我无法将就,开始叩问人生的意义。难道说,我的人生,这才真正开始吗?

理性的决定,感性的行动

2020年9月,我从公司裸辞,给我的第一人生画上了句点。

操盘大宗商品的工作节奏快又忙碌,导致我没时间享受很多生命中的小确幸,所以从企业里跳脱出来后,我先给自己放了几天假。我居住的小区有很多美好的小角落，无边小泳池，静谧的花园，树影婆娑的天台……那几天，仅仅在小区里待着，晒晒太阳，翻翻闲书，听听流水声，欣赏植物深深浅浅的绿，我都能感动到落泪。似乎年龄越大，越容易在微小的东西中找到幸福。年轻时想要征服世界，成熟后只想回归自己。

从开始感到倦怠，到流下五味杂陈的泪水，我的内心已经走过了千山万水，那是充满了探索和尝试的四年，我的内心一轮轮地推倒又重建。我感恩自己没有冲动辞职，而是用理智牵引自己，去分析、思考与决定。

2023年12月，成为自由职业者三年多后，我开始扎根我的第二人生。

我家附近有一个五层楼的图书馆，大落地窗边有装饰各样的舒适座位，我常在那儿写作、发呆。回顾近四年的摸爬滚打，我的第二人生算是从跟跟跄跄的第一阶段，迈入了较平稳的第二阶段，在新行业立稳了脚跟。虽然离第一人生的年收入还有好一段距离，但也足够日常开支。更重要的是，我的精神世界得到了久违的滋养。

从180度大转型成为全职的职场教练，到能与你分享一点点我的心得，我已微调了好几个方向，这三年多我有过怀疑，有过失望，但从没想过放弃。我感恩自己没有左顾右盼，患得患失，而是用感性支撑自己，去开拓，去发现，去超越。

这七八年的历程，如果只用十个字来概括，那就是"理

第二人生

> 理性的决定
> 人生愿景的探索与成功清单
> 先发散,再收敛
> 财务规划,杠铃策略
> 裸辞前的行动清单
> 反向思考,差异化优势布局
>
> 第二人生
> "理性的决定,感性的行动"
> 框架脉络
>
> 感性的行动
> 把目光放到整条生命线上
> 让不确定性激发兴奋感,而不是恐惧
> 接收信号,接住线索,跟随好奇心

图 14-1 本文框架脉络

性的决定,感性的行动",它也是这篇文章余下部分的脉络框架。

我的框架不一定适合每个人,很多人习惯"感性的决定,理性的行动",但从我已服务过的 100 多个客户身上,我看到了它的有效性。我服务过的客户中相当一部分人已经开启了或正在开启第二甚至第三人生。

接下来我会专注于通过转型或转行而开启的第二人生,方法论因为提炼而显得简练,实际经历包含更多波折、反复与混乱,希望你也能给自己多一些温柔与包容。

理性的决定要素之一:人生愿景的探索与成功清单

常见误区一:

小A满目愁容地问:"我该入职这家公司继续打工,还是出来创业呢?"

我们很容易一头扎进具体的选项,而忘记先问问自己那些看似很空很大的问题——我的人生愿景是什么?有哪些价值观是我不忍舍弃的?

2016年底,当我开始职业倦怠并叩问自己要如何改变现状时,遇到了一本书——西蒙·斯涅克(Simon Sinek)的《从"为什么"开始》(Start with Why),书里有一个案例是关于苹果品牌的,作者提到很多人都先思考做什么、怎么做,很少去想为什么要做,而苹果的成功恰恰来自于反向思考,从"为什么"开始,让接下来的行动和产品都更有内驱力和意义感。做产品如是,做自己何尝不是这样?我开启了向内探索之旅:"此生为什么而存在?"

我在网上自学了很多工具,比如价值观排序、理想人生自由书写、斯坦福的人生设计课等等,带着好奇我把这些工具都用在了自己身上,于是,我产出了一份成功清单,对比20多岁时的清单,二者前后的颠覆性,让我自己都深感震惊!我希望一生轻盈、绽放、有趣、宽广,成功清单让我认清我的动力来源已从外界渐渐转向内心,而在外企的事业无法满足我的内在需求。

明白自己要放弃什么、追求什么后,做起来却没那么容易,虽然我的物欲不高,但唯独对空间和体验有要求,我曾

> **20 岁 + 时的成功清单**
>
> 尽早自己付首付，买人生第一套房
> 结婚，生两个娃
> 每年都有比较满意的加薪
> 2—4 年升一次职
> 旅行也要乘坐商务舱
> 宾馆、度假酒店、民宿绝对要舒适有品质
> 周末喝喝红酒，打打高尔夫
> 除了车房等大件外，消费可以不用看标价
> 40 岁前在一线城市市中心，买下高层 150 平方米大套房
> 孩子成年后，给他们一人留一套房

图 14-2 我 20 多岁时的成功清单

经梦想在海边或市中心买一套 150 平方米的高级公寓，一定要两面都是直角大落地窗，可以让我看尽人间沧桑、世间繁华。本来触手可及的梦想，我知道我需要在内心和它暂别，因为一旦背上了高昂的房贷，我就被困住了，将无法自由地选择下一站。我不想沦陷于既要又要还想要的物欲之中，纠结不前。

第三部分 从心而动

30 岁 + 时的成功清单

成为有趣、有创造力的人
保有赤子之心，活出少年感
醒着的 75% 的时间，都花在我热爱的事情上
成为两个有蓬勃生命力的孩子的好朋友
与老公越来越了解彼此，成为灵魂伴侣和最有力的支持者
联接者，有一群志同道合的伙伴和几位挚友
能掌控自己的工作、生活节奏
能够不断成长，每周都有投资自己
有足够的时间和空间与自己相处，去思考，滋养自己的灵魂
常常有闲情逸致享受清风明月
有足够多高质量的时间，和我爱的人在一起
感到生活、工作简单轻松，一派自然
时不时会去做些新鲜、让自己激动万分的事
每一年都比前一年更充实、更健康
有足够多的被动收入来保障基本生活
我的事业让我感到越来越自由和满足
孩子们以我为傲
我的存在让世界美好了一点点
我的客户也越来越"成功"
支持职场中年人活出物质和精神世界的双丰盛

图 14-3 我 30 多岁时的成功清单

成功清单一次次迭代后，我越来越坚定，这辈子最值得我去捍卫的是什么。我尊重自己的选择，同时也愿意承担选择的代价。你也可以试着去探索你的成功清单，希望最终你的选择映照的是希望，而不是恐惧。

理性的决定要素之二：先发散，再收敛

常见误区二：

小B憋屈太久了，急着想换个活法，但他还没尝试多种可能性，就想"下注"下一个赛道。我好奇地问小B，这个决定经过了哪些与现实的碰撞，它有没有让你离人生愿景近了一些呢？

当未来像一团迷雾，当生活如困兽之斗，那就多尝试新东西吧，看看生活会把我们抛向哪里。

对未来迷茫时，我并没有急着找答案，而是用足够多的时间去探索可能的答案。那几年，我在公司内部调过岗，脱产学习了信托和遗产规划师，比较过MBA学校，与前辈探讨过做管理咨询的可能性，有过创业的点子……生活的其他方面也没闲着，结了婚，生了两个孩子。

我发现没有哪个方向让我特别兴奋，但这些经历没有白费，我更加认清了自己。无论是转型，还是跳槽，最怕的是你还没有进行足够探索，就先收敛做决定了。后来我做教练

时发现，在大的转变面前，出于对安全感和确定性的本能需要，很多人希望一击即中，但这容易产生两种结果：要么停留于思考，迟迟不敢行动；要么过早下决定，事后后悔，状态还不如之前。保持探索的心态，成为一个随时准备接收信号的学生吧，当学生准备好了，老师也许就出现了。

时间到了 2019 年，我 34 岁。一天，我和一位意大利经纪人共进午餐。没想到，这顿很平常的工作餐，却成了我初窥新世界的大门。他刚休了一年无薪假，环游世界归来。他聊到在巴厘岛上的 15 天的人生教练课，他说那是他上过最值得的课，让他从思维和状态上有了彻底的改观。那是我第一次听说"教练"这个职业。

更巧的是，公司人事部门开始给部分员工请第三方职场教练，我获得了六次被教练的机会，在跟教练对话的三个月，我体会到了深度对话的魅力和效用。

"为什么我不可以成为一名教练呢？"我的心底冒出这个声音，它振聋发聩，我明白这次我的感性已经替我做好了决定。我一直都很相信自己的直觉，听从内心的声音，因为我觉得直觉和感性，是潜意识绕过了头脑的种种自我设限向我发出的信号，是我过往所有经验的集合，是身体的每个细胞向我发出的信号。

但已经习惯在企业工作的我，需要理性做些分析推理来说服自己的大脑，好让我在做出决定后能身心合一、大胆笃定地走下去。

于是我开始全网搜索，也向两位教练前辈讨教，试图去了解这个行业和职业，愈了解我心中的渴望愈强烈：首先，它符合我对自己人生愿景的全部想象，与我的价值观和成功清单相契合。其次，我过往的职场经历会是非常有力的加持。有一类人，企业特别愿意花钱为他们请教练，那就是销售部门的高潜和管理者，他们直接创造利润，而我第一人生的绝大多数时间，就是在高压力、快节奏的环境下，直接为业绩负责，每天跟内外部客户、各个职能部门、各大洲不同区域不同国籍的人沟通协作，理解他们的需求，发挥影响力，推动事情的进展。大多数教练是从HR转型过来，而我"另类"的背景也许就是部分客户所看重的。

再次，我的性格特质也挺符合。从小爱琢磨，爱深度交流，对人之所以为人的一切充满好奇和敬畏，对市场的敏锐和洞察，可以迁移到对人的感受和体验上。之前我擅长在风险评估后，果断地做出商业决定把握时机；如今面对客户，除支持赋能外，精准反馈同样重要，让盲区被照见，这特别需要果敢与勇气。

教练这个概念和体验，就这样偶然地闯入了我的生命，但也许是必然的，是宇宙对我冥思苦想三年半最好的回应。

理性的决定要素之三：财务规划，杠铃策略

常见误区三：

第三部分 从心而动

小C很害怕进入新赛道后，学费昂贵，收入骤减。当被问及假设没有任何收入，可以养活自己多久时，小C回答不上来。如果没有做过财务盘点和规划，对金钱匮乏的恐惧就会像迷雾一般，将我们裹挟；然而一旦看清了它的面目，我们就会发现它也许并没有那么可怕，恐惧也将化身成具体的目标。

2020年，裸辞半年前的某日，我花了整整一天，保守估计到100岁，用表格做了储蓄、资产、负债、保险、养老账户、被动收入、开支、现金流等具体数字的计算。

这些功课让我对以下几点有了较清晰的判断：我的财务安全网是否结实，哪里有漏洞需要补，未来需要有怎样的收入才可以让自己和家人过上一定质量的生活。我也进一步研究了市场，看看新的职业稳定后能否提供这样的收入。

转型的过渡期很漫长，从最初的积累到达到稳定的状态，一般需要三四年。财务安全通俗点说，是如果不工作，可以生活多久。虽远远没有财务自由，但规划让我对财务安全有底了。

曾经职场上积累的风险管理和投资思维也派上了用场，其中杠铃策略给了我特别重要的启发，它最早由纳西姆·尼古拉斯·塔勒布（Nassim Nicholas Taleb）在他的著作《黑天鹅》（*The Black Swan*）中提出，这一策略得名于杠铃的形状，即在两端分别集中大量的权重，避开中间区域。

简单来说,就是把大部分的资源比如90%,分配到低风险低回报的资产,它的功能是保值,提供现金流;把剩余资源,分配到高风险高回报的资产,因为只有10%,即使贬值到零,也不至于全盘崩溃,但一旦投对了,潜力无限。

我把它应用到了我第二人生的两个方面,来抵御不确定性和不可预测性。第一个方面是家庭整体的杠铃策略——老公在公司较为稳定的收入,房租和基金等被动收入,是杠铃的一端。我投入到轻创业洪流后的想象空间,是杠铃的另一端。第二个方面是教练细分领域的杠铃策略——在教练市场三年多的摸爬滚打,让我对客户端、企业端市场的各种渠道有了第一手的了解。入驻多个企业端平台,成为签约教练,或成为企业内部兼职教练,是杠铃的一端,给我提供了相对稳定的收入。客户端市场是另一端,在那里我可以与客户探讨任何话题,更走心,更深入灵魂,我的这部分财务收入还不稳定,但用生命点亮生命的精神滋养已经是很好的回报,况且我可以设计各类产品,有更多发挥创意的空间。

很多朋友诧异于我为什么能走得如此笃定,因为那是理性盘算后的义无反顾,是清醒与清晰之上的情怀与梦想。只要基本生活能保障,转型就没那么可怕,就给热爱留出时间,直到拐点出现。

理性的决定要素之四：裸辞前的行动清单

常见误区四：

在做完以上所有的探索和规划后，小D兴奋地说："明天我终于可以递辞职信了吧！"我说道："且慢，还有一些具体的事项和时机选择，需要过一遍。"

裸辞前我的一系列行动可以总结为如下清单：

第一，获得亲人的支持。在探索期间我就让他们参与进来，但在正式裸辞前的几天，我再次倾听、回应了他们的担心，也把这个过程当作对自己是否完全准备好的考验。

第二，做了一次全面体检，确保辞职时是健康的。

第三，原公司有一些保险辞职后会失效，所以我整理了已有的私人保险，买全需要填补的空当。

第四，做好了被动投资计划，决心更严格地执行，确保年老以后有部分收入。

第四，把同事的联系方式存好，把近半年工资单、近两年业绩评估报告，从公司网站下载下来，以防以后要回到市场找工作。

第五，等最后一次公司分红后，递辞呈。

人们往往在容易的决定和正确的决定中做选择，经过一系列不容易的理性思考，我选择了后者，充满忐忑又无比坚定地让大脑臣服于内心。

理性的决定要素之五：反向思考，差异化优势布局

常见误区五：

小E选择了轻创业，花了大把时间参加新赛道同行伙伴的社群活动，感觉很幸福。与同行切磋学习进行实践没错，抱团取暖寻找合作机会也没错，此时我向他发问："你的潜在客户在哪里？在所有可支配时间里，你打算投入多少和他们在一起？客户为什么选择你，而不是其他同行？"

过了新事业蜜月期后，我也曾不停地问自己，我的差异化优势在哪里？交易员出身的我，利用自己反向思考的习惯和能力，终于找到了最适合我的路。举几个例子：

不是靠同学间互练来增加自信，而是靠付费客户的反馈来提高能力与信心。

新手教练们都非常认真努力，经常起早贪黑地与同学进行互练。但我没有等自己有自信了才去接单，因为我观察到，同学互练和给真实客户做教练，体验是很不一样的。既然迟早要面对真实客户，不如越早越好。如果没有忐忑，那说明我玩的游戏不够大；如果没有失控感，那也许意味着我的成长速度不够快。自信是结果，而不是先决条件，做得多了，自然会有自信。

很多教练都想成为纯正的教练，不给建议，循循善诱，让客户找到自己内心的答案。但我更愿意把注意力放在与客

户共创价值上,而不是自己的教练身份上。我是什么身份、什么流派不重要,用了什么工具、流程不重要,重要的是客户成长了转念了,带走了想要的成果。客户非常想听我的经验或建议时,我会说那你听听看,不合适就当我没说。全球数一数二的领导力教练马歇尔·戈德史密斯说:"我是顶尖的领导力专家,如果客户向我讨教怎样提升领导力,我说我不能说,那不是疯了吗?"

行业内的教练都在"卷"教练等级,铆着劲儿冲实习教练、专业教练、大师级教练,做教练的近四年,我花在正式培训和接受督导上的时间就超过了1200个小时,还不算各种微课、工作坊和自学的时间。而当我研究了世界上顶级的电子教练平台后发现,精进教练专业能力,拥有国际教练认证固然重要,但要想获得中高管客户还有一个更重要的因素,而这个因素常被圈内人忽略,那就是很多企业客户希望所匹配的教练有相关行业、职能经验,或起码对该行业有一定的认知。所以当我不了解企业客户所处的行业时,我会花大量的时间提前翻阅行业白皮书、公司最新消息,如果是上市公司,我甚至会读财报、CEO给股东的信。这几年做教练的经验告诉我,让客户迅速觉得"你懂我"是多么地宝贵,更是建立信任的核心之一。为了能更快地进入他们的世界,同理他们的挑战、担忧和渴望,我在高管教练、组织教练的课程上投入很多精力,来补充商业世界的经验,提升场景辨识度。渐渐地,我的客户群体中也有了越来越多年龄比我大，职场阅历比我丰富的人。

不断建立差异化优势，是一种战略选择。走少有人走的路，也许一路杂草丛生，但它会带我们去到最适合自己的境地。

感性的行动要素之一：把目光放到整条生命线上

常见误区六：

小F转型后的第一年焦虑不断，始终觉得自己做的还不够多、不够好，常常陷入自我怀疑。

此时不妨把目光拉长到整条生命线上，成为极致的长期主义者。

日本艺术家葛饰北斋说："我在70岁之前的画都不值一提。73岁时，我稍微了解了自然的真正构造。当我80岁时会有更多的心得；到90岁时，我应该能领悟事物的奥秘；100岁我将到达奇妙的境地；而到我110岁时，我做的一切，无论是一个点还是一条线，都将是鲜活的。"[1]他享年89岁，最广为人知的作品创作于生命的最后20年，包括标志性的木版画《神奈川冲浪里》。

---

1 《巴拉巴西成功定律》：[匈牙利]艾伯特－拉斯洛·巴拉巴西著，贾韬等译，天津科学技术出版社2019年版，第201页。

每当觉得自己走得不够快时，葛饰北斋的声音似乎就会在我耳边响起，慢下来，才能更快地前行。教练对话也创建了一个让人慢下来的时空。慢下来才有平稳的状态，慢下来才有智慧的涌现，慢下来才有调整的余地，慢下来才有聚焦与取舍。

无论如何，未来的十年都会在你我身上呼啸而过，把目光放到整条生命线上，将解除你很多焦虑和压力。我不再担心某个单子是否会拿下，或者某篇文章阅读量高不高，而是把关注点放在通过每一次尝试，自己又多了哪些可能性，以此向终极目标靠近。

感性的行动要素之二：让不确定性激发兴奋感，而不是恐惧

常见误区七：

小G紧张地来找我做教练，对话中发现自己紧张的背后是"没干过，我不行的"。

我们如何锻炼自己，去面对接踵而至的新挑战？

我也曾有过和小G类似的自我怀疑，在企业里面对市场的不确定性时，有平台和系统和我一起扛，我躲在厚厚的安全气垫后面，拳头不会直接打在自己身上。出来创业后，大量的不确定感袭来，该如何是好？

第二人生

12周挑战：收集拒绝与失败！

第 × 周	先行指标 拒绝与失败的个数	滞后指标 创收	成长指标 每个拒绝与失败的价值
1			
2			
3			
4			
5			
6			
7			
8			
9			
10			
11			
12			

图14-4 "收集拒绝与失败"游戏

还好我有自己的教练，通过两次对话，我们共创出一个游戏"收集拒绝与失败！"你怕什么，就去做什么，这是锻炼强大心脏的好方法。

虽然我们心里都明白，被拒绝与失败是成长道路上难免的，但内心对它们的恐惧仍让人却步，那何不换个视角，把它们和价值创造捆绑在一起？举个例子，假设一周我被10个潜在客户拒绝，但也成了两单共12000元，那么每一个拒绝与失败就值 12000 / 10 = 1200 元。

每周的收入计算其实是滞后的，它不够高的部分原因是尝试的不够多，也就是被拒绝与失败的次数还不够。随着我们个人价值创造能力的提升，成长指标也会攀升。

通过这个小游戏，我在不确定性中感受到了确定的成长，恐惧被兴奋取代，信念也渐渐转变了，"就是因为没干过，所以才好玩嘛"。我甚至对不确定性产生了一丝丝迷恋，这个自我发现让我感到欣喜。

我们追寻安全感的本能力量，很容易大过对成长的渴望，这很正常。但让隐藏的信念暴露，让未知激发的是兴奋与动力，而不是恐惧和压力。

感性的行动要素之三：接收信号，接住线索，跟随好奇心

常见误区八：

小 H 觉得自己在目标领域没什么资源和经验，把自己困在了原地。在小 H 的信念里，要先有周全的计划，才能行动，最后才会有成果。但实际上，机会是会从天上"掉"下来的，只要你始终让自己走在机会之路上。

我们的灵魂一直在给我们指引，只是我们不愿意听到罢了；宇宙也时不时抛出线索，只是我们没有保持好奇看到罢了。

我并不执着于自己预先制订的计划。做计划的过程是重要的，它能促进我全面又深入地思考，但计划被打破与被执行一样重要。很多重要的转机都是因为我是一个好奇的玩家，不停地在接收世界发给我的信号，并灵活调整自己的方向与步伐而出现的。

刚裸辞那会儿，前同事转了一篇"奴隶社会"公众号的

文章给我，从此我成为常读读者。半年后，"奴隶社会"刊登了我的文章，这篇文章又被虎嗅网编辑看到，当天就在虎嗅网站头版和公众号头条发布，好几个公众号也纷纷转载，我因此链接到了很多同频的伙伴，也收获了一大批客户。

本来我只打算做客户端市场，但当老同学、老同行看到我在朋友圈和公众号持续的输出后，有需求时就想到了我。我虽然没做过，但也大胆地进行了第一次尝试，全程自己设计、交付。这也意外成为我进入企业端市场做团队教练、工作坊、1对1高管教练的开始。

之后我偶然看到一位前辈在朋友圈分享某组织教练机构的课程，就好奇地询问他，并开始关注这家机构，后来这家机构成了我学习的第二个教练流派，大大提升了我做高管教练、团队教练的能力和状态。直到后来，我还与这家机构在好几个企业项目上合作，甚至实现了匹配客户中国—新加坡办公室的联合交付。

在翻阅《中欧商业评论》出品的《2022年中国企业教练白皮书》时，我了解到一家电子教练平台，并被平台科技驱动的创新理念吸引。几个月后，我无意间发现平台开始扩招教练，入驻申请需要录制两段视频。那时ChatGPT[1]刚刚风靡，带动了很多应用的出现，我觉得好玩自学了AI视频，

---

1 ChatGPT：全称Chat Generative Pre-trained Transformer，位于美国旧金山的一家人工智能公司OpenAI研发的一款聊天机器人程序。

正好派上用场，于是我给自己做了一个 AI 替身，录制了其中一个视频，轻松脱颖而出。

能这么快参与出书也非计划之内。当我发现几个很有想法的教练都来自倾析本质后，我就去主动"勾搭"了创始人秦加一，一来二往，彼此间一点点建立起信任，也渐渐感知到了对方都是专业靠谱、开放共赢的人。于是我被邀请到她的社群做分享，她也推了我一把，让我办长期第二人生私董会的小愿望提早实现了。

诸如此类的机缘巧合还有很多，当然也有很多信号到目前为止还没有为我带来什么"奇迹"，但只要一条线索跟对了，前面十条的无疾而终也都值得！

孩子好奇地探索世界，并没有什么目的。长大后，我们有了执念，要按着既定的目标、路线、节奏前进，这种目的性极强的扩张反而带给人畏缩感，迟早会变成阻碍。理性这个原本被推崇的特质，在这个时代其局限性被放大了。如果一个人眼里只有目标，就没有时间和心力去看到掉落在面前的"意外"。

人的内心就像降落伞，要是不打开，就没有用。让一切顺其自然，不要阻碍自己和万事万物的发生。

走几个台阶后你就会发现，更多的台阶显现了出来。接收信号，接住线索，跟随好奇心，拥抱不确定性，开放、利他、共赢，这些都不是空话，而是纠结、恐惧、迷茫等内耗情绪的解药。

结语：从心出发

第二人生并不意味着要像我一样转型或转行，转型或转行也不代表开启了第二人生。当一个人从向外求，转到向内，从追求外在世界的光环，到探寻内心的圆满，重新审视自己的人生目标、价值观、优先级，并排序，那么无论有没有发生职业转变，第二人生都已经开启了。

"积累了一定社会实践经验，并拥有一定的基本生活保障后，可以在个人意志和社会规则之间找到更自洽平衡的工作生活状态，有觉知地去选择和创造，这就是理想的第二人生吧。"第二人生私董会社群里，一位伙伴如是解读，我很喜欢，也分享给各位读者。让我们既保持设计的思维，又训练自己臣服的智慧，理性地去选择，感性地去创造吧！

在陪伴客户的四个年头里，我深感当代职场人的不易，也因此对疗愈产生了浓厚的兴趣，遂开始整合老师、空间资源，在新加坡策划、落地了一些艺术疗愈工作坊。我曾叩问自己，第二、第三人生同时发展，会不会不够聚焦？但人生何必设限，何况教练是关于意识，疗愈是关于能量，这本身就是相辅相成的，都是在为生命增值。

当你有缘读到这篇文章时，不知离我写下这句话时光流逝了多久，我又在人生曲线上走出了多远，但我坚信，那时的我对自己能活成什么样子、极限在哪里，依然充满了好奇，祝福你也一样。

本篇作者简介

杨岑

国际教练联合会认证专业级教练,多个国际教练平台签约领导力教练,第二人生私董会发起人。第一人生主要给世界四大粮商之一的美国嘉吉(Cargill)操盘大宗商品,也曾任创业公司商务总监。第二人生转型为教练,支持职场中年人活出物质和精神双丰盛,陪跑有潜力的未来企业家和高管。第三人生开始创业,成立了新加坡艺术疗愈平台——别样疗愈(Other Options Healing),服务于更大的愿景"为生命增值,让健心像健身一样普遍"。

教练风格:灵活敏锐,支持与挑战平衡交融,理性与感性结合共振。

官网:https://otheroptionshealing.com/zh

公众号 / 小红书号:OtherOptions

微信:Coach_Cen

第二人生

15 一场重新定义自我价值的人生之旅

文 / 施镒萍

我是无名之辈！你是谁？

你也是无名之辈吗？

那么你我就是一对儿了——别告诉任何人！

他们会将我们驱逐，你是知道的。

成为大人物是多么无趣！

多么惹人注目，像一只青蛙

终日里炫耀着自己的名声

对着一片赞赏它的沼泽！

——艾米丽·狄金森《我是无名之辈，你是谁？》[1]

《我是无名之辈，你是谁？》是一首由美国著名女诗人

---

[1] 《我是无名之辈，你是谁？》：*I'm Nobody*，美国19世纪著名诗人艾米莉·狄金森（Emily Dickinson）的代表作。

艾米丽·狄金森在1861年创作的诗歌，当年她31岁，这首诗歌着重表达了自我与外在世界的关系。

我们每个人都是无名之辈，那我们的意义和价值是什么？

回看自己过往45年的人生，就是从呱呱坠地来到人世间的无名之辈（Nobody），到一路被教育"你要做个好孩子""要听话""好好学习""要好好工作，出人头地"，直到成为厉害的人（Somebody）的过程。

这个过程，一路打怪升级，充满艰辛，所有的目标和为之付出的努力都是让自己成为让家人、同事、朋友，以及其他社会大众看起来很厉害的人。

而有一天，你可能会问自己，成为"很厉害的人"有意思吗？你想继续这样下去吗？你这一辈子都被"很厉害的人"套牢了，甘心吗？你真正的自我在哪里？你又是谁？

职场至暗时刻

在公司做人力资源的近18年，别人眼中的我始终是一个打鸡血的工作狂，中午常常坐在办公室用三明治和沙拉打发自己，另一边还敲着电脑，或者和别人开会。

就是我这样一个总是精力旺盛、充满正能量的人，却在职场生涯的最后一年经历了自己的至暗时刻，以至于陷入了轻微抑郁。每天早晨，我需要在家做很久的内心准备，才能强装起微笑走进办公室。

究竟发生了什么呢?

我在公司的角色是资深人力资源业务合作伙伴（HRBP），带着一个小团队，支持公司一半的业务部门。在公司的9年时间，我从服务几个人开始，做到了服务一万人的规模。这些年里，我一直顺风顺水，工作干得漂亮，没有做不到的事，自然收到很多业务领导和同事们的认可与夸奖。

当时，我支持的一个业务团队陷入了集体性低谷——业绩受到了整个市场的挑战，还面临来自兄弟部门的挤对，以及总部高层的各种质疑。整个团队士气大跌，人心涣散。

我一向和业务团队走得很近，作为他们的HRBP，和他们建立了深厚的革命情谊，看到团队士气低迷，我非常心急，自己也被带入了这种低落的情绪中。于是我花了大量时间去参加业务团队的会议，和业务领导们做1对1对话、团队对话、工作坊等，希望能通过这些方式提升团队的士气。

在固有认知里，只要把业务领导和团队成员的思想工作打通，大家齐心协力，团队就一定会再创佳绩。而这一次，持续了半年多时间，我发现团队士气怎么拽也拽不动，更推不动，团队仍在原地打转。

这让我产生了巨大的无力感和无价值感，我开始自我怀疑、自我评判，整个人仿佛掉入一个黑色的洞穴。

实际上，价值感和意义感的丧失是对我最大的打击。

事后我才意识到，团队面临的情形其实非常复杂，团队士气和业绩关乎品牌定位、市场客户教育、市场策略，也关乎中国分部和总部的信任关系、授权，等等，根本不是我一己之力可以改变的。但那时的我非常执着，像西西弗斯推石头一般，带着一线希望不断努力地推着，实则无用，更多的是我执。

这个"我执"，让自己很累，能量很低，几乎进入抑郁状态。

我到底怎么了？

后来做了大量的回观、自我剖析后，我发现：看起来我很认真负责，很努力，很想要攻克这个艰难情形，很在意业务团队……其实深入去看，有一个很大的"小我"在那里。

"小我"很坚持，好像在说："再努力一下，让团队情形快点扭转过来。这样，你就有漂亮的成绩了。让所有人看到，这种复杂情况我也可以搞定，好厉害的。我就可以成为很厉害的人了。"

"小我"在几年的顺境中被我喂养得越来越大，而且胃口越来越大，是个无底洞。我总是给自己制订长长的任务清单，工作到半夜，即使在休假期间也秒回邮件；我总是告诉自己，每做完一件事，每打一个钩，就代表了我的价值，就可以得到来自他人的认可和赞美。

现在回看当时的自己，满满的心疼。习惯性地逞强，证明自己，我把自己活成了陀螺。

这次事件仿佛是一面照妖镜，照出了我内在的信念模式：我要通过不断的努力工作，产生结果，得到他人的认可，这样才能体现我的价值和意义。

可人生真的应该如此吗？

做教练时，我常常会问客户这个问题，那时我也一样问自己。

树叶带来的启示

为了从黑色的洞穴里走出来，我一直努力地探索，调整自我。

2019年的一个周末，我坐在公园里落满树叶的草地上发呆，无所事事，周围没有人，特别安静。就在那个瞬间，我看着一片片树叶悠然在空中飞舞，飘落在地上，满地的树叶黄黄的一片，它们都躺在那里，特别美。

当时内心有一个声音：你看这些树叶，它们什么都不干，有各种各样的颜色、形状，只是这样躺在地上也很好啊。这一瞬间打动了我，让我的内心产生了思考。

这些树叶是真正的无名之辈，但它们也是一种独特的存在，它们也是重要的存在！

以前的我只想着用力去做一片不想落下的叶子，做一片别人眼中很厉害的叶子，而忘记了叶子本身的需要和特质。看看这些叶子，它们本身的样子就很好啊，该飘落时飘落，该躺在泥土里也安然地躺着，很自在……

那个瞬间让我联想到自己，我的生命不也应该有更多的松弛、允许和自在吗？

内在的"我执"开始松动，有一丝释然和放下的光芒照进心底。

打破自己，重塑自我

2016年，我开始系统地学习教练，成为职业教练的过程，也是我进行内在探索的过程。让我印象最深的一个瞬间，是初级课上一位老师说的一句话，好像一道闪电击中了我，那句话至今仍影响着我——"来到这个世界，我们能为这个世界做些什么？"

在此之前，我和大多数人一样，觉得人生就是好好工作，好好赚钱，然后过上好的生活。我从来没有探索过我的人生追求，思考我的生命意义和使命，更没想过世界与我的关系，我可以为世界做些什么。

直到听到那句话，我开始思考，在未来的人生旅途我应该做点什么？我开始思考自己的人生和生命的意义。我听到我的内心有一个声音冒了出来：如果一直在公司工作，我的人生便一眼望得到头，60岁退休，安逸，舒服，但这好像不是我要的，我想要尝试一些新的东西，去更大的天地"浪"一下，去体验生命的其它可能。

那时的我怀揣一个无比清晰的想法：从企业走出去，即使一事无成，摔了一跤，我也可以面对和接受，它将会是我生命中的一笔宝贵的财富。

有了对失败和一事无成的接纳作我最后的兜底，我还怕什么？

带着这样的决心，2019年中，我毅然决定跟随内心的召唤，跳出职业经理人的角色，与其他几位志同道合的伙伴一起创业。

之后的半年时间，从畅想愿景使命到落地成立倾析本质，我进入了人生的新篇章。

如果说那片树叶让我放下了"我执"，开始接纳自我存在的价值，那么"除了工作、赚钱、生活以外，我要为这个世界做些什么？"的问题则让我从更高的层面去定义"自我价值"，我不再过分看重眼前工作中的问题，因为从生命宏观的角度来看，我有更重要的自我价值要去探索并实现。

重新出发，我是谁

从标准的职场人到创业者，在别人眼中顺风顺水的过程，对我来说却是一个重新出发，一路跌跌撞撞，什么都要学习的过程。

我要从原来的"很厉害的人"，回到无名之辈的样子。

习惯了大公司的工作模式，刚开始创业的我不可避免地产生了"羞耻感"，每次在开课前或工作坊做自我介绍，我都很难找到让自己满意的说法。最纠结的是在朋友圈发广告，我们的课程宣发海报、直播海报，隔两天就要发一个，而我每次都要在发布前思量半天。我的内心好像出现了一个"小人"，她一再批判自己，好像看不起我的举动，叫喊着："哎呀，我怎么就成了一个靠发朋友圈招揽生意的'微商呢'！"

朋友圈中，大家分享最多的是自己的完美人生、美食、美好的家人、美好的公司、工作、美好的朋友等，我有时就会被朋友圈别人的生活所影响，产生莫名的焦虑：朋友的生活都是风景如画般美好，只有我的生活如此不如意吗？曾经我也是朋友圈中"创造美好"的芸芸众生之一，而现在，我的朋友圈成了一个耕耘业务的渠道，甚至我自己都不确定宣传的内容的价值，别人会怎么看？我心底一直在打鼓，我发的海报要么被忽视，要么被评判，我真的可以帮到他人吗？

这些行为的底层逻辑其实是我对自己回归到无名之辈的不自信，当我不再拥有光鲜的职业背景、大公司的平台光环，我的价值和意义是什么？

投入创业的洪流之中，时间自然而然地给了我答案，就在一个个击中我的瞬间，我明白了，即使我什么都不是，我依然可以感受到真切的自我价值感。

好朋友的蜕变

我有一位十多年的好朋友，在倾析本质创立早期成了我们的学员。她的个性一直非常要强，独立，直率，很聪明，也很努力，工作上也一直很顺利，但她在亲密关系和亲子关系上却一直磕磕绊绊，不知道怎么和青春期的女儿、技术男老公相处，非常痛苦。

她抱着试试看的心态，来到了我们的静修营，又加入了教练课堂，我一直是她的朋友兼教练，陪伴着她。

过去的四年里，她跟我探讨最多的话题就是如何接纳自己。接纳自己的情绪，接纳自己的直率，接纳自己向别人展现自己的柔软，接纳自己的不完美，接纳孩子、先生的不完美，等等。慢慢地，她做到了自洽，从一个特别刚硬的母亲变成了能温柔地和女儿聊天的朋友，把母女关系处成了朋友关系。她与老公的关系也得到了改善，从原本的很难沟通，到两人回到爱的频道对话。解决亲密关系和亲子关系问题后，她还在不断突破自己的边界，探索自己生命的可能性，创建徒步俱乐部，学习多种语言，申请去国外工作，等等，而这些真的如愿发生了。不得不说，这都是她不断探索自己，释放自己的潜能和勇气的结果。

"最近发现很多人都活在恐惧和担心中，也包括我自己。训练自己的意识选择爱并相信爱，真的是不断跟自己的潜意识对抗的过程。不过一旦看到恐惧和担心的真相，就会开启有趣的人生之旅。人生很奇妙，需要用爱慢慢去体验。谢谢你一直以来的陪伴和支持，你们倾析本质在做特别有意义的事情！"每每听到她这样的分享和反馈，我都会觉得特别心满意足。

这样的案例每年有好多个,看着越来越多的人都选择成为教练,不断寻找更好的自己,活出自己想要的样子,作为无名之辈的我感受到了自我价值。

客户团队的改变

人生总是很奇妙。十多年前的同事 L,再次跟我联系时已经成了一家制造型创业公司的总经理,公司年销售额 5 个亿。我遇见他时,他仍保持一贯的雷厉风行、快人快语的作风,只是发梢多了些白发,眉宇间多了点皱纹,肩膀也有些微微的紧缩。他正在为公司的业务拓展,以及如何提升中高层管理团队的自驱力和凝聚力发愁。他希望团队可以更快速地成长,担当更多责任,每个人都能独当一面,跟公司一起成长。

我和搭档特意为他和管理团队量身定制了一天的团队教练+跟进陪伴项目。在前期的访谈、诊断反馈中我发现,他的管理层团队确实需要提升各自的管理能力和积极主动性,但同时大家对总经理有一个共性反馈是,能不能慢一点,为下属做出反应留点空间,他实在太快了!

我在项目工作坊前把反馈打包分享给 L,他看似一切都了然于胸,说:"我知道的,但我也没办法,客户催得紧,直接打电话给我,我只能直接插手。"

开展工作坊当天,我们上午从热场开始打造了一个开放、允许、真实的空间，到分享高光时刻故事的环节，L分享了他的高光时刻，是2020年跟销售总监在大年三十晚上第N次改一个大客户的报价，最终赢得一个大订单，开始了公司在行业内的开挂模式。紧接着，他话锋一转，声音有些低沉，你可以从声音中感觉到从心底里流淌出来的坦诚，他说道："我也知道我一直在做下沉式管理，在做你们的工作，你们也在做下属的工作，我们都没有在做自己的工作。我错了！"

这一刻，全场沉默，一片寂静，寂静里有很多共鸣，尊敬、敬佩、信任、勇气、释然、放下、激发……

后来，工作坊结束，L的几位高管跟我反馈，团队在过去三年的新冠肺炎疫情期间一直在持续加班，甚至有几个月直接住在工厂，弦绷得太紧了，今天的工作坊恰到好处地给大家松了绑，让大家有一个渠道对话、表达、倾听。L的那段话，让大家知道原来老板也是愿意改变的，愿意倾听大家反馈的，也完全改变了老板原来在大家眼里固执己见、咄咄逼人的印象。大家更有干劲了！

每一次看到团队和管理者有这样的改变，我仿佛看到他们更有勇气直面自己，更真实地带领团队，收获更好的信任和团队成果。那一刻，我心里是满足的。

我依然是个无名之辈，但我一再次真切地感受到了自我价值！

这样的故事在我的创业路上越来越多，真实的往往是最打动人心的，我也因为每一次当下的体验，再一次重新定义了自我价值。

很多人认为,积累财富、获得更高的名望就是自我价值的体现,所以我们总是舍不得已经拥有的一切,害怕未知。但是,如果我们能从每个当下体会到真切的自我价值感,就会发现,我们的一生真正在积累的就是体验,也只有体验。

静待花开

也许你会疑惑:如果只是体验,会不会到最后一无所获,没有结果?不瞒你说,我也曾有过这样的焦虑和不确定。

《臣服实验》中有一句话:"我主动地允许我的生活被一个有力得多的力量指导,那就是生活本身。"三年前我在露台上搭了个巴掌大的花园,里面种些花花草草,开始时看着稀稀拉拉不入眼,然而三年下来,我忽然发现,原本稀稀拉拉的花花草草,不知何时已然盘根交错,各色月季、玫瑰、黄木香、风车茉莉、广玉兰不知不觉中已经度过了三个寒冬,扛住了三个肆虐的台风季,长得非常强壮,枝繁叶茂。

那一刻,我顿悟了"静待花开"的含义。

每当我焦虑时,我就在内心默念一句"静待花开",也是这样的韧性,让我在创业的路上坚持下来,在更大的人生层面创造自我价值。

感谢自己走过四年多的创业时光,没有放弃,越挫越勇,不断放下包袱,不断寻找最本然的生命的样子,不忘初心。也送给每一个正在探索自己生命第二曲线的朋友,静待花开,过好每一天。

厉害的人也不过无名之辈,无名之辈亦可以熠熠闪耀!

本篇作者简介

施镒萍

紫在成咨询创始人,国际教练联合会认证专业级教练,高级团队教练(ACTC),高管教练,领导力培训师,复旦大学-BI挪威联合商学院MBA,麻省大学正念中心正念减压课程(MBSR)认证引导师。20年人力资源管理经验,丰富的从0到1团队搭建经验;擅长高潜人才发展、领导力发展、团队融合,助力文化从墙上口号到落地生根。

手机(微信同号):13917323282

邮箱:sypyaya@163.com

16 三次重启人生，三个生命故事

文 / 韩媛 Judy

2023年夏天，我度过了自己39岁的生日。在地球玩耍的时间并没有很长，但是追随内心与直觉，我已经三次重启自己的人生。

三次的人生重启与体验中，我逐渐意识到，在探索"我是谁""我的天命是什么"的问题上，除了自己，没有谁可以阻挡我们。而生命本身想要教会我们的功课，也许仅仅是学会和自己的内在声音对话，顺着生命给予的线索往前走，不停歇地走到流着奶与蜜的迦南美地（生命的应许之地）。

顺着生命给予的线索，我不停地走过了三次人生，体验了三个无比珍贵的生命故事。而这一切的开始，都要从我的童年说起。

童年故事

"自己家的孩子"发展出来的生存策略。

相信你听过不少"别人家的孩子"的故事,他们成绩优秀,从小到大想上什么学校就上什么学校。而对比他们,我就是那个"自己家的孩子"。

学生时期,我的数学和英语两科学得不错,但其他科目的成绩都很平常,我得到过两科老师的偏爱,但成长过程中的大多数时间,都在忙着应付并不热爱的其他科目。

还好我还有阅读。

父母非常鼓励我广泛阅读,读闲书。他们鼓励我在阅读中寻找问题的答案,也希望我能从阅读中,看到他们未曾看过、更为广阔的世界。整个童年,我读了很多书,最喜欢的就是英国女作家阿加莎·克里斯蒂(Agatha Christie)的推理小说,跟着书中的大侦探波罗(Poirot)分析事件的线索,聆听内心的直觉,一边看丰富广阔的世界,一边破解案子的奥秘,这是那时的我觉得最快乐的事。也因此,从小我心里就有一个愿望,我想看大大的世界,走波罗走过的乡村和城市。

但作为偏科小孩,我从小发展出来的生存策略,就是把长板经营得更长。所以在整个学生期间,我几乎没有感受过成绩平平的小孩会有的压力,更多感受到的是老师们的偏爱和欣赏。这也让我从小就有了一个和别人不同的思维认知:

把自己擅长的东西做到足够好，我就可以主动创造出一个空间，让自己舒服地施展才华，往前走。

阅读和长板策略，正是这两点，让我实现了人生的第一次重启。

24岁第一次重启人生

如果你真心想要一件东西，宇宙会联合所有的资源来帮助你实现它。

24岁以前，我还不懂得什么是主动思考，那时的我，处于被动的随大流的状态。因为毕业于热门院校的热门科系，所以毕业后我就进了无锡一家机器人制造公司，接触当下最热门的ERP（企业资源管理）系统，成了一名内部实施顾问。钱多，事少，离家近，是父母眼中体面轻松的好工作。

那时的我，虽然不知道自己要什么，但是在浑浑噩噩中有一点却十分清晰，就是这份工作我做得很不带劲。我时常想，世界上会不会有另外一群人正过着和我截然不同的生活？他们的生活充满变化、挑战和趣味。

不知道答案时，我就去阅读，在阅读中找答案。那两年，我读了很多关于职业规划的书，其中一本是新东方老师杨萃先写的《这些道理没有人告诉过你》，读完后给了我很大的启发。我从书中找到了一个在当时的我看来，和我的需求契合度最高的职业：管理咨询顾问。

这个职业满足了我三大核心需求：可以一直学习新东西；可以和优秀的伙伴共事；可以全世界飞来飞去。直到现在，我依然记得在众多职业中看见这个职业方向时我内心的悸动和雀跃。一个年轻人的心里，第一次有了想要争取的东西。

目标明确了，通往目标走的路却充满了重重困难。管理咨询公司的招聘要求，几乎清一色的是海归或者名校硕士，怎么看我的本科学历都差了一大截。但同时，我也看到很多招聘上都有一句备注，"拥有MBA（工商管理硕士）或者计算机专业背景的候选人在录取时优先考量"。隐隐地，我内心的直觉告诉我，也许我并非完全没有机会。

学生时期，偏科小孩的生存策略教会我，只要长板够长，一切都有机会。毕业两年，我对企业的整个业务流程如何在系统里实现有了比较完整的认识，同时我的专业背景就是计算机科学。也许我可以着重拓展我的这两块。

同时，我给杨萃先老师写了一封信。信里我和她分享了我的渴望和对自己优势的分析。杨老师很快回信了，她不仅鼓励我去试一试，还告诉我一个"捷径"：寻找内部推荐的机会。因为内推的候选人，大都能拿到第一轮的面试机会，而我的难点在于简历这一关，如果能跳过简历关直接进入第一轮面试，我就有机会展现自己，最大限度地争取机会。

我和校友要来了已经毕业的师兄师姐的联系名册，凡是在咨询公司工作的前辈，无论他们是在国内还是在国外，我都逐一在线上联系了一遍。两周以后，我手上有了足够多的第一手资源，包括咨询公司的常见面试流程、如何展现自我、管理咨询顾问的生活是什么样子，等等。几位师兄鼎力帮我做了内推，我顺利地拿到了第一轮面试的机会。

那段时间，每隔一周的周五，只要有面试，我就顶着老板深究的目光，请好假，从无锡坐动车来到上海，进行一轮又一轮的面试。最初几次前往上海的路上，我的内心满是紧张和忐忑。就这样过了两个月，经过一次又一次的复盘，调整风格，我多次了闯进最后一轮的面试，突然有一天，我坐在动车上，看着窗外呼啸而过的景色时，我发现自己内心感受到了希望。

那也是我第一次听见内心魔法师的声音：Judy，这件事我已经成功了。你只要去经历，好好体验每一次的面试过程就好。

我的状态越来越放松。时间很快进入到第三个月，一个特别好的机会出现了。一家头部管理咨询公司招募培训生，在这一批次的招聘中，他们最看重的是计算机专业的学历背景，同时要求有良好的英语能力，并对企业的业务流程有较为完整的了解。

我在两年的企业工作中，由于企业资源规划系统的实施，我和业务部门紧密地工作了16个月，可以说这三点都是我的强项。同时，我在过去的两个月积累的面试经验，让我在面对这五轮的车轮面试时，能做到赤诚地销售自己，状态非常放松。

我相信那一次在动车上听到的内心魔法师的声音,提前锚定了我的成功。面试完回到无锡,我慢慢地走回家,心里充满了喜悦和感恩。我第一次独立思考为自己选择了一个职业,第一次在社会上验证了我童年时期发现的适合我的获胜策略,更重要的是,我第一次听见了内心那个可以预知未来的魔法师的声音。

一周以后,我接到了这家头部管理咨询公司的入职通知。一个月以后,我坐在了飞往纽约的飞机上,去总部接受为期两个月的入职培训,从此进入了一个更大的世界。

这是我的第一个生命故事。因为阅读,因为很多善良的人,因为自己的相信,更因为内心魔法师的声音,我完成了人生的第一次重启。从小城走进了更大的世界。

31 岁,再次重启人生

我一直在寻找的更大的世界,原来并不在外面。

在上海的生活,一眨眼就过去了 6 年。其间,在知识和思维层面,我感受到了极大的富足,我见到了很多成功人士,见识了他们独特的思考和为人处事的方式,我以为这就是我想要的生活。

但是,夜深人静的时候,那股似曾相识的虚无感再一次涌上心头。

6年时间，飞了近10个国家，满足了我走进更大的世界的愿望，但其实我并没有机会去好好看世界。去到不同的地方，下飞机开始工作，工作完成后回国。有时我在酒店里醒来，需要停顿几秒才能想起自己在哪里。

身体层面，我感觉到深深的疲累，一到假日只想睡觉，以前热爱的运动几乎都抛之脑后，但我睡多久都感觉大脑昏昏沉沉。

精神层面，我感受到很强烈的虚无感。我常常怀疑自己的工作对企业、对社会，究竟有多大的价值。我一直忙忙碌碌在做的工作，也不过是一个完整流程里，具体的一小部分，我并没有机会看见全貌。

职场层面，周围的同事都在考MBA，于是我也埋头准备出国考试，虽然过程磕磕绊绊，但最终还是拿到了满意的美国高校的录取通知书。我想我应该为自己开心，但实际上我只要想到未来要学习的内容，以及学完归来要过的生活，就打不起精神。

我想我需要帮助。在我的美国老板退休前的1个月，我和他深谈了几次，说出了我的疑惑：30岁的迷茫，跟着主流步伐跑不动的心态，身体的疲倦。这位智慧的老板没有给我任何建议，但他帮我安排了一位教练。

这位教练陪伴我进行了第一次职场主题的教练对话。当时的我并不知道教练对话是什么，我的老板也只是淡定地告

第三部分 从心而动

诉我，这将是一场极有价值的内在探索。

但我至今仍记得对话过程中的几个震撼时刻。在听完我的叙述后，教练问了我3个问题：

1. 我理想的工作必不可少的要素，有哪3个？
2. 我想和什么样的人一起工作？
3. 在从事这份理想工作的时候，我的状态是什么样子的？

这三个问题，我通通回答不上来。

我已经很久没有感受到自己了，更不用说自己的喜好。在日复一日的快节奏工作生活中，我只有理性，没有太多的感性。感性给我徒增了很多烦恼，影响我的工作表现。我的头脑里只有公司要什么，客户要什么，项目要什么，从来没有想过我自己要什么。

我好像是一个完整的人，但实际上我只有头脑和思维，没有身体和感受。难道这就是我想要的成长吗，成长为一个看不见自己的人？

突然间我发现，自己已经很久没有听见内心魔法师的声音了。

教练对话结束以后，我思考良久，最终决定给我的职业发展按下暂停键，给自己放一年假，我要在这一年里，真正地去看世界，把已经分散的身体和心灵合起来。

我给自己列了5个一直向往想去看一看的地方：祖国的

大西北、以色列、肯尼亚、法国南部和土耳其。

这一段慢下来、通过脚步来看世界的过程，给我的身体和心灵都带来了极大的滋养。我的大脑开始有放空的时刻，这让我逐渐恢复了酣甜的睡眠。我也重新开始了规律的运动。我看到了世界不同地方的不同活法，明白了世界不是只有一种"幸福"和"成功"，我开始接纳多样性，质疑所谓的"标准"。

在土耳其卡帕多奇亚山区旅行的时候，我找了一位传奇向导，他叫"行走的穆罕穆德"。我邀请他成为我的向导，他带着我和一只拉布拉多，在卡帕山区徒步了6个小时。这成为我这一年的游历中最难忘的经历之一。

我们走过很多不为人知的美丽的地方，沿途从树上摘下青青的苹果和核桃，擦一擦就放进嘴里，非常甘甜；我们爬到岩洞里，看废弃的小教堂和粉色的鸽子蛋；我们一起坐在路边，喝当地带有啤酒味的茶，听他讲自己的故事。

我的向导是土生土长的卡帕人，从来没有出过土耳其，我很好奇他流利的英语是怎么来的。他给了我一个特别意外的答案：他的英语，就是和游客们学的。

他热爱这片山区，热爱带着不同的人去看他生活的这片山区。他和我说，有些技能不用学：你放松去听山谷的声音，就能学会山谷的语言；专心去听树木自然的声音，就能知道哪里可以歇息；用心和对面的人交流，慢慢地就会说他们的语言。

我听着他沉稳的声音，看着赭红色的山谷，就在这一刻，我隐隐又听见了内心魔法师的声音：不要害怕改变，我都会帮你预备好的，你只要去做，做就能成。

在回归大自然的这一年里，我对自己产生了强烈的好奇，开启了和一位生命教练长程的内在世界的探索。我们一起进行了很多场关于生命主题的深度探索：

为什么我对看更大的世界有如此强烈的渴望，我想看的究竟是什么？

30岁，没有走大多数人走的路：读商学院，升职，结婚，生子。我是不是和社会格格不入？

我适合找一个什么样的人生伴侣？

面对家人的老去，面对未来的不确定，我很惶恐。该怎么办？

下一步的职业发展，我该如何计划？

我是一个有使命的人吗，我的天命是什么？

…………

其中几场教练对话，我是躺在苹果树下的青草地上，对着蓝天和白云，伴着不远处小教堂里传来的赞美诗的声音，和生命教练完成的。如果要我描述那一刻的感受，就是无畏和自由。

在27场教练对话、近30个小时的深度沟通中，我看见了一个想要走自己的路的 Judy。

在回国前的最后一场教练对话中,教练引导我去看内心深处关于未来的画面。这一次的看见,让我可以轻松地回答第一次教练对话时,那 3 个关于职业选择的问题。

我清晰地看见,我未来的工作中不可或缺的三个要素:成长、运动和好的老板。我想要和爱好运动,喜欢大自然,对给社会带来美好并保有一份纯真的人一起工作。从事这份工作时,我可以每天穿着瑜伽服上班,脑子里有无限的创意,整个人生机勃勃。

带着这份看见和相信,回到上海后,我辞掉原来的工作,开始看运动行业的工作机会。很多朋友劝我,30 岁转行很难的,管理咨询的成长路线几乎是不会出错的安全路线,大家不都是这么过的吗?再熬一段时间,你就不会不舒服了。

可是,我听过内心魔法师的声音,看过关于未来的画面,我已经无法再回到过往的惯性之中了。

我更新了简历。奇妙的是,很快就有运动行业的猎头联系我,为我安排了一个又一个面试。转行比我想象中容易很多。

我想我放松坦诚的好状态,在面试中一定帮我加了不少分。谁会拒绝一个相信无限可能,充满干劲,爱笑的姑娘呢?于是在回国 2 个月后,我入职了新公司。

这是一家小而美的新西兰运动品牌公司,以通过运动建立一个更健康的星球为公司使命。我的老板、同事都是酷爱运动的伙伴。大家的假日行程，是相约一起去跑马拉松，参加铁人三项，去不同地方攀岩，骑行，等等。这里很少有人穿板正的职业套装，我每天穿着舒服的瑜伽服上班，一切正如我在理想职业画面中看见的一样。

内心魔法师的声音，也变得越来越有力，出现的次数越来越频繁。

面对新行业和新的人际关系挑战的时候，是内心魔法师的声音带领我真诚地去面对和处理。入职 6 个月，我顺利地完成了公司一条主要产品线的销售流程和人员变革，到年底 500% 地完成了预定销售目标。至此，在这家公司中，我找到了自己的节奏。

也许有时，我们就是无法说服自己去走大多数人走的安全的路，只能走自己的路。但是，如果我们未曾觉察到还有一条自己的路可以选择，可以去走的时候，也许会错过很多生命原本要给我们的体验。

顺着生命的线索，我做了第二次勇敢的尝试，我的心为自己找到了一份不一样的工作。

谢谢卡帕的蓝天、白云和充满绿苹果馨香的空气，谢谢我的生命教练陪伴并支持我看见了自己的内在画面，让我完成了第二次人生的重启，从拥挤的大道转弯进了少有人走的小路。

至此，我也清晰地看见：我一直寻找的更大的世界，不是外在的世界，而是内心的世界。

38岁，重启中的第三次人生

成为一名专业教练，让更多人听见内心的声音。

我所在的运动品牌公司，是一个非常关注全人发展的公司。公司提供了很多运用音乐、运动、冥想来探索个人人生目标和组织发展目标的创新项目，用于赋能我们的员工和客户。在这样的环境下，徒步和教练对话，逐渐成为我日常生活中不可或缺的一部分。

在活在当下的舒展中，内心魔法师渐渐变成了我的老朋友，她的声音愈加熟稔和清晰。

这一次，她温柔而坚定地和我说：走入人群，去支持和帮助更多的人，让他们也能听见内心的声音，去追寻天命和热爱。

2022年，我开始和我的生命教练卡门博士（曾陪伴我走完27场内在探索教练）学习。学习期间，我开始用我的教练能力去支持公司的销售和培训师团队。在新冠肺炎疫情时期，我还参加了公益教练的项目，支持人们在不确定的环境下，找到自己的确定性和内心的稳定感。

18个月以后，我完成了全部课程内容的学习和考核，成为一名国际教练联合会认证的专业级教练和高管教练。在

第三部分 从心而动

图 16-1 IKIGAI 哲学：快乐生活的秘密

（图中文字：你喜欢的事、热情、使命、你擅长的事、IKIGAI、世界需要的事、专业、事业、人们愿意为之付费的事）

这个过程中，我曾经支持过的团队和公益项目的陌生人，主动提出付费购买我的长程教练服务。

我喜爱，我擅长，世界需要，人们愿意为之付费，我看到了我生命中愈加细分的 IKIGAI[1]——创业者教练 / 职场转型教练。

为了明确这份职业的可能性，我开始探索和研究那些正在从事教练 / 个人品牌事业的人的生活模式。

---

[1] 此概念源自日本，直译为"生活的意义"或"存在的目的"，指的是喜爱、擅长、世界需要、人们愿意为之付费四个部分的交集。

无意中，我读到了硅谷投资人出品的《纳瓦尔宝典》，第一次看到通过"把自己的能力和经验产品化，实现被动收入"这个全新的概念。不久后我加入了国内第一个"把自己产品化"的训练营，认识了一批正在把自己的经验、体验、能力做成产品的同学。

推广产品的过程中，我遇见了"用本质召唤本质，用生命影响生命"，有志于"推进教练实现商业化"的倾析本质，并成为他们第二人生发展社群的主理人之一，我还近距离地接触到国内个人品牌打造最优秀的老师之一猫叔，和他的第一位私塾学员王子冯老师学习《如何把运营私域作为一种崭新的生活方式》课程。

在观摩各种各样有别于传统职业的"新职业"的过程中，我深刻感受到在未来，上班可能不再是一个人的全职工作，终身学习才是。在这个模式下，生产、销售、传播、交付、追求，都可以由很少的几个人来完成。作为一名教练，我可以生产自己的产品，包括1对1的教练对话、1对多的团队教练、1对多的内容培训，等等。通过自媒体运营个人品牌，实现销售和传播，自己完成服务的交付，在交付过程中传达自己作为一名教练的使命和追求，从而影响更多人实现美好的人生。

我内心深处的魔法师的声音，在这一刻再次响起，带领我发现自己的天命：

我的一生，见证了上帝的恩典。
在持续探索真理的过程中，我不断健全了自己的品格。
让一些人的生命因为遇见我，变得更加丰盛和美好。

生命的旅程接近中程，我想对看到这里的读者说：去听那道内心深处魔法师的声音，顺着生命给予的线索往前走，不要忽视一开始可能很微小的魔法师的声音，尝试去回应它，那里面包含着你的天命。

结 语

希腊神话中，有一个海上女妖叫塞壬，她坐在海岛的花丛中，飞翔在海面上，无处不在。她用天籁般的歌声诱惑过往的船员义无反顾地跳入海中，穿越惊涛骇浪和锋利的礁石去往她的身边。

而这些海员，最终却被大海无情地吞噬。

只有英雄奥德修斯逃脱了这个死亡魔咒。他选择将自己捆绑在桅杆上，将船员的耳朵用蜡封住。他们的船在经过塞壬歌声的海域时，一路向前，从未停止。他们也成为顺利拒绝塞壬歌声的诱惑，活下来的人。

我们的一生，充满了很多悦耳动听的塞壬的歌声：

18岁，要做别人家的孩子；

28岁，要买房买车，有稳定的工作；

38岁，不能停，要走大家都走的路，不能有太多自己的想法；

…………

每一次经过塞壬的身边时，你的生命之船是否就会因为她的歌声而停下，忘记自己原本的目标和方向，选择纵身一跃，跳入那歌声的世界，再也看不见终点的模样？

但我们比奥德修斯幸运，我们有内心的魔法师的声音。如果那声音足够大，不用捆绑和封住耳朵，我们也可以遵循生命原本的线索，驾驶我们的生命之船，勇往直前地穿越歌声，一直往前走。

教练对话的奇妙之处，正是在于教练将稳稳地支持他的客户，听见和放大客户内心魔法师的声音，看见生命在不经意间丢出的各种线索，重见生命之船的航向。

教练能让你不再理会塞壬的歌声，激发你追寻天命所在的热情和行动。

谢谢你，如此温柔地看见了我的三个生命故事，三次重启的人生。

希望未来的我们，很快有机会开展第一场可能翻转你生命的教练对话。我也衷心地希望你和我一起见证，未来必然发生的我的第四次人生。

生命是一场体验，让我们玩得尽兴。

本篇作者简介

韩媛 Judy

国际教练联合会认证专业级教练，创业者教练，职场转型教练，Winning Together 教练工作室主理人，某新西兰运动品牌公司变革管理项目负责人。

手机：15026991418

微信：judyhan817

邮箱：yalegirljudy@hotmail.com

第二人生

17 主流赛道上的人生新旅

文 / 陈柯如

如果当下的生活并不尽如人意，发自内心的快乐时光寥寥无几，如果冥冥之中依然想要更多，那么，一定要做出巨大改变、颠覆现状才能实现更好的人生吗？我回头看了看那个曾经迷茫的自己，为了从原本的旋涡中挣扎出来，我换了大众眼中更"成功"的工作，努力提升自己成为大众眼中"厉害的人"。如今看，芸芸众生多向外求，殊不知真正的答案需向内求。

令人烦闷的汗水快要流进我的眼睛里了，新买的跑鞋也越来越磨脚，旁边同事轻松聊天的声音已经渐行渐远，伴随着我的只有不断加重的喘气声和"怦怦"狂跳的心——强迫自己参加公司跑团的第三周，我还是跟不上他们的速度，在一段小上坡过后，我不得不停下来，弯着腰喘着粗气让同事们先跑。我大概不是这块料吧？我沮丧地在路边走着，这里是新加坡最繁华的商务区，鳞次栉比的高楼里都是全球顶尖的公司，西装革履的社会精英们步履匆匆，财富、名望、权力在这里像金字塔般累叠，一层之上还有一层。而我，作为一个努力加入却步履艰难的年轻人，人生第一次感觉到了迷茫。

主流场上的奋斗

进入职场前，我一直是别人眼中的"好学生"，高二时我拿到新加坡政府奖学金进入名牌大学，之后在国外大学的自由开放的环境里跟紧主流，一边做欧美交换生，获得多元文化的体验和包容度，一边积极实习，参与活动，锻炼自己的社交能力，为进入职场做准备。我以为从此我的人生会有一番大作为，我以为"成功"会是我信手拈来的标签，我以为我会为世界做出很大贡献，然而这些梦想在进入职场后的日子里，似乎就再没有被想起过。

我刚毕业时大数据行业刚刚兴起，而我的大学专业正好是数学，便赶上了一波热潮顺利进入一家世界500强企业的数据分析部门，为管理层提供数据支持决策。公司是传统企业，福利好、压力小，每天按时上下班，连电脑都不用带回家。一开始我还觉得新鲜好奇，每天需要统计整理千万数量级的金融数据，并对公司不同部门的数据进行汇总、分析、制订策略。可两三年后，我对工作内容已轻车熟路，学习曲线也接近平稳，抬头看，在公司里工作了五年、十年的老员工们,也还是在做着类似的事情。我不禁想,白天西装革履地进出会议室,看似指点江山,影响着动辄百万的项目,但褪去公司平台的光芒,自己真正的能力又如何?每年唯一的盼望就是年终奖多一点,薪资涨幅高一点,什么时候轮到我晋升,仿佛整个职场生涯在此时已经现出了全貌。

怎么办呢?

试试读书镀金

周围的同龄人大多在本科毕业后选择读研,有的甚至进入了斯坦福、剑桥等名校,加州热烈的阳光和英格兰工整的草地在朋友圈里交相呼应。我想,要不我也去继续读书吧?有更高的学历傍身总不会差。

于是我根据自己的教育背景和行业,选择了当下十分流行的"商业分析"作为硕士专业,进入了一边上班一边读书的模式。白天我仍旧按部就班地在公司上班,晚上下班后匆匆打包一份晚饭,搭乘1小时的地铁去大学里上课,等回到家差不多是晚上11点,洗漱一番后12点打开电脑,开始写课后作业,常常要到半夜一两点才能睡。商学院的课程注重小组合作,到了周末,我要么跟小组成员一起做项目,要么恶补基础薄弱的编程;到了考试周,我还需要加班加点复习功课,基本断绝了社交与娱乐。我想象着读完书的自己可以拓展视野,提升认知,并借此跃层成长。然而,在这些努力与奋斗的日子里,我依然觉得空虚,还时不时质疑自己:明明是在做自己擅长的事情，读书，考高分，为什么依然觉得没什么意义？为什么看不到这样做带给自己的收获？

在课本上学到了前沿知识，回到公司后我还是得按照公司模板整理数据、出分析报告，学术界令人激动的技术突破，距离公司实际应用还差几十年。尽管在课堂上我可以面对老师和同学侃侃而谈，展示自己的作业项目，但到了会议室，大老板的提问还是让我紧张出汗，不敢回答。经历了两年多的工作读书双重压力，我好像除了睡眠少了、脾气差了、头发掉得多了之外，没有什么实质性的改变。

难道我要一直按部就班地做个咸鱼吗？

试试跳槽换个环境

我不甘心再这样日复一日地平淡下去，或许这个地方不适合我？或许因为这是传统企业，发展变化得慢所以我学到的东西少？或许因为所在团队有政治斗争，所以内耗严重以至于我没有什么成长空间？我暗暗想，也许换个地方，我就会好了吧！于是我开始把目光放在当下发展最快的互联网企业。彼时硅谷的互联网公司已经成熟，大多在新加坡设有亚太区分部，中国的互联网公司也逐渐崛起，互联网大公司出海东南亚的战略布局已初见雏形，机会遍地都是。于是我毫不犹豫地跳槽到一家互联网公司，希望在高速发展的行业里获得成长，做出成绩。

然而，我忽略了"隔行如隔山"这个事实。面对互联网行业全新的规则，我需要摒弃之前的所有经验重新开始。行业术语、产品周期、做事习惯，我几乎要花费别人两倍的时间去一一弄明白。我需要跟各式团队打交道，每个人都带着不同的视角，而不好意思拒绝别人的我承担的直接后果，就是同一任务改了又改，试图满足每个人的需求，工作量直接翻倍。更雪上加霜的是，我以前最害怕开会时在众目睽睽之下被大老板提问，互联网公司流行的"表达个人观点""开放式讨论"的文化，让我在各类大大小小的会议上都能收到来自不同团队的问题和意见，而我却只能习惯性地接下问题，回去再埋头苦干找出答案，最后线下发回给相关负责人。这样"地鼠"般的工作模式并没有让我得到很多认可，相反，大家对那个在会议室一角只会记笔记、很少正面交流的小透明并不怎么放在心上。明明努力做了很多工作，却很少受到关注，我不禁失望万分。

很显然，这并不是我想要的样子。

我的直属老板也看到了我的挣扎，经常在会后找我聊天，针对我表现欠佳的地方直接给出反馈。然而几次反馈后，他终于忍不住跟我进行了一次深度谈话。

"我觉得你是一个很有潜力的人。"

老板开门见山地表达了对我的认可——通常这些认可背后，都带着一个"但是"。

"我看到我每次给你反馈，你都有在努力，都有进步一点点。但是，这还不够。"

老板描述了几个具体的例子，我在他的第三者视角里，仿佛看到一个怀揣美玉却缺乏自信、跌跌撞撞的愣头青，别人推一下才试探性地往前走两步。

"你什么时候才可以昂首挺胸、大步流星地往前走呢？"

我愣了一下，发现自己已经很久没有自信坚定又自由洒脱的感觉了。

谈话结束，老板大手一挥，说道："我提名了你去参加一个针对管理者的教练项目，为期三个月。"他还特意强调，公司里的很多大佬，都有自己的私人职场教练，让我好好把握这次机会调整一下自己。我半信半疑地在本就繁忙的工作日历中插入了教练项目的时间表，殊不知，这个每周 45 分钟的教练对话，开启了我的职场乃至人生的最强外挂。

打破思维壁垒

我的教练是一位优雅的马来西亚华裔女性，在跨国公司打拼到亚洲的最高管理层后"功成身退"，转而成为职场教练，致力于成就年轻一辈的领导者和助力企业发展。她一头银灰色的微卷短发，总是笑眯眯的，说起话来温柔而不失力量。

第一次线上见面，我略带紧张，以为她要传授很多大道理给我，但事实完全超乎我的想象。简单地介绍彼此后，她问我最近的状态怎么样，有什么烦恼的事情。于是正处于压抑状态的我一下子打开了话匣子：

"我在会议上总是紧张，除了准备好的稿件之外，不敢表达其他想法，感觉自己没什么贡献。"

"我不知道怎么管理跟我平级甚至资历更老的团队成员。"

"跟我合作的团队进度好慢，我总是推不动他们。"

"一到向上社交的场合就卡壳。"

"自己做决定总是很纠结，每次都要找老板过目。"

....

"我感觉到你有好多压力啊！"她很认真地看着我，"如果我们今天就可以帮你解决一个'烦恼'，你希望攻破哪一个？"

我停了停，问题真的挺多的，我只好选择一个最紧急的：

"如果现在就能解决，那我想聊一下如何管理资历老的团队成员。因为我两个小时后就要和他就他的业绩进行 1 对 1 谈话，说实话我还挺紧张的。"

我的教练也看出了我的迫切，但她并没有急于切入问题，也没有教条地给出建议。反之，她殷切地想知道为什么我如此急切地想要管理好资历老的成员，对于我们目前的关系我是什么感受，以及给出了一个看似云淡风轻实则一棒子敲醒了我的问题："为什么你们的关系一定要是你'管着'他呢？你们最理想的关系画面会是什么样的呢？"

是啊，为什么一定要我"管着"他呢？他资历丰富，执行力强，只是有时想法太多，工作重心没有放在团队的大目标上面，我只需要跟他对齐目标和重要性排序就好了呀，为什么一定要"管着"他呢？

这个问题在我脑海中来来回回撞击了好久，那个压抑着我、鞭打着我、让我负重前行的东西好像突然就不见了——我看到我和团队成员不再是以推拉磨损的方式在相处，而是一起携手同行，甚至勾肩搭背地往同一方向走去，颇有"浴乎沂，风乎舞雩，咏而归"之感。教练结束后，我带着这份愉悦，轻松地跟团队成员讨论了他的业绩，以及他和团队目标的一致性。他欣然接受了自己和团队之间的差异，并且提出了改变的方式，结果可想而知，我们带着"双赢"的思维很愉快地合作了很久。

在跟职场教练后面的对话里，无数的问题都在这短暂而又深刻的对话里，被一些四两拨千斤的反问不攻自破。而我在一遍遍地打磨之下，深深地体会到思维模式的重要性，就像史蒂芬·柯维（Stephen Covey）在《第3选择》（*The 3rd Alternative*）一书中提到的："要解决最棘手的问题，我们必须彻底改变思路。"[1]那些我原本以为两难的选择、无解的困境，其实大多都是被我自己思维里的墙束缚住了，而我的教练则用她独有的方式"拨云见月"，帮我找到了隐藏在每一个困境里源自我内心、却不曾被我看见的"第3选择"。

三个月的时间一晃而过，每周的教练会谈成了我最期待的日常。我的烦恼，我的压力，甚至还有不愿被老板看到的

---

1 ［美］史蒂芬·柯维，李莉、石继志译：《第3选择》，中信出版社2013年版，第6页。

脆弱和无能，都在那45分钟的空间里被教练温柔承接，深深看见，并将之转化为我的铠甲，让我所向披靡。我感到工作上遇到的难题不再是拦路虎，而是提升我能力的垫脚石，我不再抱怨环境糟糕，遇人不淑，而是把这些与自己的"不合"都化为己用，一点点扩大自己的格局和视野，实现了真正的"茁长成长"！

第一次教练项目结束后，我对当时的工作越来越得心应手，甚至还时不时做出让人称赞的成绩。我踌躇满志，开始向着下一个目标进发——晋升为领导者。

下一章，我的人生命题

在感受到教练的力量之后，我厚着脸皮跟老板申请再加入一期教练项目，原本只是希望教练可以在我升职的道路上帮我助力加速，却没想到，这三个月带给我的改变竟影响了我整个人生的下半场。

因为跟之前教练建立的"革命情谊"，我特地申请了同一个教练。第一次对话我就迫不及待地跟她定下了我要在三个月后达成晋升的目标，并期待她帮我列出第一步、第二步的行动计划，就像上一次那样，每一步清晰的行动都会带给我很多正向改变。然而事情的发展又一次超乎了我的预期，这一次，她不疾不徐地开始问我：

"你理解的领导力是什么样的？"

"你会成为怎样的领导者？"

"你是谁？"

在她一层层的追问下，那些我曾经思考很久却从未有答案的问题开始逐渐变得清晰。"为什么想要晋升"的目的不再是浮于表面的升职加薪，成为一个真正的领导者也不再只是用职称评级来衡量。我开始看到，我想要的和我可以给世界带来的积极影响正可以通过我所在的公司实现，而我可以通过逐渐扩大自己在公司的影响力来加快进度。我第一次看到，我的人生想要有一番大作为，并且将会有一番大作为，我想要为改变世界做出贡献，并且将会为之贡献——那些在我年轻时被反复提及的梦想，终于在职场晋升的话题下，被一层层掀开、打磨、抛光，直至一条通往梦想的清晰道路在我面前铺开。更重要的是，这条路是我自己喜欢的、自己选择的路，在这条路上，我只要做好自己就好，我不必去伪装成别人的样子，学着别人的步伐前进，我的内心住着强大的自我，就肆意洒脱地让这个自我闪闪发光吧！

在接下来的三个月里，我跟我的教练一起向着我想要实现的自我去探索、去落地，把我想要带来的领导风度具像化地落实在每一天、每一个小任务的行动上。"成为领导者"不再是一个遥远的目标，而是成为我的工作和生活方式，我大胆地发表自己的想法，主动争取机会，带着我的个人色彩主持工作，推进项目。我也越来越喜欢那个自信地做决定、真诚地为团队助力、带着长远眼光设定目标的"领导者"——我自己。

项目的最后，我顺利地晋升成功，连老板都惊讶于我的改变。我在提交晋升材料时同时给老板写了一份感谢信，感谢他在六个月之前对我在项目上的提点，以及眼光独到地帮我找到适合我的教练。如今回看，公司项目已经顺利进行，而我也不再踌躇不前、跌跌撞撞，终于大步流星地走出了自己的风度！对了，"真诚地夸奖老板"也是我在教练会谈中学到的小技巧，用来打破那个"不善言辞、讨厌阿谀奉承"的我。

看山还是山，看水还是水

教练对话项目很快就结束了，然而教练在我心中种下的种子却生根发芽，日渐壮大。

回看这一路，我曾经试图跟随大众的定义去"成长"：觉得自己人微言轻就去读书镀金，觉得自己怀才不遇就跳槽转行。然而这些主流的"正确观"和表面的"努力奋斗"却没有给我带来向上的改变，我的思维依旧保持原来的模式，我的认知也仍旧在我曾经的所学所思的层面上徘徊。纷繁多变的世界里，我还是那个站在高楼阴影下的小小的人，我的内心没有生出更多的力量。直到我的教练带我破局，我开始向内求，开始关注内心的想法、渴望和动力，并不断拓展我的认知，开始从内而外地活出自我。我终于意识到这个过程其实是对自我和潜力的认知和实现。就像美国作家盖伊·汉德瑞克（Gay Hendricks）在他的《跳脱极限》（*The Big Leap*）一书中把人的处事分为四种境界：第一种是人们知道自己不擅长而试图避开的"无能区"，第二种是留在擅长的领域即"胜任区"，第三种把擅长的事情做到了极致而进入"卓越区"，以及第四种"天赋区"，是人们发挥自己的天赋、获得真正的满足感和成就感的地带。我们通常看到的是别人在把他们的"卓越区"展示给我们，然而，要想达到自己的"天赋区"，唯有向内探索，听从最真实的自己给出的指示，才能激发出内心的潜力，迸发出无畏的勇气，活出理想的人生。

前两天我再次到中心商务区的海边步道上跑步，华灯初上的傍晚，身边依旧车水马龙。我穿着舒适的运动装，和步调一致的跑友有说有笑，聊着下一个马拉松要挑战哪里。如今的我因为享受跑步带来的放松和专注，也把"去世界各地参加马拉松"列入了人生清单。回望这一路，看山还是山，看水还是水，我于天地众生之间，也终于看见了自己。

结　语

一个雨过天晴的下午，赤道上的阳光毫无保留地照射在湿漉漉的地面上。新加坡市中心的一家南洋风情的咖啡馆里，我对面来了一位穿着精致的小姐姐，她坐下来跟我说的第一句话是："柯如教练，我好纠结要不要换份工作……"

我认真地看着她，也终于开始了自己的教练之旅。

本篇作者简介

陈柯如

国际教练联合会认证体系教练，高管教练，个人成长教练，女性领导力教练。毕业于新加坡国立大学，拥有十四年海外留学和工作经验，曾旅居美国、法国等多国，现定居新加坡。十年深耕大数据分析行业，曾任职于全球500强传统企业及互联网公司，专注于用户端产品。

人生探险家、马拉松跑者、登山爱好者、极限运动爱好者、内观修行者、关注身心灵成长疗愈，多元文化拥护者。

微信：coach_keru

邮箱：keruyea@gmail.com

为什么我们看起来很成功，却不快乐

文 / 刘仙 Fairy

Fairy最喜欢的一本书是《第二座山》[1]，里面有一段内容大概是这么说的：

人生要爬两座山。

第一座山是自我，你希望自己越来越成功，越来越厉害，想要实现自我，获得世俗意义上的幸福。

第二座山是失去自我，你为了他人或者某个使命，宁可失去自我，获得精神意义上的回归。

第一座山追求的是外人眼里的成功，第二座山得到的是发自内心的喜悦。

---

[1] 《第二座山》：*The Second Mountain*，戴维·布鲁克斯（David Brooks）著，刘军译。

第二人生

她真的快乐吗？

在上海陆家嘴国金中心68层，上午，Fairy刚结束跟合伙人的投资项目讨论会，又见了两个创业者，接着处理完昨天的邮件，回复了一堆微信消息，方才缓缓地舒了一口气，回到办公室，坐到了自己的座位上，早上热气腾腾的茶已经凉了许久。

在她脚下的金融圈CBD（中央商务区），从籍籍无名奋斗到有自己的独立靠窗办公室，她用了15年时间。但是，平日里的她并没有太多时间和闲情逸致来享受这个超级豪华楼景房，她就像一只绷紧的陀螺，从早忙到晚，一天开七八个会是常有的状况，每周还有一半时间在外面出差。所以，所谓的"好福利"，更多情况下是别人羡慕的谈资，而自己能享受多少，真的不好说。

12：40，Fairy一边吃着沙拉，一边打视频给母亲，她是个新手妈妈，平时是自己的母亲帮忙带孩子，在工作日难得的中午间隙，她想看看一岁半的宝宝有没有什么异常状况。虽然孩子让她感受到的更多是责任和压力，突如其来的宝宝，打断了她很多的职业和个人计划，但是选择生下她，正是因为相信自己能成为一个优秀的妈妈。

看到视频里的宝宝正兴奋地爬来爬去，Fairy问道："宝宝怎么还没睡？"

她的带着质问的语气通过网络传到了手机的那一边，透出一股焦虑。

"上午出去玩，回来可能是累了睡了一觉，刚睡醒，现在正准备吃饭。"母亲解释道。

"为什么上午要睡觉？中午不按时睡觉，下午困了再睡，晚上不是又不睡了吗？刚调整好的作息时间又乱掉了？！"Fairy有点急，她是一个准时且高效的人，多年的职场训练，已经让她成为一个时间感和条理性都很强的人，凡事都喜欢按照自己的计划来。但是唯独照顾孩子的问题上，母亲总是不肯按照自己设定的计划来执行，让她一而再地发脾气。真是不靠谱，她这样想着，看着视频里完全没有困意的女儿，想到晚上又要跟这个熊孩子为睡觉而斗争，Fairy不自觉地又皱起了眉头。

Fairy看起来并不像40岁，她留着干练的短发，穿着黑色烟管裤，利落的乐福鞋，来到这家顶级投资机构以后，她经常跟别人戏称：走路速度快了2倍，说话速度快了3倍。这个来自县城小镇的单纯、善良的女孩，凭着自己的聪明和才华，异于常人的努力和韧性，一步一步走出了小镇，考上了北京大学，进入了金融圈，成了人人羡慕的独立女性。她花了15年时间成功从小镇孩子的身份华丽转型成了金融高管，活成了别人口中的精英，但是她的内心真的快乐吗？

第二人生

在教练对话中看见内心的黑洞

终于忙完了手头的工作已经是晚上 7 点，Fairy 来到公司楼下的咖啡馆，这个时间来喝咖啡的人已经很少了，她照例找了一个靠窗的位置，静静地闭目冥想，开始了每天最幸福的自我疗愈的时间。

Fairy 的另一个身份是人生教练。她喜欢中国传统哲学，几年前当她与人生教练结缘的时候，就被这种既具有东方哲学底蕴，又有西方科学实践的神奇对话所吸引，之后她在学习人生教练的路上不断精进。在学习过程中，她发现自己钟情的正念冥想、八段锦、站桩、中医理论和她喜爱的心理学居然可以完美结合，同时做教练还能满足帮助他人的初心，她无比欣喜。在工作压力越来越大的职场，尤其是在金融圈面临着巨大变化的 2022 年，没有人不焦虑。她凭着自己与生俱来的对人的敏锐洞察力，15 年跟高管打交道的经验，与上百个优秀精英和创业者、企业家面谈的丰富阅历，帮助很多初入职场迷茫的年轻人找到了自己的职业兴趣，确定了早期的职业方向，也帮助很多面临职业危机的中年人成功找到了自己的第二事业。

最近，Fairy 在看《百岁人生》(*The 100-Year Life*)，这本书讲到，过去我们的人生是阶段性的，从小读书求学到 20 岁，工作 40 年，直到 60 岁退休，然后安享晚年，但现在的工作内容和性质都发生了巨大的变化，大部分人都不会在职场持续高强度工作40年，所以很多人会在40岁时，开始探索自己内心真正的诉求和人生意义。探索自我的过程常常与职场工作状态共存，但或早或晚，人们都会找到自己的人生意义，开始为自己而活。

做人生教练，就是Fairy繁重工作以外秘密能量的来源，这是她找到的为自己而活的人生意义，通过教练对话，不断疗愈自己，找到自己的宁静和心流，同时也能够帮助他人。每次看到对话结束后客户或容光焕发，或激动不已，泪光闪闪，或笑容再现，Fairy的内心都会感到极大的满足。

作为人生教练，自我学习和修行是非常重要的功课，一方面能让自己不断精进，另一方面也能让自己时刻保持最稳定的状态，所以找到内心的宁静非常重要。Fairy每天都要学习，她拿出本子，开始复盘上周老师与她进行的教练对话，在上次的对话中，她想探讨为什么自己看起来很成功，但内心却不快乐。Fairy自认为是个自卑、敏感、超级社恐的I人（内向型人格），她的梦想是活出超级强大无比绽放的样子。但遇到新的环境或者挑战，她总是会不自觉地回到那个弱小的、无力的、敏感的、自卑的小女孩状态。她百思不得其解，明明自己已经长大，有了自信的资本，为什么还是无法摆脱内在那个脆弱的小女孩？

在上一次教练对话中，她看到自己内心有一个巨大的黑洞，好像吞噬着当下的一切，让她的内心不是在纠结过去，就是在担忧未来，所以她总是感受不到快乐，尤其在探讨关系、原生家庭等话题时，Fairy的内心总会涌起强烈的不安全感。Fairy泪流满面，她顿悟：原来这就是困扰自己多年的症结，那个内心的黑洞一直在吞噬和消耗自己。那个黑洞就是Fairy内心最深的需求，她需要被爱、被肯定、被看见，但是却一直没有被满足。看到黑洞的那一刻，Fairy的自我疗愈已经开始了，她甚至能感受到，黑洞在不经意间一点点变小。

照见自己

Fairy的客户杰西卡来了，带着满身疲惫："Fairy，我真的快崩溃了，我真的不知道我还能不能找到工作，我还有孩子要养，还有房贷要还，你说已婚已育的女性找工作还有人要吗……"

快人快语的杰西卡坐下来吐槽了10分钟，Fairy只是静静听着，看着她的眼睛，面带微笑。杰西卡是她的前同事，因为这一波金融行业调整，离开了上家机构，她有很多人脉和资源，想自己创业，这次来找她就是要聊聊职业转型的话题。在整整45分钟的教练对话中，Fairy通过不带批判的聆听，全然的允许，直达未知领域的提问，帮助杰西卡一次又一次探索她内心最深的需求，帮助她听到内心最真实的声音。Fairy问道："职业对你来讲意味着什么？你与职业的关系怎样？在你的人生中，职业承担什么角色？"这些问题帮助杰西卡看清了自己对职业转型的内心诉求，也看到了她期待自己成为的样子。教练对话结束后，Fairy看到杰西卡脸上有了笑容，表情放松了很多，眼睛里也有了光，接着Fairy又帮她落实了下周的行动计划，并约好2周后再见，目送她消失在茫茫人海中。

每每做教练结束后，Fairy都会先送客户离开，一边在脑海中复盘刚才的对话，一边继续享受这个场域给自己带来的滋养。随后她把教练收获发送给杰西卡：

很开心和感激杰西卡今天的疗愈时光，我看到了一个。

1.内心积极向上，每天追求进步的单纯的七八岁的小女孩，她为了自己渴望和期待的生活不断努力，坚定地做自己，一直向前。

2.非常善良、随时愿意帮助他人，但是不求回报的好朋友，朋友的认可让她非常满足，朋友也是她最大的疗愈场。

3.面对挑战和挫折仍然无比乐观、懂得知足、感恩父母的好女儿，她是他们的骄傲。

要努力地做自己！加油！

给杰西卡发出信息的时候，Fairy自己也有了新的感悟：她和杰西卡一样，都是从小镇的普通孩子努力奋斗才有了今天的成就，都是在30多岁的职场黄金期，选择成为妈妈，且同为独立女性、高知妈妈，在生完孩子的那一刻，她们便将所有的聚光灯都转移到了孩子身上，对孩子的期待很高。她们不想让孩子像自己一样辛苦，希望孩子未来能少走一些弯路，少吃苦，但是怎么才能实现呢？

Fairy不禁为杰西卡和自己共同身为妈妈的问题而苦恼，但随后，她又想到准备回归职场的杰西卡，回到职场后，还能像以前一样那么敢打敢拼吗？时间和精力该如何调整？既要成功的事业，也要成为优秀的妈妈，如何才能完美平衡呢？听起来很难，但是看到杰西卡勇往直前的勇气，Fairy感受到了深深的激励，只要一直积极向上坚持做自己，有什么可害怕的呢？

因为做自己，所以一直积极努力，在平淡枯燥的求学生涯中，也能够一直积极向上，不断努力。

因为做自己，所以在中学就清晰地看到了自己的志向和兴趣，在大学选择了自己喜欢的专业，才能从事自己觉得有价值也有兴趣的职业。

因为做自己，所以才不随波逐流，每一次的职业选择，都能够听从自己内心向上的声音，让自己不断提升价值，打造职场竞争力。

坚定地做自己，成就了今天的自己。

找到爱自己的方式

打车到家已经21点了，Fairy发现宝宝拉肚子了，以往遇到这种情况，Fairy 一定会崩溃，一边埋怨家人，一边去医院挂急诊，指责、埋怨的情绪一定会在家中持续好多天，让整个家笼罩在低气压中。现在的 Fairy 从受害者角色中走了出来，在教练的帮助下，Fairy 感受到自己正在慢慢长大，内心那个脆弱容易受伤的小女孩，其实只是自己内心的一部分，在慢慢变小，而独立意识的自我和强大的超我已经完全超越了小女孩，Fairy 从创造者视角中慢慢获得了能量，经过与原生家庭的碰撞和磨合，找到了与自己舒适的相处方式，逐渐适应了新的角色和生活。创造者模式让她找到了快速疗愈自己的方式，她也开始快乐起来。

　　第二次教练对话中，她之前看到的那个巨大的黑洞，在自己的疗愈下，已经变小成了一个壳，那个壳仿佛就是她与原生家庭的关系。她看到了自己的原生家庭对她成为一个好妈妈的价值：家和万事兴。而她自己，则和原生家庭渐行渐远，她就像一只渴望自由的小鸟，灿烂的阳光和清新的空气在她的头顶上方不断地吸引着她，她期待自己越飞越高，享受更多的阳光，呼吸更新鲜的空气。以前的她总感觉自己被一个很大的壳拖着，不能往高处飞，与教练探索后，她看到自己并不想完全抛弃那个壳，那个壳就是她的原生家庭，她从中获得滋养，她仍然需要它，只是需要保持一段距离。这个发现让她豁然开朗，她不再一味地想逃离原生家庭，而终于能站在客观的角度看待这一切，她有了更清醒的认知，于是她采用了更合理的方式来与父母相处，与他们保持一段距离，让双方都更加舒适和自由。如今，她顿悟：爱自己，做自己，才是最好的妈妈的样子，只有自己开心，才能活出真正的自己。职场成功女性的评价是别人眼中的，自己内心的满足和成就感才是对自己最大的肯定与认可，而对自己的肯定与认可，是爱自己的第一步。

她开始越来越多地思考：

我是谁？

我应该如何度过这一生？

我如何才能创造更有价值、更有意义的人生？

之后，Fairy参加了倾析本质的静修营，三天两晚的止语修心探索之旅，让她看到了自己内心的平静和爱。当她重新回到自己的本我状态时，她对自己的幸福有了深深的觉察，自己有喜欢的工作，有幸福的家庭，有一群共同成长的朋友。Fairy突然惊喜地发现，自己长大了，那个自卑敏感的小女孩变得强大了，曾经以为再也不会开心的她，也更多地感受到了内心的安宁与幸福。她在风雨中快乐地奔跑，享受着风的吹拂，雨的滋润，她再也不怕了。她开始从生活的一点一滴中爱自己，早晨做瑜伽给自己积极稳定的情绪，健康规律的用餐让自己能量满满。她更加能觉察和接纳自己的情绪，也能对家人提出我需要休息的诉求，开辟属于自己的时间和空间，她真正活出了自己。她的状态越来越稳，内心越来越松弛，身边的客户和朋友都被她身上的变化所吸引。

对于如何做一个好妈妈，Fairy 也有了新的感悟，她所感觉到做妈妈的责任和压力，是因为她在工作中见过太多的成功女性和职场妈妈，所以自己内心对好妈妈的标准太高，也把做一个好妈妈当作理所当然，所以只要一点没做好就会苛责和评判自己，甚至会自我怀疑。Fairy 看到过太多优秀的年轻人的成功，因此她以为成功也很容易，但其实她看到的成功人生，是非常狭隘的"成功"，不是每个人都会走同样的路，过同样的人生，她慢慢醒悟，真正的成功，就是按照自己喜欢的方式过一生，这才是最成功的人生。

开启第二人生

持续的教练对话，Fairy 帮助杰西卡走出了离职阴影，半年后 Fairy 再次见到杰西卡的时候，她容光焕发，找到了自己新的创业方向，已经收到几家投资机构的意向书，成功完成了职场妈妈的角色转变，她珍惜妈妈角色带给她的体验，也收获了孩子成长带给自己的快乐和美好，整个人散发着独立和母性的光辉。

Fairy 自己也在蜕变，在第三次与教练老师的对话中，她惊喜地发现，那个由黑洞变成的壳已经变成了一个同心圆，上面的问题已经有了答案。

我是谁？我是特立独行独一无二的我。我接受我是个内向的人，我喜欢我的独立和清醒，我既不是女强人也不是满分妈妈，更不是受伤的小女孩。

我到底想过怎样的人生？好好爱自己，见喜欢的人，做喜欢的事儿。简单，舒适，随心，自在。

我如何才能创造更大的价值，过得更有意义？疗愈自己，温暖他人。

Fairy恍然大悟，她已经翻过了内心的第二座山，开始了成就第二人生的路。

人生教练让Fairy开启了自己的第二人生，她更加相信，教练是疗愈自己和帮助他人的工具，每个人都能从教练对话中获得赋能，她也在教练对话中认识了很多志同道合的朋友。从与别人的教练对话中，她不断产生共鸣，进入照见自己的理想状态，学习教练并成为教练，让她突破了一个又一个危机，获得了一次又一次赋能。

投资圈有一句话：因为相信，所以看见。她觉得人生教练也是如此，因为相信能帮助他人，相信人本自具足，所以才能让她的客户成功地走向人生的下一阶段：无比渴望爱情的小女孩很快就找到了真爱；因为年龄，生育焦虑的朋友很快怀孕了；因为职业困惑迷茫的男生辞职了，空窗半年后找到了更合适的工作；还有如她一样对教育焦虑的妈妈们，开始活得越来越美，越来越享受妈妈的角色。

如今，Fairy是职业高管教练和人生教练，帮助有职业困惑的年轻人找到职业目标，也帮助有中年危机的朋友，找到人生的第二曲线，发现新的价值和动力，活出自己的人生意义。每个人的一生，都是在修行：与自己的关系、亲密关系、亲子关系、原生家庭关系、与金钱的关系、与生命的关系等，都需要突破，她愿意用自己小小的力量，做一些利他的事情，在帮助自己的同时，也成就他人。教练将成为Fairy一生的事业，这项事业，既能疗愈自己，又十分有价值，是利他的，也是有大爱的。

Fairy成立了自己的人生教练工作室，墙上写着她的人生信条：

爱自己，才能更好地爱他人。
没有完美的妈妈，每个妈妈都是VIP特别定制版。
活在当下，人生没有白走的路，砍柴就砍柴，烧水就烧水。
只有过自己喜欢的生活，才是最大的财富自由。
自信、乐观、想赢敢拼，这是我们能留给孩子最好的资产。

人生的每一步都算数

在2023年的感恩节，Fairy写下了感恩日记：

感谢黑洞，让我因为恐惧和不安全感，不断前进，内心中要克服恐惧的力量也成为我一直前进的动力，推着我一直向前走，让我穿越了艰难的求学期、纠结的择业期和复杂的职场期，伴随我走过了青春期的困惑、20岁的迷茫、30岁的顿悟，如今，它将伴随我走进40岁。

因为疗愈，所以看见，在看到黑洞的那一刻，我看到了自己内心的恐惧和脆弱，也知道恐惧和脆弱不过如此。能穿越这些恐惧和脆弱的，就是坚定做自己的心。我终于知道了我是谁，知道了我要过什么样的人生。这么多年来，我带着黑洞前行而不自知，如今，恐惧感驱动转变成了意义驱动，我终于找到了人生意义，那就是温暖自己，照亮他人。我感受到同心圆上的答案越来越清晰。

我能感受到自己的三个变化：我克服了长久以来的焦虑；我终于找到了自己的初心；我真正想明白了自己存在的价值。

人内心最大的恐惧，就是不敢面对自己的脆弱。正视即疗愈。

感谢黑洞，帮助我成就第二人生。

2023年感恩节，感恩我找到了我自己。

结　语

本文前后写了十几版，几个月里，我经历了产后抑郁、独立女性意识觉醒、接纳女性身份、找到人生意义的过程，随着一版又一版的修改，我的力量也在慢慢增加，直到最终定稿，我终于找到了自己的定位和价值。那就是，成为一个独立女性。

独立女性就是：生活独立，你可以照顾好自己，不需要依靠别人；经济独立，这是女性独立的经济基础和底气，物质上能给自己富足的生活，才有实力好好爱自己；情绪独立，不做自己情绪的奴隶，也不为别人的情绪买单，懂得课题分离；精神独立，你是一个自由的灵魂，不需要别人为你提供情绪价值，也能开心快乐。

愿每个女生都能自由定义自己，愿每个人都能过自己想要的人生！

本篇作者简介

刘仙 Fairy

国际教练联合会认证体系教练，盖洛普优势领导力认证教练，北京大学发展心理学硕士（师从苏彦捷教授），JA 青年成就中国优秀志愿者。拥有 15 年科技创业公司人才发展经验，亚洲某顶级投资集团中国区组织人才负责人。15 年高管招聘、校园招聘经验，敏锐感知每个客户的优势和领导力，对新能源、工业制造、科技、医疗、消费等行业的核心岗位和人才特点有非常全面的了解。在人生教练的路上，支持过 100 位以上创业者和企业家完成从初创到快速增长再到成熟的企业全生命周期，见证和陪伴 100 位以上创业者从创业者成长为优秀的 CEO。

教练话题：优势领导力与职业选择，中年危机中找到第二职业方向，摆脱高压工作下的空心病/无力感。

微信：Fairyliu0701

邮箱：liuxian-0701@163.com

转念，
开启普通人的第二人生

文 / 安洋 Ryan

19

嗨，你好。

当你捧起这本书，阅读一篇篇人生故事时，我相信你的脑海里一定会浮现出一个思考：到底怎样才算"第二人生"？在我写下自己的故事之前，我和你有同样的困惑。一定要穿过风雨见到彩虹，才算崭新的第二人生吗？必须承受苦难后涅槃，才算彻底开启新生吗？不，我的人生没有大风大浪，生活很平静，甚至可以说安逸，但我也有关于第二人生的体验，以及属于自己的第二人生的定义。

我是安洋，人近不惑，住在一座北方城市，有一份相对稳定的工作，一个还算和睦的家庭，上有老，下有小，和大多数人没什么两样。但看起来平静如水的普通人生，实际上已经暗流涌动。人到中年，我明显感觉到我的职场空间越来越小，空有一番拳脚，却时常无处施展。在家里我要面对成长中的孩子和越来越焦虑的妻子，日常磕磕绊绊，吵吵闹闹，每天周而复始，生活就是不停地复制粘贴，有时我会问自己，这是我想要的吗？如果不是，那我想要的人生是什么？它又会在何时开启？说实话，我不知道。

我以为要改变自己的人生就是要给自己设定更高的目标。但是，当我想给家人换一套更大的房子，给自己换辆酷炫的新车，成为朋友圈的关注焦点时，我总是在内心经历一番斗争后放弃这个想法，而这样的内心挣扎又给我加重了心理负担，随之而来的失落感反而会将我整个人打败，让我对什么事都提不起兴趣。我知道我应该改变自己的状态，寻找更多的正能量，但跟很多朋友聊过后，我发现大家过得差不多，每个人都有各自的烦恼。朋友劝我，将就过吧，生活不就是一地鸡毛吗？

可我不想将就，尽管我对如何改变毫无头绪，但我明白，我想改变。幸运的是，我学习教练并成为教练，在这个过程中改变了自己，从此我的生活也因此而不同。

我想把我的故事讲给所有普通人，即便我们的生活平淡无奇、没有波折、各有烦恼，我们也同样拥有开启第二人生的机会，而这个机会就在当下每一刻的转念中。

改变一个念头，你就获得了重新选择的机会。用这些全新的选择，去改变你的人生吧！

亲密关系迎来转机

如果不是这次经历,我很难相信自己在妻子眼中是一个"直男",更不会想到因为我的做法,会把妻子推向一个巨大的"深渊"。

与妻子的三次沟通失败

事情要从 9 个月前说起,妻子工作繁忙,加班越来越多,回家越来越晚,吐槽也越来越多。

"你说我老板是不是脑子有问题?这个事情明明有更简单的处理方式,他非得让我们加班加点做这些无用功,你知道月底月初我有多忙吗,哪有工夫给他弄这些破事啊?"妻子一边叠衣服,一边对我说。

"你别总质疑老板嘛,老板肯定有他的用意,你应该多揣摩揣摩老板的想法,毕竟老板站得高,接触的信息也比你多,肯定有你想不到的考量。"我盯着手机,头也没抬地回答她。

"我看他就是不想让我们闲着!问题是我手底下的小孩天天要做一堆账,开一堆票,我还成天给他写制度、做报告,一刻不闲。他倒好,揪着我们一会儿弄这个数据,一会儿做那个报告这些有的没的。这么小的公司,就这么点业务,有什么可分析的?又不是多着急的事情,就不能晚点再说吗?"妻子越说越生气,声调也高了。

"老板的事肯定是最重要的事啊，这种道理你还不明白吗？"我依旧不疾不徐地说道。

"我不想明白，我就想早点下班回家！"妻子愤愤地把叠好的衣服摔在床上。

"你不想明白怎么行，你是负责人，你肯定得急老板之所急啊！"我也抬高了音量，表明自己的立场。

"我就是跟你吐吐槽，不是来听你给我上课的！你怎么胳膊肘向外拐，总替我老板说话呢？！你闭嘴吧，懒得跟你说了！"妻子终于被我惹怒，赌气走开。

"你看你，我这给你传授职场心得呢，你倒急了……"

又过了几周，妻子的工作状态依然没有改善，脸上的愁云越发浓了，似乎面临很艰难的境地。这时的我刚刚在教练课堂上学到了一些有意思的沟通方式，于是想尝试通过教练对话的方式帮助她改变局面。

"看你最近总是愁眉苦脸的，让我用教练的方式帮你梳理梳理怎么样？跟我说说到底发生什么了？"

"一句两句也说不清楚。"妻子没什么兴致，一直沉浸在自己的思考中。

"你说说嘛，这次我不给你上课了，我保证。"我讨好地说道。

"好吧……我们现在做的业务有一些潜在的风险，流程上也有不清晰的地方，我希望老板能听从建议把权责说清楚、定下来，这样也便于风险管控，但是另外一个老总横加阻挠，把责任推给我了，让我很焦虑。"

"你焦虑的是什么？"我脱口而出我的问题，同时打量着妻子听到问题之后的神情，内心期待这个问题能像在教练课堂上学到的强有力问题一样击中她。

"我跟你说了啊，你到底有没有在听我说话？！"妻子不耐烦道。

"什么？"我慌忙回想刚刚妻子给我讲述的难题，"哦，另一个老总横加阻挠，把责任推给你了，你焦虑的是这个，对吧？"

"对！"妻子没好气地应着。

"那你觉得，他为什么要阻拦这个事情呢？"我摸着下巴，思忖着事情的来龙去脉。

"他为什么要阻拦？我怎么知道他为什么要阻拦？！"妻子一听就气不打一处来，我见状赶紧试图安抚。

"你先别着急，我这不是帮你分析么。他……"

我话还没说完，妻子就打断我道："你别教练我了，看你在那拧着眉瞪着眼地提问题我就烦，一点实际作用都没有，连点情绪价值都提供不了，我就多余跟你说。"

"哎！你怎么又急了呢……"

几周之后，妻子不堪工作压力选择辞职。对她的决定，我心里颇有微词，我总觉得不是什么大事，怎么就不能忍耐一下呢？或者想办法提升一下自己的能力，去面对工作上的挑战，证明自己的价值不也是一种成长吗？

一次晚饭后的散步,我们再次聊起了这些烦心事。

"辞职后,接下来有什么打算?"我试探性问道,小心隐藏着自己的不满。

"先歇歇,然后复习专业职称的考试,再找工作的机会。"妻子怅然说道,"不过那天我刷了刷求职网站,现在的机会太少了,要求越来越高,工资越来越少,我们这行这么卷的吗?"

"不然呢?多少人都在不停地学习、考证、提升自己,就算辞职也是骑驴找马,找到了新机会才跳槽。"我的不满渐渐透过言语的缝隙流露出来。

"我这不是想给自己一个间隔时间吗?再说了,我辞职也能照顾孩子照顾家啊。"

"你有没有想过一个问题?"我内心闪过一个问题,犹豫了一下还是想问出来,"你真的适合做财务工作吗?"

"你什么意思?"妻子有些不快。

"我觉得其实你身上有些独特的天赋并没有真正发挥出来。你很擅于跟人打交道,相对我来说你更外向,你更关注别人的需求,你好像天然地就能跟别人打成一片……"

"你想说什么?"

"我是想说,你身边有不少同学去做了保险经纪人,人家发展得不错,工作也灵活,之前我跟你提过这件事,你要不也……"

"停!我绝对!不会!也不可能去卖保险!"妻子被我

的话激怒了，愤怒让她浑身都在颤抖，"我真的很伤心你说出这样的话！就算我财务做得再差劲，我也绝对不会考虑去做保险！你以前也说过这件事，我明确地表达过我的意见，我不同意！我拒绝！我不愿意！别再让我再说一遍了！"

我怔在原地，还没来及再说什么，妻子已经走远了。

一念之间，直男变暖男

三次沟通下来，我不仅没帮上妻子，反而给她添了不少堵，我非常沮丧。我很想帮助她振作起来，走出低谷。明明我在教练课堂上练习倾听和提问的时候，不是这种感觉啊。每次听同学说话，捕捉对方的想法，然后我提出问题，我感觉都能帮对方理清一些思路，收获对自己的觉察。怎么同样的技巧到妻子身上就不灵了呢？而且，一而再再而三地碰壁，让我开始对自己都有了怀疑。

晚上下班，妻子颓然地回到家中，整个人窝在沙发里，怔怔地出神。我关心地询问道："怎么啦？不舒服？"

妻子递给我一张折着的纸条，纸条的背面隐约透出"诊断书"的字样。

"我最近都睡得不好，总会梦到工作中那些烦心的场景，惊醒之后我就很难再睡着，今天我请假去医院做了心理检查，诊断结果说，我有中度抑郁倾向，需要服药治疗⋯⋯"妻子哽咽着告知我结果。

我茫然地看着诊断书，"中度抑郁"几个字赫然引入眼帘。我无法想象抑郁症将会给妻子带来多大的痛苦,一瞬间我联想到很多可怕的场景,不由得担心地看向妻子。

"我好害怕,我会不会再也没法像正常人一样生活了……"妻子终于抑制不住自己的情绪,放声大哭起来。我紧紧抱着她,轻抚着她的头发,喃喃地承诺着:"不会的,你不会有事的,我在,我会陪着你,一切都会好起来的。"

那天,我陪妻子哭了很久。她一想到病症不知会持续多久,就哭到停不下来。妻子的突然生病,仿佛让我的世界也失去了色彩。我内心很抗拒这个结论,不相信她真的得了抑郁症。我想一遍又一遍地告诉她:你没事,你很好,你不需要吃药,你是正常的。但从她的眼神我知道,她知道自己的状态不好,她接受了这个现实。

那一刻我突然意识到,从妻子工作遇到挑战和危机以来,到她确诊中度抑郁,我一直都在否定她的想法。

我一直强硬地拉着她用我的视角去看待事情,我告诉她要站在老板的角度去思考问题,我引导她去想为什么副总会横加阻拦,甚至我还要否认她生病的事实,让她相信自己是个正常人。

我忽然感觉到了自己的残忍和无情,我一直在冰冷地拒绝妻子真实的感受,正是我的冰冷才把她推向了悬崖。这一刻我才明白为什么之前我用教练的方式跟妻子对话得不到她的信任,因为我从来都没有真正走进她的心里,体会她的真实痛苦,理解她所面对的困难和挑战,看见她内心最真实的渴望。

第二天，妻子的情绪已经平复下来。上午的阳光照进客厅，洒在妻子的脸上。我坐在她旁边，拉着她的手说："对不起。"

接着我缓缓地开口说道："一直以来是我没有好好地听你说话，我很抱歉没有认真地去感受你，以至于让你内心积攒的压力变成了痛苦。"我注视着妻子，她看着窗外，眼神飘忽。

"我知道现在的你很痛苦，很害怕，很担心……说真的，我比你还要痛苦、害怕和担心。我很担心你会伤害自己，我也很害怕抑郁从此缠上你，我憎恨自己曾有机会不让这一切发生，但我没有做我该做的事。我很抱歉。我想从现在开始陪着你，我想站在你身旁，我会和你一起面对。不管未来我们会经历什么，我都会陪着你好起来，不管这个过程有多久，有多难，我都会陪着你，好吗？"

妻子看向我，泪水在眼眶中闪烁："谢谢你终于看到我的痛苦。"

"我看到了，我全都看到了。对不起，以前我总是站在自己的立场，想让你看到更积极的一面，给你出主意，提建议，我以为那会对你有用。我一直把'我觉得'当成你想要的，却一直没问过你想要的是什么。"

说罢，我们紧紧相拥，泪流满面。

那次对话后，妻子开始服用药物调整睡眠，缓解焦虑和抑郁的情绪。在我的鼓励下，她也开始尝试接受心理咨询师的治疗。每次咨询之后，她都会再跟我分享一遍咨询时她们讨论的话题，还有她对自己的发现。当她和我讲这些的时候，我都会放下手头的事情，耐心地倾听她。有时我也会分享我对她的观察，偶尔也会提一些问题。

在和妻子的交流中，我渐渐理解了同理心的诀窍，那就是放下自己内心评判的声音，全然地把注意力都放在对方的身上，带着好奇心去找寻我们之间的连接。当我和她真的连接起来时，我就是在传递我对她的爱。

妻子也感受到了我的变化，有一次她直截了当地告诉我说："今天跟你分享之后，让我感觉很舒服。"

"哦？你觉得我做对了什么？"我好奇地问道。

"我说不上来，但我能真真切切地感觉你在认真地听我说话，我能看到你的眼神在注视着我，你的身体也在告诉我你在倾听我。你适时的回应让我感觉我说的全部信息都被你接收到了，而且我感觉你准确地捕捉到了我的情绪，所以我愿意多说一些，不知不觉我自己就说了很多。"

我很开心听到妻子这样的反馈，也感激我自己转变观念带来亲密关系上的转机。

半年后，妻子逐渐摆脱了药物治疗，在我带着同理心和她持续对话了一年之后，她终于走出了抑郁症的阴影。这次经历让我意识到，在一段亲密关系中，从来不是"我"和"你"的关系，而是"我们"的关系。当我固执地用自己的想法去影响她的时候，我们之间就失去了连接，我就是那个把妻子推远的"直男"。而当我放下自己的固执，去拥抱对方的世界时，我就化身为环抱在妻子身侧的暖男，重新回到"我们"的世界。

放弃辞职念头后，我焕发新生

你见过这样的人吗？仅仅因为一个盲目的念头就置康庄大道于不顾，一头冲进了死胡同，誓要与南墙决一胜负……没错，这就是曾经的我。

好想辞职去大公司

一年前的一天，上午 11 点，办公室，领导坐在会议桌另一边严肃地看着我，说道："今天叫你来是想和你谈谈你最近的工作状态。说实话，我思考了很久要如何开启今天的对话，但我真的很困惑，你最近到底怎么了？我感觉你的心思都不在工作上，你每天在忙什么？我安排给你的事情总得不到及时的回应，你是觉得这里的工作不值得你做吗？"

"领导，我怎么会觉得您安排的工作不值得做呢，我只是时间没有安排好，我会调整好状态的，请您放心。"

从办公室出来，我无精打采地走在路上，心里五味杂陈。领导的问题依然回荡在脑海中，是啊，我到底怎么了？

我在这家公司工作将近五年，带领一支不大的团队，负责组织内部的人才发展工作。一直以来，领导支持我的想法，团队伙伴们积极配合我的思路，几年下来我们在公司里折腾出一些名堂，做了不少项目，有从0到1构建的新项目，也有从1到2对老项目进行升级，为公司获得了外部的奖项与认可，也赢得了内外部的良好口碑。

但时间长了，我渐渐觉得，我的很多工作只做了皮毛，并没有什么实质性的建树，尤其在我去参加一些行业论坛时，看着台上的同行们衣着光鲜，自信满满地侃侃而谈，我的心里更加感觉到差距和危机。

也许自己做得也不差，只是所在的平台不行？

这样的想法一出现，心就变得不安分了，凭什么我只能在传统行业的公司里做个小小的团队领导，如果我去应聘大公司，也不一定不行。说投就投，我下载了各路求职软件，编辑好简历一一投递，然而几周过去了，一个回应都没有，全部石沉大海。

这样的结果让我始料未及，难道我的职场竞争力这么差吗？！我突然想起一位前同事轻而易举地去了互联网大公司，看他朋友圈，感觉他现在的事业风生水起。虽然我做的工作跟他差不多，但论阵势我跟人家比起来就是小巫见大巫了。不管怎样，我决定先发微信问问再说。

"兄弟，最近忙不？你在现在的公司干得可以啊！"

"嗨，都是瞎忙。你还不知道我们，业务增长快，变化多，体量还大，天天卷得要死，想喘口气都顾不上，一个会接一个会，我都快住在会议室了。"

"你这状态真让我们传统行业羡慕啊。我们想干点事可难了，这不让、那不许的，想做出点成绩太不容易了。哎，你公司还有机会不，想着点我？"

"你要来互联网公司？你图啥啊？！"

"图啥？图发展啊！谁不知道去了互联网大公司混个中层一年就收入几十万，要是再赶上股权或者分红，那就妥妥成为人生赢家了！"

"你想的还真是……你咋不看看在大公司工作的苦呢？你也不小了，今年35往上了吧？我劝你死了这条心吧！"

"为啥？"

"为啥？这么说吧，如果你来我这儿应聘，我的老板看完你的简历就会问我两个问题：一、这个岗位有什么活儿是更年轻的人干不了的？二、这个岗位有什么活儿是工资更低的人干不了的？你说，你要是我，会怎么回答？"

听了同事的话，我的自尊心前所未有地受挫了。曾经我以十几年的工作经验而自豪，现在却感觉自己一文不值。我偏不信邪，继续投简历，我倒要看看自己几斤几两。又是一个半月过去了，结果还是一样，无人问津。

这次我真的开始焦虑了，我感觉自己仿佛和所有35岁以上的人被社会贴上了一个标签——"剩余劳动力"，这标签就像是一道鲜红的禁令，在我的职业道路上设下了层层关卡，而且还拉上了警戒线和铁丝网，甚至还浇筑了钢筋水泥，我决定和我的教练好好聊一聊这个问题。

一念之间，重拾工作热情

"难道我真的去不了互联网大公司吗？"我问教练。

"是什么让你这么执着于去那里工作？"教练好奇地问道。

教练的问题一下子击中了我，是啊，我为啥偏要去互联网大公司呢？

那一刻，无数的画面在我脑海中闪过，好像如果我去了互联网大公司，就等于我证明了自己的工作能力，我就能在互联网大公司水深火热的现实中杀出一条血路，踏着惨烈不堪的战场一步一步走上成功的台阶，我感受到自己终于得偿所愿，我摇旗呐喊，肆意欢笑，说不尽地畅快。而去不了互联网大公司的现实瞬间将我拉回，刚刚那些明亮闪光的画面全部烟消云散。

"我……我以为进入互联网大公司就是对我工作能力的证明。"

"我听到你说希望证明自己的工作能力，而且似乎你认为只有通过进入大公司工作才能证明你的能力，是这样吗？"教练求证道。

"我认为我现在工作的环境和土壤跟那里不同，在那里更容易做出一番成就。你知道我现在在公司推动工作，都需要一个漫长的过程，我不知道要等多久才能看到希望。"

"那你现在有什么机会呢？"教练问道。

教练的问题打开了我的思路,让我沉下心来认真思考我为什么对互联网大公司那么向往。

我发现我脑海里有两个念头在莫名其妙地作怪:一个是,我把"进入互联网大公司"和"证明自己"画上了等号;另一个是,我把"现在的环境"和"没有机会"画上了等号。这是我在内心自我设定的假设,由此来推导出现实生活的样子。在我看来,现在所处的环境没有发展的机会,所以我只能向外寻求发展,而互联网大公司是最好的、最快的、最可能展现我能力的平台。于是我就像一匹被戴上了眼罩的赛马,一根筋地想要在一片自己没有竞争力的赛道上狂奔,但就算我把自己累得筋疲力尽,其实我早已经被人一骑绝尘地落下了很远。

而教练的问题帮我摘下了眼罩,让我停下盲目的脚步,看到我的世界原来足够宽广,我的道路也并非一条,而是千条万条。更重要的是,这些道路在我的脚下,它们随着我前进的方向一路伸展,引领我去到不一样的未来。我顺着脑海中的画面开始思考,如果脚下的道路在随着我的前进方向而伸展,那么我究竟该去向哪里?我又该做些什么?

这时我脑海里突然出现一句话,"不积跬步无以至千里"。是啊,即使未来在远方,我也要好好地走好当下的每一步。前不久老板跟我谈话时对我的灵魂拷问,此时再一次给我敲响了警钟。我发现自己一直都没有认真地活在当下,而是活在对未来不确定的焦虑中,忙着伤春悲秋,忙着自怨自艾。

我需要转变自己的念头，回到当下把力所能及的事做好，很可能在我做好当下的时候我也正在为未来创造机会。

和教练聊完之后，我不再纠结于去不了互联网大公司的现实，重新把自己的注意力拉回到工作中，我发现当下的环境也存在着很多我之前忽略的机会。其实，新冠肺炎疫情三年的影响加外部国际情势的变化，打破了我们这个老牌外企二十多年的舒适。一方面，我们不得不直面国内市场残酷的竞争，新的竞争对手像雨后春笋一样快速成长，他们更年轻、更敏捷；另一方面，总部在全球战略上的调整也让中国区的业务变得被动。内忧外患让我们的组织需要进行从上到下的彻底变革才有可能继续生存下去。

而这恰恰就是我期盼已久的机会，为了在这样的关键时刻发挥更大的价值，我可以主动去推动一些我专业范围内的工作，为即将到来的变革做准备。想到这些，我感觉体内充满了力量，我想象着我带领团队用专业能力推动一系列重要工作落地的画面，我感觉到那就是我所追求的成就和价值。

"教练，我知道我该做什么了。"

"哦，你打算从哪里开始？"教练带着微笑看着我。

"一方面，我要规划清楚在我职能范围内可以推行的工作项目，有些是我之前推动过但没有成功的，但我觉得现在的环境发生了变化，给了我新的机会，我可以继续去推行我的想法和理念，我相信只要我去做就一定有改变的机会。"

"还有吗？"教练继续问道。

"另一方面，我还需要积极学习和储备专业知识。我发现组织内还有很多场景等着我去领导和推动重要的工作，我的工作角色要求我更加积极主动地行动，所以我需要快速地学习来提升自己的能力。"

"我在你身上看到了一种充满力量的转变，你可以分享一下这是如何发生的吗？"教练进一步好奇地问道。

"曾经的我对公司的现状灰心失望，丧失了斗志，于是心中下了一个结论：现在的环境和土壤没有机会，展现不了我的能力。但现在我发现，这只是我自己一时的想法。您问我现在有什么机会，让我意识到还有很多别的想法的可能，我突然注意到之前的我做出的结论是一种情绪化的表达，视角很局限。当我打破了局限时，我感到非常兴奋，因为还有广大的天地等着我去有所作为。有句话说的好，人生不是轨道，而是旷野。之前的我以为自己行驶在一条锈迹斑斑的轨道上，驶向一片荒芜的境地。但现在我发现，是我定义了我的轨道，是我给自己铺就了这样的轨道，其实我也许并不需要轨道。"

与教练对话后，我通过转念重新找回了自己的工作状态，每天都在专注地忙于推进工作中的项目。我的努力得到了新任 CEO 的肯定，现在我开始负责公司重要的文化变革项目，我所期待的机会正在我的努力中出现。几个月后，又一次例行谈话，领导对汇报完工作正要离开的我说："现在才是你应有的样子。继续加油吧！"

结语：转念还在继续

谢谢你读到这里，我的故事并没有结束，转念仍然在我生活的每一天里发生着。

我是一个普普通通的平凡人，没有跨越高山奔赴大海的雄心壮志，也未经历大彻大悟痛彻心扉的世间沧桑，但我依然相信每个人手中都掌握着改变自己、创造更美好生活的力量，这力量就源自我们每一次的转念。

无论是被妻子的现状点醒，让我意识到我一直把自己的想法强加给妻子，还是被教练的提问点醒，让我意识到自己用狭隘的眼光看待自己的发展，在学习教练、实践教练、与教练对话的过程中，我都收获了无数次这样的转念。每一次念头的转变，都意味着我为自己创造了一次改写生活的契机，而把握住这个契机，和已经习以为常的生活方式告别，并不是一件困难的事。我相信正在阅读的你同样拥有转念的可能，也同样拥有开启第二人生的可能。当你的生活里出现不顺心、不如意、不快乐的事情时，问问自己这背后蕴藏着什么样的改变的机会，或者寻求教练的支持，通过第三方的视角看到自己的死角或盲区，这些方法都可以让你更完整、丰富地理解自己，从而给自己带来更加幸福的改变。

愿你和我一样，开启这份转念的力量，拥有改写人生体验的机会！而这，就是我，一个普通人，对于第二人生的理解与定义。

本篇作者简介

安洋 Ryan

国际教练联合会认证准专业级教练，应用心理学专业背景，教练终身学习者、实践者、传播者、受益者。擅长通过教练支持你实现职业突破与转型，改善情绪体验和管理，重续与他人的关系等。

教练风格：犀利中不失温和，关爱中充满力量，客户赠语："像电影《超能陆战队》[1]里的机器人大白一样温暖又可靠的教练！"

邮箱：ryan_ay@hotmail.com

微信：Ryan_on_coaching

---

1 《超能陆战队》：*Big Hero 6*，迪士尼与漫威联合出品的动画电影，主要讲述充气机器人大白与天才少年小宏联手菜鸟小伙伴共同打击犯罪阴谋的故事。

20 职场机械战士的自我蜕变

文 / 梁嘉钰 Flora

"这世界上好像没什么事是 Flora 你搞不定的。"大学时，朋友们总这样说我。

看起来似乎的确如此。翻开我的履历：大一通过10轮面试被选入职业生涯规划组织；利用周末，在外校修了双学位；管理7所学校联合的校企俱乐部，还带领团队拿到全国赛一等奖；大二争取到去全球500强外企实习的机会，还没毕业就收到转正 offer，当别人还在为找工作发愁的时候，我已经成了一名管理培训生。

我以为大学里经验证成功的方法论可以让我在职场如鱼得水，但我想错了……

职场机械战士的隐痛

工作的第一天，我就在备忘录里写下：

每日检查自己是否做到：1.积极主动；2.及时反馈；3.工作闭环；4.超出预期。

每天至少写一条自己可以改进的点／记录一条学习到的经验。

原本想象自己能大展拳脚，结果没想到我在第一次参加团队会议的时候就"出师不利"，作为商业管理培训生，我的轮岗第一站被安排到了博士云集的医学部，虽然大家说的都是中文，但我一句都听不懂，一个接一个的专业名词，让完整地记录对我来讲都成了挑战，但我又不敢什么小问题都问同事，担心别人觉得"你怎么什么都不知道"。

于是我开始了埋头苦学之旅，把自己一天的时间排得满满当当，从来不在茶水间逗留。为了减少接水时间，我买了一个3升的大水壶放在办公桌上；我也从来不跟同事聊工作以外的话题，中午常常一个人匆匆吃完饭回来继续工作。我坚信一个优秀的职场人就应该是情绪稳定且高效的。

进公司的前半年，我埋头工作，常常加班到凌晨2点才睡觉，然后8点起床去上班。我甚至开玩笑说："要是能在公司办公室放一个折叠床就好了，这样我就可以把通勤时间省下来工作。"

5天的工作，我常常3天就干完了，剩下的2天开启新的工作。那时的我完全陷入了"只有把事情做好，才能证明自己有价值"的怪圈。

转正汇报时，老板这样评价我："你只花 6 个月，就超越别人 2 年的成长。"

事事有着落，件件有回应，也让我在职场上突飞猛进。

这原本是一个勇攀高峰的成功者的故事，但在一次同学聚会上，我却开始对自己的"优秀"产生了动摇。

那天在和学妹聊天时，她描述自己拿到考研分数时的兴奋。她绘声绘色地描述了那天的天气、所在的地点、内心的澎湃，而我在回应她的时候，却卡了壳。

我突然发现，大学四年，我知道自己读了多少本书，完成了多少个挑战，拿了多少奖，却回忆不起任何一个如此情绪充沛的时刻。

我意识到，我的大学回忆是几百张计划和复盘表导向的一个目标明晰的满分答卷，上面却没有一个令我心动的鲜活瞬间。

同样让闺蜜们讶异的是我对恋爱的态度："为什么要谈恋爱？这个时间不如用来自己读书，看展，出去玩。只要不谈恋爱，我的人生里就只有快乐。"我在群里信誓旦旦地说。

7 年没有恋爱，却在学业和事业上突飞猛进的我深信：放下情感，才能高效地掌控一切。只要远离情感起伏，我就能感受稳定的快乐。

我如愿以偿地成了一个情绪稳定，处处优秀，曾经我梦想成为的人。但那个时候，我完全没有意识到，我为之骄傲的"情绪稳定"，实际上是"情感压抑"。

机械战士的宕机时刻

有一天，我收到了隔壁团队同事珍妮的 farewell dinner（离职送别晚餐）邀请。本来觉得是浪费时间的事，那天我突然想去看看。

到地方后，珍妮正在跟同事们聊天，笑得前仰后合。我看还没有开始，便找了个角落继续工作。

在送礼物环节，同事们都为珍妮送上了精心准备的礼物。有人做了一个照片墙，上面贴满了珍妮和大家一起工作的合照，有一起开会的照片、团队出游的合影，还有一些抓拍珍妮的表情包。我注意到，在看照片墙的时候，大家都很伤感，一个平日里不善言辞的同事竟然哭了。

那一瞬间，我的内心好像感受到一股力量，那股力量中有真诚的关心、信任和发自内心的不舍。我突然意识到，我从来没有想象过职场中能缔结这么紧密的关系，一直以来我和同事之间好像都隔着一堵厚厚的墙。

当珍妮拍着大家的肩膀说"江湖再见"时，他们紧紧拥在一起。而那一刻，我仿佛站在一堵冰冷的铁门外，看着他们围着一团火，在唱歌跳舞。我想靠近，但又被挡住了。

那天晚上，我一直想：如果某一天我离职了，我的同事会说什么？"小梁你很优秀""你PPT做得很好"……然后呢？他们会含着泪和我告别吗？

是不是我哪里出了问题？我开始问自己。

第二人生

一场教练对话让"机器人"哭了

"每次和她沟通,我都要大哭一场。但说来奇怪,哭完之后我竟然感觉好多了,行动力也更强了。"有一天朋友跟我分享她的教练对话体验,听完她的讲述我不禁好奇,什么样的对话竟然能让人聊到大哭?

大概我的内心开始渴望改变,我也决定尝试跟教练对话。

第一次教练对话是线上视频的形式,一进入会议室我就看到了 L 教练大大的笑容,像窗外的阳光一样温暖,寒暄了一会儿之后我们正式进入了当天的对话。

原本我对教练对话没什么期待,只想聊聊这种不停"卷"自己的状态如何改变。我以为教练会帮我分析现状、制订解决方案,但没想到聊了十几分钟我就开始有情绪。触动我情绪的点是教练开始问我:"你在害怕什么?"这个没来由的问题,让我开始思考自己为什么对任何事都要做 120 分的准备,为什么不断要求自己高效、精进,为什么 7 年没谈恋爱……回溯往事的时候,我发现所有事好像都有一个共同点:我在保护内心那个弱小的自己,害怕她受到伤害,所以不断筑高防护墙,给自己打造了一套坚硬的盔甲。

"我害怕弱小的自己受伤。"我几乎是强忍着泪说出这句话。

教练开始让我去连接内心那个小女孩,并让我和她对话。我好像看到了一个被关在小黑屋,坐在角落里的小女孩,她背对着我,我看不清她具体的样子,但我知道她存在。

当我走近小女孩,我感受到了她的抗拒,很不愿意面对我。

"她现在需要什么?"教练问道。

"好像什么都不需要,只需要我坐在旁边陪着她。"

当她感受到安全的时候,我问:"你为什么在这里?"

小女孩小声说:"是你把我扔在这里的,好像我见不得人,你觉得我不应该出来,因为我出来会让你丢脸。"她继续问我:"你为什么不喜欢我?我也是你的一部分。"

我的鼻子有点酸,但忍着没有让眼泪掉下来。小女孩的话让我非常震惊,也很心疼。

这个时候教练在旁边静静地陪着我,说:"没关系,哭也是可以的。"

我感受到了莫大的允许,继续在内心和小女孩对话。感受到她的委屈和难过,我说:"如果我让你出来,别人可能会觉得我很脆弱,不够优秀,我可能不会受到尊重。我看起来没有那么强的时候,会没有安全感。"

教练轻轻问我:"真的吗?那个小女孩出来以后你就不会被喜欢、被尊重了吗?"

我曾经无意识的信念,变成了此刻脑海中的一个等式,脆弱 = 不会被喜欢 / 被尊重,然而现实真是这样吗?我想到了身边的朋友,当她们表达脆弱的时候,我不会不喜欢她们,反而觉得这是一件很勇敢的事,我为什么不能这样?

对啊，我为什么不能这样？想到这里，我发现自己过去对"脆弱"有着莫名的恐惧，这种恐惧让我不断强化自己的外壳，让自己的能力越来越强，仿佛给自己打造了一套钢铁盔甲，任何枪林弹雨都不会伤害到我，看上去很自信，但真正看向内在的自己，我才发现那个小女孩是委屈的、无力的，想到这里，我突然意识到过去努力打造的外壳竟然变成了锁住内心小女孩的枷锁，我好像感受到了过去好多年都不曾有过的伤心，眼泪像开阀的水一样倾泻而出。

教练静静地陪着我，等到我情绪平复，问道："你现在有什么感觉？"

"我感觉到前所未有的轻松，好像自己自由了。"说完这句话，我的脑海中出现这样的画面：一个一直被关在小黑屋里的小女孩，她身上的铁链被打开了，怀着很多好奇和一点恐惧，她打开了关着的门，看到外面绿油油的草地上洒满了阳光，空气中弥漫着鲜花的香气，她觉得自己的身体都变得轻盈了，感受到了外面世界的温暖后，恐惧一点点消散了，小女孩心中涌起一股冲动，想要去认识和拥抱这个世界里的人，想要让真实的自己被看到，也相信自己会被接纳。

"带着这种感觉，你希望接下来会有哪些改变？"

怀着刚才的轻松，又得到了教练的助推，我开始想，这个打破了恐惧的枷锁、要以最真实的样子去拥抱世界的小女孩，想要做点什么呢？

我和教练一起头脑风暴，列了一个行动清单：

1. 尝试一次吐槽/抱怨；
2. 尝试在工作中说一次"我不知道""我不会""我需要更多时间"；
3. 尝试找一个人寻求帮助。

写下这个清单后，我的内心既有踏出舒适圈的紧张忐忑，也充满了对于改变和突破的期待。

当我开始表达自己

拿着跟教练一起列出的清单，我立刻开始了行动。

尝试吐槽

为什么连吐槽对我来说都是一个挑战？这是我列出行动清单时反思的第一个问题，回看过去，我发现自己脑海里好像有一个"检察官"，每一个想法都要先被它审视一遍，只有积极正向的想法才可以被表达，它总是要求我理解别人的行为，却不知不觉让我的内心积压了很多不满。

刚好有几天假期，我和三个朋友相约旅行，在出发前我就暗下决心：这次一定要吐槽一次，完成我的小目标。

于是聊天时，我一直在想什么时候可以吐槽？我要吐槽什么？我努力搜刮我的不满情绪，试图梳理一下逻辑，以免让别人觉得"这有什么好不满的？"

酝酿了半天之后，我终于第一次允许自己抱怨，表达了自己现在在做的项目有多么复杂，工作量非常大，本来就已经很辛苦了，结果还有一些同事不配合，导致花了更多的时间沟通，效率很低……说的时候我很忐忑，我担心她们认为这是因为我能力不够，所以时不时还要强调一下这件事情客观需要的时间。

"你才工作多久呀，不会做太正常了。"

"有的人就是很难合作，我也遇到过这种情况……"

"你一个人要做这么多事，真是太不容易了。"

她们以理解和共情回应我，没有评判和指责。

"我第一次吐槽这么多负面的情绪，你们不会觉得太负能量吗？"我内心还是有些不安地问。

"当然不会了，吐槽本身就是一种解压的方式啊。"

"对呀，谁会没有情绪呢？你说这些反而让我觉得你的形象更立体了。"

我的吐槽没有给我带来灾难，那一刻我感受到被治愈，第一次沉浸在惊喜和感动中。我意识到，原来并不是别人不接纳"弱小"的我，而是我从来没有给过其他人靠近那个真实的我的机会。

那天，我感觉到某种禁锢自己的力量在慢慢减弱，内心那个时刻确保正能量的"检察官"，好像没那么紧绷了。

带着收获和兴奋，我给教练发了一大段消息表达我的心情。"我知道你一定会做到的，而且接下来会做得越来越好！"很快我收到了教练的回复，简短而有力的回应，让我感受到满满的支持，对下一个挑战更有信心了！

尝试表达"做不到"

一直以来，在工作中我都追求"超出预期"，无论是时间上还是质量上都要求自己在现有标准上做得更好，对所有工作几乎来之不拒，所以工作量越来越大，投入的时间像滚雪球一样越来越多。受到教练的启发，我反思到我内心深处还是想要通过优秀的表现来证明自己的价值，但是做的多真的等于有价值吗？每个人的时间和精力都是有限的，该把时间投入到哪些事情上才不算浪费？我的内心也出现了一些问号。

正赶上有同事离职，她的工作要分给大家，上司说要来找我的时候，我想着这是一个挑战的好机会，但最终我还是没做到。即便我已经做了很多思想准备，内心还是不由自主会冒出担心：如果我拒绝，别人会不会觉得我没有能力，或者不愿意工作？这时我仿佛清晰地看到了我过去的模式，宁愿辛苦一点多花时间工作，也不愿意让别人失望。

无论如何一定要迈出这一步，我暗暗下定决心，连夜做了一张思维导图，列出自己手头上的所有项目，以及该项目下面细分的任务和具体进展、后续工作所需时间。做完这些后我觉得自己有点好笑，连拒绝别人都要做好120分的准备。

第二天我去和上司表达了我的想法，没想到他非常爽快地答应了我的要求，也没有像我想象中那样怀疑我的能力和效率，或是以为我不愿意承担工作。这次尝试也让我感受到，原先自己想象了太多评判和阻碍，但别人好像并不会因为某一件事而定义我这个人，想通这一点后，我轻松了很多。

第二个挑战也顺利完成，解除一层又一层限制后的我，终于呼吸到了轻松的空气，紧绷的神经也慢慢松弛下来。

随着对自己要求的放松，我终于摆脱天天加班的状态，每天尽可能19点前完成工作，晚上回家读书，和朋友聊天，运营自己的社群，做自己喜欢的事真是太幸福了。

类似这样的挑战，我后来也做了很多，比如在工作中坦诚表达自己的需要，争取其他同事的帮助和合作；在生活中不再评判自己，花更多时间跟朋友表达真实的感受，等等。刻意地练习多了，我逐渐感受到自己一步步被打开，我竟然走到了终极挑战面前：恋爱。

信任一个人，接纳他影响我的生活，牵动我的情绪，也相信他会怀着善意解读我的表达，这对我来说很不容易。然而原本非常封闭的我，竟然在几年恋爱后成功走入了婚姻的殿堂，我不仅体会到完成人生大事的快乐，更充分感觉到了自己和他人情感连接的幸福。

松弛感让我在生活和工作中都感受到了与人相处的真诚带来的亲密和信任，我悄悄想，未来某一天当我离开公司的时候，肯定也会有一场充满不舍的离别晚宴。

结　语

我的第二人生不是什么翻天覆地的职业转型，而是内心的自己的破茧成蝶。拥抱脆弱但真实的自己，让我懂得了完整比完美更重要。

我开始享受情绪的流动，关注自己的内在感受，情绪冒出来的时候不再急着去压抑，而是观察这种情绪来源于哪里，给我带来了什么样的感觉，让情绪像水一样流过我的心底。我不再假想情绪的可怕和失控，感受到了更多爱和温暖。有一次，我兴奋地跟朋友们分享："我内心的爱好像满到要溢出来了！"

我开始变得更大胆，打开自己后，我不再像以前一样害怕失败或是得到负面评价，我开始公开分享我的心路历程，我曾在微博连续75天每天更新一条视频分享我遇到的问题和解决方法，得到了很多有相似经历的小伙伴的共鸣，关注我的粉丝数也翻了10倍。

我开始帮助他人。我把自己的复盘方式做成了一套课程和工具，创建了人生复盘社群，帮助大家在每一天的生活中建立自我觉察，不断了解自己，过自己真正想要的生活。社群每月1期，到现在已经做了54期。在做复盘社群的过程中，我发现光靠自己进行复盘觉察，成长和改变要以年为单位花很多时间，而且自我觉察总会有一些盲区，有没有什么方式可以帮助大家更全面地觉察自己呢？

2023年,我决定成为一名人生教练,通过聆听和提问,帮助客户转变视角,激发内在潜能。在开始了认证教练课程的学习后,截至目前我已经支持了40多位小伙伴的成长,看见了一个又一个生命重新绽放。

而我也从中获得了巨大的滋养。在做社群、做分享、做人生教练的这几年,每一位小伙伴的积极反馈都成了我源源不断的能量。我曾被社群小伙伴写进博士论文的致谢中,她说我改变了她的生活轨迹,帮助她走出了人生低谷时刻;我也收到了很多客户的反馈,有人说:"完全没有想到教练对话是这么奇妙的一趟内在旅程,很快触达本质,我收获了巨大的礼物。"有人说:"我好像拥有了铠甲与宝剑,前方那条充满荆棘的路,已经没那么可怕了。"也有人说:"教练对话的感觉就好像有一个人站在你的思想河流中,ta会问你看到了什么,感受到什么,但不会打扰你,就随着你,在你的心里流动。"

在不断地以陪伴者、支持者、见证者的角色与这个世界互动的时候,我发现自己总是能够沉浸在心流中,在这些照见、欣赏、共鸣的时刻,感受到生命的滋养。

我的名字是Flora,罗马故事中给予世界万千华彩的花神。在过去的7年,我一心想着如何结最大最多的果,一度忘了开花。而现在,我放下了对结果的控制,闲庭信步,一路吸收养分,终于看见了自己与他人的鲜活和绽放。

本篇作者简介

梁嘉钰 Flora

国际教练联合会认证体系教练,女性职业发展社群主理人,某全球 500 强外企在职,拥有 9 年个人时间复盘经验,热爱读书和分享,每年读书时间超过 300 个小时。

手机:18672344172

微信:Flora-Jiayu

邮箱:coachflora@163.com

练习三

如何拥有勇气和力量，突围新人生？

从积极心理学的角度来说，每个人都有改变自己的渴望，小到想改变自己的心态和状态（更自信、更自律等），大到想改变自己的职业、生活现状（转岗、转行、结婚、离婚等）。但因为各式各样的理由和原因，很多时候这些念头冒出来不久就会被打回去，大部分人会选择继续面对现实。但有那样一类人，他们总是会诚实面对自己心中的想法，并且着手将其变成现实，哪怕在一开始他的想法听起来非常不靠谱甚至让人感到紧张。

这样忠于自己内心，突围人生的勇气和力量从哪里来呢？

在说勇气和力量之前，我们一定会聊到恐惧，而在我们说恐惧时，我们要先探索自己内心的需求，无欲则刚，当我们看到自己的"欲"，就会明白，我们极度需要的东西就是我们害怕失去的东西，当我们的需要和害怕太多，内心的力量和勇气就会减少。

要了解勇气,先了解恐惧;要了解恐惧,先看到需求。人有三大需求,安全感,掌控感,被接纳/允许。如果我们感觉自己不被接纳、认可和允许,就想要掌控,一旦我们感觉失控,内在的核心安全感就受到了威胁。

就像一个人在走钢丝,接纳和允许就像有人牵着扶着,就算跌倒也没事;一旦没有人牵着扶着,我们就想要抓安全绳,那时身体僵硬,整个世界只能靠自己,于是我们抓取身边一切可以抓取的能让自己有掌控感的东西。

如果连能抓取的东西也没有,失控就会让我们内心的安全感彻底崩盘。

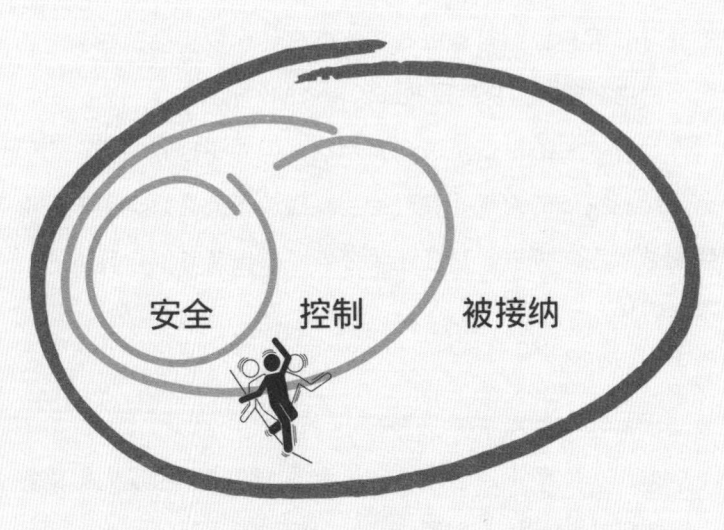

人生三大需求圈

为了避免内心崩盘，很多人一辈子都在向外抓取，用以填补内心匮乏的黑洞。抓取的方式多种多样，变得更有钱，获得更高的地位，就可以获得被接纳感；不去碰触困难的事和不确定的事，就可以获得更多掌控感，比如不进入亲密关系就不会被伤害，不创业就不会失败，不发生冲突就不会伤害关系，等等。这样迫于恐惧而掌控的方式，让我们活得很僵硬，离自己的本心也越来越远。

在我做教练的过程中，最常遇到的问题就是没有信心和勇气去面对当下和未来的不确定性，我经常使用下面4个步骤的练习，配合两张表格，来支持客户进行自我对话。

如果你也有内心想要改变什么的念头，但缺乏勇气与力量去正视它、实现它，那么请尝试用以下练习来做一次自我对话，这些问题是我在与客户对话时常常会问的，它们的目的并非让客户即刻行动去改变，而是让客户更多地看到阻碍自己的内在模式，也就是教练们常说的"心魔"。

我在人生的很多阶段也会用这些问题来自我对话，它们有时给我突破的力量，有时给我释然放下的智慧，但不论最终引导我走向哪里，都会让我在当下做出清晰的自我选择，不再内耗。

练习：

第一步：聚焦当下你想要改变的一件事，用正向的语言去描述它（比如用"我要"代替"我不要"）；

第二步：根据以下表格中的三个需求圈，详细填写自己在这件事中的关注点，可以写很多，越详细深入越好；

第三步：写完之后根据对应的问题列表，自问自答并记录对你有价值的思考和觉察；

第四步：做出当下对你来说最好的决定。

表1 用人生三大需求圈罗列自己的内心需求

三个需求圈	罗列在该事件中我的三类需求
被接纳/认可需求	罗列出自己希望得到的认可/接纳；不想自己的哪一点被评判；害怕什么
控制需求	罗列出自己想要掌控什么；自己害怕未知的什么；害怕什么失控
安全需求	描述自己的安全需求，看到自己安全感的来源是什么

每当我站在人生的十字路口，或看到了生活之外的机会和可能性，却因为怕自己无法追寻而甘于现状时，我都会用这个方法。

而在我罗列出具体的内心需求后，我便会意识到自己的恐惧和不确定感来自于哪里，之后我用下面表格对应的问题进行自我对话，我当下的内心也会因此发生变化，内心慢慢积聚力量，我的行动和决定也会变得越来越清晰。

表2 人生三大需求圈自问表

三个需求圈	自问问题
被接纳/认可需求	如果没有获得接纳/认可,最坏的结果是什么? 如果没有他人的接纳/认可,你会如何定义自己?
控制需求	你无法控制的是什么?你真正可以控制的是什么? 如果你放弃控制,你还拥有什么?你还可以拥有什么?
安全需求	如果失去这些安全感,你会怎样? 经历这些失去后,你还可以做什么? 你可以选择不去经历这些,继续保持现状以获得安全感,对你来说会怎么样?

第四部分

服务他人

爱修理的人会产生一种掌控因果的错觉,
爱服务的人知道他服务的是内心更伟大的、未知的东西。
我们修理的是具体的事情,
我们服务的是生命的完整和奥秘。
修理和帮助是小我的工作,而服务是灵魂的工作。
当你在帮助,你视生命为弱小的;
当你在修理,你视生命为破碎的;
当你在服务,你视生命为完整的。
修理和帮助可能会移除一时的痛苦,服务却在疗愈升华生命。
当我帮助,我感到满意,当我服务,我感到感恩。
修理的实相是评判,服务的实相则是连接。

21 生命之舞：
重新定义健康与生命长度

文 / 孔明

　　我们每个人都会遭遇各种挑战，最大的挑战之一就是疾病的威胁。如果病魔降临，我们会如何应对？是屈服于疾病的压力，为身体的缺憾而感到遗憾，还是面对疾病，积极做身体康复，努力前进？这篇文章主要讲述了王蒙（化名）的故事，她是一位身患血液肿瘤的年轻女孩，她重新定义了健康与生命的长度，进行积极治疗，积极康复，最终走向了痊愈，她的故事影响着许多人。

　　我，一名国际教练联合会的专业教练，作为王蒙的生命教练，参与并见证了她从一个被疾病困扰的女孩，变成一个充满希望和活力的拳击手，成为万名粉丝追捧的小红书博主，活出了自己的健康状态。让我们一起感受她的勇气和决心，一起感受她对生活的热爱和对未来的期待，并通过她的故事，重新定义我们自己的健康与生命长度。

病魔降临

人生就像一条湍急的河流，总会遭遇直流而下的意外转折，打乱原本的人生路线。三年前的那个清晰而遥远的日子，王蒙平静的生活被一张血液肿瘤的诊断书打破了。

王蒙，25岁，刚刚步入社会，满怀雄心壮志。她的眼神饱含热忱，笑容明亮灿烂，仿佛能照亮世界上每一个灰暗的角落，然而就在她刚刚踏上探索人生的道路时，生活却给了她最残酷的一击。

王蒙走进医院，心中忐忑不安，期待与恐惧交织。当医生把淋巴瘤的诊断结果交到她手上，那如同冷硬的死亡令状般的纸瞬间千斤重，她的世界仿佛突然坍塌，无助和恐惧在她的心头肆虐，让她几乎窒息。

她在诊室外面坐了许久，眼神空洞，内心撕裂开一个巨大的伤口，疼痛无比。自己还能活多久？我的人生意义在哪里？我是否只是生命浩渺的宇宙中，一个即将被摧毁的小小星球？王蒙心里涌出无数想法。

无力感向她袭来，已经规划好的未来在疾病的巨大阴影下显得苍白无力，曾经充满活力和欢笑的生活也瞬间远去。此刻王蒙的内心充满悲怆和绝望，病魔似乎已经坐在她生命的方向盘前，成了她的主宰，也许死亡就在不远的前方冷冷地等待着她……

但王蒙的一次主动的选择，改变了她的命运。

因为要接受化疗，在医院注射点滴的过程中，王蒙预约了一位人生教练，她本想找人聊天打发时间，转移自己的注意力，但人生教练向她问出的一个简单而深刻的问题，却让她开始了真正的思考，也为她之后的命运提供了改变的契机。

"如果你现在可以改变你的人生，你会为自己设计什么样的未来？"

这个问题犹如一颗种子，悄悄地落入她心底的土壤，她迎风而立，心中展开一片希望的绿洲。

神奇对话，激发希望

当一个人在混沌的黑暗中挣扎，即使是最微弱的光亮，也能照亮他前方的道路。这正是王蒙和我会面那天的情景。那天，病痛正将她囚禁在生命的悬崖边缘，然而崭新的生命理念即将在这片混沌的黑暗中开出金色的希望之花。

我是专业教练，也是探索积极人生的倡导者，我的理念是支持客户，积极践行生命体验，不断促进客户的自身成长。我的眼里不含哀怜，只有平等和理解。王蒙通过朋友介绍找到了我，我们在医院的化疗治疗室第一次见面。

那天，王蒙衣着简洁，扎着马尾辫，手臂上还在打着静脉针，接受治疗。见面后，我们对视一眼，消瘦的脸庞，大眼睛，里面隐隐透露出对生命的渴望，构成了我对她的第一印象。在等待化疗结束的期间，我们开始了第一次教练对话。

"我得的是血液肿瘤，医生说这个病可以治愈，但需要看运气。定期接受这种打针治疗特别无聊，我听朋友说起您，可以给人带来希望，直面人生转折。所以我想先跟您约5次吧，打发我的打针时光，如果真的能改变我的人生，比如让我痊愈，哈哈，那也是您一半的功劳。话说，咱们俩就这样聊聊，我就会开启'新的人生'吗？"王蒙爽朗地和我打招呼，话语中既有调皮，又带着一丝希望。

我看着她，问了她一个简单却有深意的问题："如果你可以重新设计你的人生，你会怎么做？"

王蒙陷入深思，我静静地看着她，无论她的选择是什么，作为教练，我都会支持和陪伴她。

当时的我并不知道，这个问题给她带来了多大的冲击，像一颗小石头投进了她的脑海，却掀起了足以改变她人生的巨浪。她开始思考，在疾病的威胁下自己想要做什么，想要追求什么。她开始重新审视自己的内心，曾被自己忽视和遗忘的渴望重新浮现出来。

她突然意识到，生命不是关于死亡，而是关于生活。她决定不再抱着消极的心态接受病魔的肆虐，而是要勇敢地站起来，用她自己的方式面对未来，换一个角度看世界，找寻希望和光明。

这个问题的回答，王蒙整整说了10分钟。

"既然得病了，就好好治病……既然让我设计，我得为自己想个好结局，这个由我掌控。我还是很有设计天赋的，我会画画而且画得很好，我对我的人生有很多想法……但我很恐惧时间，我有时觉得时间不多了，想好好利用时间，把几个以前没完成的小心愿实现，刚好我也不用上班，我一直琢磨玩玩直播，人家能直播跳舞，我这个吃药治病的，说不定也能当网红。对了，孔教练你能像这样，一直陪着我吗？"

王蒙越说越兴奋，脸颊也透出一丝红润。她好像终于明白，她可以不做被疾病定义的受害者，而是用自己的选择来定义生活，至少此刻，她在意识层面是可以有其他选择的。所以她决定拥抱生活，接受挑战，用勇气照亮生命旅程。而现在，她必须向疾病宣战，展开她逆转命运的勇敢行动。

希望的种子已经种下，她知道这并不是一朝一夕就能完成的事，这将是一场内心深处的斗争，也是一场无法回避的生死较量。她准备好了，拿起了她的武器，决心用希望的光亮消灭疾病的阴影，让生命如阳光般炽热。

那一刻，她向自己承诺，即使明天未知，她也要尽自己最大的努力，拥抱生活。即便前路充满崎岖与荆棘，只要内心燃烧着的希望之火未曾熄灭，她就有信心和勇气面对这些挑战，并克服它们。

一次偶然的对话，一颗希望的种子，让王蒙开始了重新定义健康与生命长度的征程。那天，她第一次直面病魔却没有崩溃，第一次勇敢地面对宿命，让所有的挑战都成了强大自我的养分。

重新定义"健康"

当王蒙走出医院,一种全新的力量充满了她的全身,那是凝聚了绝望与勇气的力量,是对生命的深深热爱和对未来的坚定信念。

作为她踏入新生活的第一步,王蒙加入了当地小有名气的拳击俱乐部。她自报家门道:"我要学拳击,我一直都有一个小愿望,学会一套组合拳,让别人说这个女孩不好惹。现在我被宣判得了癌症,所以我要加速实现这个愿望,你们一定要收我。"

俱乐部的教练一开始以为她是来砸场子的,还是王蒙拿出检验报告,并拿出信用卡一副恨不得马上刷卡缴费的样子,才让教练相信了她。俱乐部的老板得知此事,专程打电话和王蒙确认,并做出一个震惊众人的决定:免费收王蒙为学员,学费从她康复的那一天开始算起。王蒙哈哈大笑:"太好了,就算中途死了,我也赚了。"这一句话吓得拳馆的教练连忙让她闭嘴:"快说点好的!我们的目的是要收费!"

尽管身体虚弱,但王蒙的拳击有力量,有激情,和她希望的新生活的理念一致。她想要培养一种身体和精神的力量,用最直接的方式击败疾病。拳击,在她看来,就是打败疾病的绝佳方式。

第一次走进拳击场,王蒙是紧张的,看到拳击手戴着厚厚的拳套,用力击打着沙袋的健硕背影,不禁有些茫然。他们汗流浃背，紧张而专注，而她像一个误入训练场的路人。

但王蒙还是鼓起勇气，走到教练面前说她想尝试拳击。教练的目光在她瘦弱的身体上扫过，满是质疑。然后，他看到了她的眼睛，那双充满坚决和期待的眼睛，打动了教练。

接下来的时间里，王蒙经历了她生命中最艰难的训练。她的身体无法与壮硕的男人相比，每一次训练后，她的手脚都会疼痛，有时候甚至没有力气站起来，但她还是倔强地坚持下来了，因为她知道这些痛苦都不过是她希望之路上的一块块垫脚石。

一边接受癌症治疗，一边练习拳击，一边进行教练对话。有一次，王蒙与我的教练对话是关于"加速自己真正地恢复健康"，我们的对话是自由地流淌而发生，问题也是通过王蒙一个一个回答孕育而生：

"在你的人生中，如何定义'真正的'？"

"你如何定义'恢复健康'？"

"当下的你接受抗癌治疗，同时又在练习拳击，对这些体验你有什么新的感受？"

"在体验过程中，你发现了自己哪些特质？"

"当下你对'恢复健康'的理解与之前相比有哪些变化？"

"带着'真正的'的视角，你对'恢复健康'有哪些新的定义？"

病痛与生活的挫折不再是重负，而成了挑战和陪伴。每一次击打沙袋，都是她对生命的热爱和对未来的决心的证明，都宣示着一个信念——不论遇到什么困境，她都会战胜它，重新定义自己的人生。

王蒙这样重新理解"健康"——一种敬畏生命的生活方式，有清晰明确的生活目标，身体情绪与内心感受相通，并积极地促进目标达成的一种状态。这种状态与是否身患疾病，是否身有缺陷无关（说到这里，我想起王蒙喜欢摸她因为化疗专门剪的短发）。哪怕有一天，生命因为疾病而终止，"健康"的精神也会伴随整个生命历程。

真是令人震撼的理解！堪称伟大！

王蒙真正做到了视疾病为真实生命的一部分，从之前的抗拒，到每天可以好好问自己，疾病今天怎么样了，她就像在问候一位自己的好朋友。没错，之前她抗拒疾病的存在，甚至怨恨、躲避。现在她意识到"疾病此刻是我生命中的真实的存在""如果疾病就是真实存在，那就在拳馆里，让它成为我的陪练，在生活中，陪我走完康复的旅程，在下一个分叉口，我们再分开""我陪着疾病走完我生命的最后一段，然后我先离开，疾病仅仅是我的一个朋友而已"……

有了这样的想法，王蒙在拳馆练习的过程中，摆脱了孤独和慌乱。每一次出击，每一次躲闪，都像在编织一幅勇敢者的胜利画卷——和疾病成为互练的伙伴，相互鼓励、陪伴与问候。王蒙在拳击场上的表现，也点燃了她的教练，点燃了来训练的很多人。每个人都知道这是一位血液肿瘤患者，正在完成自己当年的心愿，但并非所有人知道，她正在和

"疾病"成为伙伴。

探索生命新篇章

在拳击训练中,每一个突破都带着血与汗的味道,带着生命力的气息。练习拳击对王蒙来说绝非易事,病痛和治疗令她抵抗力下降,体力也大不如前,可正是这"软软"的拳头,成为"为生而运动"的最好注解,填补了她内心的裂隙,渐渐地,她开始乐在其中,出拳速度也渐渐快了起来,拳击馆的教练敏锐地观察到这一点并反馈给她。她兴奋地把反馈告诉了我,并约定下一次对话,聊聊她思考的新的可能性。

广州的5月初已经可以用炎热来形容了。王蒙结束了一期化疗后给自己安排了一张拳击艺术照作为奖励,随后跟我约定时间:"教练,我需要你的支持!"她想认真地探索生命的新篇章。

经过35分钟的教练对话,王蒙这样总结她的收获。

"这段时间的治疗,让我感觉轻松了不少。疾病的缓解和精神放松后的全身状态的转变,让我对人生有了新的体验。情绪会很大程度地影响人,可能正向,也可能反向。

"拳击给了我新的体验。练拳时,我的拳头每次出击,都带着探索,一开始我控制不好,姿势不对,用气不稳。教练告诉我说是因为我的身体核心力量不够,我觉得那是很专业的说法,用我的话说就是一开始我的心力不够掌控我的肌肉。现在我感觉自己身心合一了，这种感觉真好。我的拳头可以代表我的力量，向着目标出击，掌控自如。

"练习拳击2个月了，拳馆的教练说很多学员会专程来看我的训练，我还真的发现了我的粉丝。没想到我居然小有名气。每天练习出拳带来的进步和掌控感，让我再一次对'掌控生命，并与生命共舞'好奇。

"我的生命新篇章的名字就是'与生命共舞'，我想影响更多的肿瘤患者。"

的确，王蒙是有力量去影响像她一样的患者的人。化疗许久后的一天，医生告诉她，她的几个肿瘤康复的指标都非常好。我想这是她出拳最好的一次。在得知好消息的当天，王蒙给我发了长长的一段文字：

"哈喽，孔教练，跟你说个好消息，今天复查，医生告诉我几个康复指标特别好。看来我真的要'掀开新篇章'。刚才我翻看自己的小红书，做出一个重要决定——我要去影响1000个和我一样身患疾病的人，我要带着他们一起走向缓解和康复，变得更加强大，开启新的生活。孔教练，你觉得行吗？"

我拿着手机的手有点颤抖。似乎有一种强大的力量，正透过手机生发出来。在我的脑海中，1000个被王蒙影响的患者聚在一起，分享自己与疾病抗争的故事，突然间我脑海中的画面无限放大，里面不仅仅有1000个患者，还有更多健康的人，每一个遇到王蒙的人都会变得更加强大，开启自己新的第二人生。

开启人生新征程

"明哥,今天我想聊的话题是'我如何影响更多的人'。"王蒙笑眯眯地对我说。

我敏锐地发现了王蒙目标的改变,并向她提问:"哦,我记得上次你说要影响1000个和你一样患病的人,今天却是影响更多的人,是什么让你改变了想法?"

"病人也是人,而且我想起之前的我,虽然身体健康,但从某种意义上说,也是需要积极干预和鼓舞的。每个人需要有力量,更重要的是如何学会运用内在和外在的力量,让自己过上更好的生活。这一点我深有体会。所以我的目标是影响更多的人,对所有人,不仅仅是病人。"王蒙认真地说,眼神中充满了坚定。

"我感受到了你对生命的尊重,你好像重新认识了生命,是吗?"

王蒙重重地点点头:"是的,教练,我现在对生命有了新的认识,这是我设定目标的初心。我经历了一段独特的心路历程,而且有幸运的成分。"

以下是当时我向王蒙提出的三个教练问题:

"你如何理解'影响'?你想影响别人的什么?"

"你是如何影响你自己的?"

"在接下来影响别人的过程中,你如何与这个世界相处?"

教练对话后,王蒙的眼睛里闪着光芒,她拿起拳击手套对我比画了下,说:"我决定了,讲好自己的故事,把真实的我介绍给这个世界,就在小红书上,把我的故事传递给有需要的人,我想让每个人按照自己当下的状态,选择他需要的信息,从而激发他的行动。"

她开始在小红书分享自己的故事,她记录了自己对抗疾病的每一个瞬间,分享自己在拳击训练中拾获的力量和信心。她的文字简洁明了,照片色彩鲜明,场景真实,让每一个看到的读者都感动不已。

王蒙擅长将自己的生活和情感诉诸文字,她的故事和思考深嵌在每个篇章之间,阅读她的文字,就能感受到她的喜怒哀乐,也能感受到生活的深度和广度。她的话语像阳光,照进了阅读者的内心深处,带给人们慰藉和力量。王蒙也参与解答人们对疾病的困惑和对生命的恐惧。她的平静和坚忍,以及那份对生命的热爱,感染着每一个听她讲故事的人。许多人因此找到了希望,找到了面对生活低谷的力量。

王蒙的故事引发了人们对生命和生活态度的深思,许多人开始反思自己的生活,并寻找对抗困难的力量。王蒙用自身的变化,激励许多屏幕另一头的人,鼓舞他们积极面对生活,勇敢追求梦想。她的粉丝被她的故事所鼓舞,常常一起组织活动,一起健身,一起读书,一起分享生活中的点滴,彼此鼓励,相互支持,如同家人一般温暖。

第二人生

结语:传递爱与希望

宇宙中可能存在一种吸引力法则。就在王蒙积极分享自己的抗癌故事,积极康复治疗,练习拳击时,她的身边出现了不少热心公益,为患者和大众提供心理辅导、生活照顾、康复训练等多种服务的志愿者和专业人士,她真正实现了"影响更多人"的愿望。

如今,王蒙已经不再是当初那个活在疾病恐惧中的女孩,她以一种全新的姿态,开始了自己的第二人生。

她与疾病成为"朋友",重新拿回了自己下半生的主动权;

她勇敢而坚定地跟随初心,终于实现了儿时的愿望——成为一名业余拳击手;

她对自己的变化有清晰的觉知,对健康和生命有了全新的定义;

她对自己的生命有更高的要求,她抱着助人的善意,用自己的经历去影响更多的人,希望每个人都能健康地活着。

人生的第二曲线,每个人都有自己的可能性。教练对话将这种可能性在个人层面上体现出充分的"私人定制",教练问题并非事先确定,而是在实时对话的当下迸发,如同生命的河流自由流淌,奔向大海。在这个故事里,王蒙展示出的是一种令人鼓舞的生命延续的可能性。

庆祝王蒙的新生!也感谢她,让我每每回忆起与她教练对话的点滴,心中都会充满温暖和力量。

本篇作者简介

孔明

国际教练联合会认证专业级教练，国家认证二级心理咨询师，高管教练，高绩效销售教练。曾任职于世界 500 强领先外资企业，拥有近 20 年的中高级管理工作经验。曾在快消品营销、母婴用品、大健康医疗等多元化产业担任过公司/集团重要岗位负责人。教练服务时间超过 1900 小时，客户来自于先进制造业、汽车、医疗、金融、电子、互联网、消费品零售、个体经营等多个领域。

教练风格：刚柔并济，系统整合，简洁高效。聚焦个人/团队的迭代成长、转型进化，能高效帮助客户识别困扰模式并突破，实现第二曲线跃迁，跨越从"知道"（心智格局提升）到"做到"（行为结果转变）的转化。

手机：13926268217

微信：gzkongming

邮箱：kongming@126.com

22 有一种离职，叫作"设计离职"

文 / 刘阳 Sunny

在经济环境和行业变化的背景下，很多人不得不被动离职，但也有很大一部分人主动离职，裸辞、创业成为30岁人群的高频词语，甚至成了一股风潮。然而普通人面对离职和继续工作两条路时，该如何选择？

本篇我想用一个客户的故事，重新定义"离职"，也让我们退后一步考虑，除了离职和继续工作，你是否还有属于你的第三选择。

这个故事从站在是否要离职的十字路口开始，经历了深度的思考和随之而来的个人成长，送给所有心怀理想的职场人。

等等，先别离职！

"阳阳，你说我要不要离职？"CC（化名）走进咖啡厅，人还没落座，便着急地问我。我端着杯子的手颤了一下，感受到 CC 话里的急切和焦虑。

CC 今年 33 岁,从小到大一直是大家眼中的"别人家的乖乖女",一路名校本科到研究生,成绩优秀,毕业时按部就班地成了全国 500 强企业的管培生,在传统行业待了 5 年之后,她踌躇满志地转行到了互联网行业,在互联网大公司做了 3 年产品运营,日常的她是周围人眼中的"工作狂",她自己也一直很骄傲。可如今的她犹豫了,面对朋友的创业邀请,是选择继续在公司扮演螺丝钉,还是趁着年轻勇敢离职冒险创业?在职场的十字路口,面对年龄焦虑、成长焦虑、未来不确定性的焦虑……CC 不知所措。

3 年前,CC 放弃了在国企即将晋升的机会,义无反顾地加入互联网大潮,原因是她发现之前的同学在互联网圈里都混得很好,待遇高,机会多,见的世面也多,CC 自小就觉得自己不比别人差,便来了一场说走就走的离职,果断转行,开始做产品运营。

起初进入互联网公司时,CC 也是适应了好一阵子。虽然不打卡的工作节奏看似自由,但也失去了准时下班的快乐和期待,周末的日子里也需要手机不离身,看到工作群的消息,便要放下手里的一切,立即处理。两年马不停蹄的工作,让 CC 在组织里站稳了脚跟,专业上也有了能拿得出手的成果。但看着不错的未来,却让 CC 无法真正地快乐起来。

"阳阳,我身边的同事都是 95 后了,你知道互联网流传的 35 岁危机吗?公司越来越喜欢年轻人,我还有两年就 35

岁了，我真不知道如果我这次晋升不上管理岗的话，以后还有没有机会了……我不想一直在这里内卷下去，真有点卷不动了。朋友拉我去创业，我有些心动也有些心虚。虽说创业是为了自己的未来，但是这意味着我要离开熟悉的团队和岗位，放弃我现在的积累，从零开始。虽然我对自己的能力有信心，但是如果未来的行业发展风云变幻，我能行吗？可是不去冒险，我就只能在这里继续做螺丝钉，也不知道能安稳多久，如果几年之后我被淘汰，那时候年龄更大的我，岂不是机会更少了？"CC一边说着，一边低下头，盯着咖啡杯陷入沉默。

作为CC的教练，我意识到她陷入了一个思想怪圈。CC给自己找了一个个"假想敌"，每一个不同的选择，都在假设一种不好的结果，所以每一个"如果"的背后，都是不确定性带来的不安。因为假设的终点都是不好的结果，人自然就会变得没有力量，没有依靠，非常无助。在职业选择的十字路口，很多人都担心做出错误的选择，而内心的焦虑会让我们放大对未知的恐惧。

不知道什么时候，职业发展好像有个"成功的标准画像"，比如一毕业要从管培生做起，毕业3年后最好走向管理岗位，30岁就要往高级经理努力，如果35岁还没晋升到中层，那大概率与公司的高管岗位无缘了。从什么时候起，我们的成功由外界定义？而我们在成功的标准答案的裹挟下艰难度日？"总是在担心"仿佛成了职场人最常见的状态，担心工作做不好没有高绩效，担心得不到同事的认可不能融入团队……

"如果35岁的你拥有了你理想中的事业，那会是什么样子？"我试图打破她的怪圈，将她的内在渴望与想象力连接起来。

"我想那时的我，不会为未来的职业而焦虑，或者即使有焦虑，我也能更有底气去面对未知。35岁的我，应该已经找到了自己职业的核心竞争力，并开始着手提高自己的专业壁垒，不会再担心公司辞退我，而是我拥有了可以随时从公司辞职的底气！"说这些话的时候，CC的语气明显坚定了许多，肩膀也挺了起来，眼神中多了一些期待。

"如果我们期待35岁迎来这样的理想画面，从现在开始'设计你的离职'，你会想到什么？"

"设计我的离职？"CC瞪大了眼睛，有点不敢相信。

"是啊，不是去冒险创业，不是委身现状，而是设计你的离职，让未来的职业规划多一份笃定与信心，你会想到什么？"我继续问道。

"那我先不离职，我要把我当下负责的这个产品做到行业第一，再去创业！"CC脱口而出，整个人像是被注入了新的能量。

作为教练，在听到CC描述的职业焦虑，看到她在面临的两难选择——进与退都有挑战时，我更好奇的是让她无法下定决心的是什么，在选择的背后真正期待的是什么。这时候CC需要的不是快刀斩乱麻式地尽快做出选择，而是允许自己徘徊在此刻的这个路口，与自己对话。如果无法跳出选项去看我们真正面临的"题目"，任何选择最终都有可能不是我们真正所求。所以重要的是在当前的选项之外，是否有可能创造一个新的第三选择。

我问CC："在设计离职之前，回看你这一路的职业生涯，你看到了什么？"

"我已经毕业快10年了，这几年的互联网经历是最苦最快也是成长最大的几年。现在的我非常喜欢产品运营这个方向，虽然互联网公司的节奏很快，但是我也能切实地感受到自己每天都在学习，每当我负责的产品被投入市场、面向用户的时候，我都非常有成就感。周围人说我身上有股劲儿，一种不服输的执拗劲儿，我想也正是这股劲儿让我果断离开传统行业，一直奔跑，努力比别人赚得多，升得快。

"最近的我像是陷入了'年龄魔咒'，周围人都在说年轻人才是互联网的未来，所以我总有一种过几年就要被淘汰的恐惧感。说起离职，我现在隐约地感觉是逃避，逃避与年轻人竞争，我害怕自己的学习速度不够快，害怕在竞争中失败。"

"你的这股执拗劲儿，除了让你获得了薪资、职位的提升，它还带给了你什么？"我继续问。

"这股劲儿……"CC停顿了一下，继续说："它还让我在工作中能全情投入，所以我总是做得比别人快，我也愿意投入更多的时间，虽然入行晚，但是我感觉我的眼界和对产品的敏感度并不差，其间我也遇到了一些志同道合的同路人，这么回想起来，我的几任老板都觉得我的潜力不错，他们也非常信任我。"

"所以，如果面向未来，此刻开始设计离职，这股劲儿又会告诉你什么？"我看得出，CC 身上的这股劲儿一直伴随她，也塑造了她，就如同一个人内在的力量源泉，始终在引领着 CC 找到她自己。

"我想我会开始思考，如何让自己更有底气，如何在专业上获得更好的口碑，如何让自己不断成长。过去的我，很关注自己的薪资待遇是不是比同龄人高，是不是比别人晋升快，绩效是不是一直是 A，但是我也发现由于职场的规则使然，我不可能一直是塔尖儿上的人，如果我希望在 35 岁时拥有自己的理想事业，我就必须让'我'成为核心竞争力，不依赖某个组织的背书，而是让技能带在身上，让我自己成为别人信任的品牌。"

CC 的职业困惑是想找到完美的选择，但当我们换个视角，看见留下与离开之外的第三选项——设计离职，我们便看清了现在与未来的关系，这也意味着我们不再被动地等待选择，而是主动地创造自己想要的未来。做好随时离开你的工作岗位的准备，你就能够去思考什么工作能力是真正"长在"了自己的身上。

真正赋予你职业底气的，是你的内在成长。你是否真的具备了专业上踏踏实实的积累？你是否真的拥有可以获得市场验证的好的作品？你是否具备一种成长型的思维，始终能够从选择当中主动创造？当你有底气地站在你的职业路口，主动选择的时候，你才真的无所畏惧。那些平日里的刻意积累，会变成你随时可以选择暂停或重新开始的勇气。你可以选择离职，不要让离职选择你。让离职成为你积极的、成长性的选择。

第一次结束教练会谈的时候，CC 这样告诉我："好像真正让我焦虑的不是做选择，而是做出错误的选择。'设计离职'这个概念让我眼前一亮，选择本身没有对错，重要的是我们如何在选择之中，对自己诚实，对自己负责。"

教练问题参考表

职业生涯的选择，不是冲动的逃离或奋不顾身的冒险，而是我们向内探索、设计属于自己的职业路径的机会。没有人可以定义你的成长，也没有人可以替你成长。围绕职场人的"离职设计"，我与 CC 的教练会谈中包含了如下类似的问题供你参考：

1. 做什么事情的时候，你最容易产生心流状态？
2. 在什么样的环境下工作，会让你心情愉悦？
3. 你如何定义你的成长？如何知道你在成长？
4. 什么是你真正的离职原因？
5. 如果从这里离职，你期望带走什么？

比起离职,面对现实职场的人更勇敢

三个月后,CC 婉拒了创业机会,全身心投入当前团队的产品项目,并抓住了内部晋升机会,成为了一名团队管理者,我们再次相约在咖啡厅。

她对我说:"阳阳,'设计离职'这个概念,让我从当时的选择困境中跳了出来,我不再恐慌自己是不是错失机遇,而是抓住现有的资源,全力以赴将手上负责的产品打磨成为行业第一,这才是我在这段职业生涯中迫切的渴望。我知道某一天我会离开,我更期待的是带上自己的美好作品离开。设计离职让我把关注点放在了我的内在需求上。可是我现在遇到了非常棘手的问题,组织架构突然调整,空降了一位新老板,控制欲极强,给我的空间越来越小,我每天过得非常压抑……"CC 虽然化了妆,但是我看见了她的疲惫,心的疲惫。

"是什么让你压抑?"我问她。

她说道:"一种无力感,一种被当成了工具人的无力感,决定权永远在'上头'。我想做的和我能做的事情越来越不一样,我知道这里的资源和机会是我梦寐以求的,所以我不想辞职。但是我不想面对一个强势的老板,我只想纯粹地去做我的产品,我无法在老板的喜好和我的期待之间平衡,我没办法在工作中享受到成就感了……"

做不到、我不想、没办法……职场人的无力感,就是来自于对现实的无可奈何。每个人的现实世界都充满了不可控因素，违背我们意愿的事情也在不断发生，我们怎么与这些无法控制的事情对抗？出现无力感的原因大多是对自己的否定性评判，比如我无法改变现状，所以我很差劲。语言的背后是一个人的思维，在 CC 描述的现状里，我感受到了她对自己的否定，对工作中自我价值感的否定。如何重新获得力量？从重新设计自我暗示的语言开始。

"我们可以改写一下这个句子吗？将'我做不到……'变成'我如何能够……'？"我邀请 CC 思考。

"比如我如何能够在他的喜好和我的喜好之间做出平衡，能够和谐相处？" CC 问道。

"是的，假如你拥有一种力量可以平衡这两者，这个力量会是什么？"我追问。

CC 沉默了，几次欲言又止，好像内心有声音，但被自己按下了。

许久之后 CC 开口了："教练，一开始我不想回答你这个问题，因为我觉得根本不可能平衡。我的老板在意的是产品的市场表现，在意短期快速的收益，可我在乎的是团队的稳定性和产品研发过程中的风险点，两者怎么协调？可过去多次的教练会谈，已经让我开始有意识地觉察自己的模式了，当我意识到这种'否定'的想法出现之后，我提醒自己暂停一下，换个视角看一看，不再站在我和我老板的角色上看这个问题的话，会是什么样子。

"我突然有点想通了。CEO空降这个老板过来就是要他解决公司收益的问题,而我是最了解团队和项目细节的,我坚持的是持续的价值,但是我和我老板看中的都是产品能否在现阶段拿到稳定的市场占有率,我们视角不同,所以忽视了这个共同的目标。"

"我好像有点理解他了,为什么我和他无法和谐相处,他的处境变了,需求也变了。"当CC重新构建自己思考问题的方式,她的心也随之打开,自然地换位思考起老板的处境,"我之前的老板是很注重风险管理的人,所以每次我都会认真分析风险,但是现在的老板更关注指标,这就要求团队要不断地推出新方案,持续有新的动作。我其实也做了行动计划的,只是有时还没来得及说,就被他劈头盖脸地骂回去了,我也很委屈。想到这一点,我反而对自己更有信心了,下次我第一时间先说方案,而且我至少拿出三套方案一起汇报,我不相信他不接受!"

很明显,CC有了新的应对方案,更珍贵的是,她有了改变自己行为模式的勇气。

很多时候我们在工作中或人生中遇到的卡点,源于我们只执着于某一种解法,或者源于我们总想一下子、永远地解决问题,比如遇到不喜欢的老板,我们总想辞职或者祈祷对方赶快被换掉。重新回到职场中,那些我们不得不面对的问题,是否可以回归当下,尝试重新思考,不要让自己困在一种解决方案里,一种对短期就要见到效果的执念里。

用"如何可以……"的句式去思考当前问题，不仅仅能让我们更积极地去思考如何解决问题，更深层次的是，它能引领我们跳出固有的思维定式、认知圈套。

我们都知道，一个人的思维认知决定了能把自己活得有"多大"，教练的存在，有时候就是带你跳出来，别把自己活"小"了。

教练问题参考表

围绕职场人的"重新设计工作关系"，我与 CC 的教练会谈中包含了如下类似的问题供你参考：

1. 如果你的老板是你职业发展中的资源，你打算如何利用这个资源？

2. 此时此刻，你想在工作中体验什么，获得什么？

3. 有什么办法既能让你与老板和谐相处，又能让你持续获得工作价值感？

4. 基于这个答案，开始设计你每天的工作，会有什么改变？

5. 有什么办法可以在每天工作中让自己开心一点？

工作突然没那么重要了

"阳阳，我现在遇到什么事情或者情绪有起伏的时候，已经开始学会自我教练了。我知道没有标准答案，只有自己去找到答案。前几天，我与一个一年多未见的朋友碰面,她惊讶地说我现在变化好大,我也好像突然意识到,这一年时间里我经历了很多转折,像是开启了我的'第二人生'!"CC今天穿了件红色连衣裙,脸色红润,言语中充满喜悦。

跟 CC 的教练对话已经进行了一年,这一年里,CC 从最开始的职业选择焦虑,教练议题多是非黑即白的两面冲突,言语中一直迫切渴望得到答案,到慢慢地开始与自我对话。不断卸下身份的面具、渴望安全的枷锁后,教练对话的议题更加深度和多元,这一次,我们再一次聊到了职场人的"第二人生"。

"什么是你的第二人生?"我好奇地问道。

"过去的我可以比喻成 1.0 版本的我,是一直高速奔跑、直奔结果的,工作中的变化对我来说意味着问题、威胁、不安全,那时候工作就是我的全部,我用尽力气和精力搞定它,但物极必反,太累的自己就想逃。但是,当我带着'设计离职'的视角工作的时候,我升级成了 2.0,再面对职场中的挑战,我想到的是如何把挑战变成机遇,把经历变成可以装进头脑的财富,那段时间你也看到了,我很是积极主动,聊完问题后我就又能量满满地去战斗了,那时候的我在职场里成长最快。"CC 确实成长很快,内在认知带动外在行为的改变,让她在公司里获得了连续晋升,现在已经带起了几百人的团队,可谓年少有成,"现在的我,又有变化了,我感觉自己有点进入 3.0 的状态。"

CC 顿了一顿，拿起咖啡喝了一口，这间隙里我自然地问了句："3.0 的你，是怎样的？"

CC 说："3.0 的我，好像没有那么在意工作了。"

"哦？你又想离职了？"我带着微笑询问 CC，甚至觉得如果她此刻说想离职都是一件好事，她这些年的成长肉眼可见，是准备好了的状态。

"那倒没有啦！"CC 被我这句话问得笑了起来，估计是想到了我们最初见面时那个焦躁不安的自己，困在"到底要不要离职"的选择题上。

"现在看来那时的自己确实认知不够，思考问题不够成熟。"CC 自嘲道，"我说的 3.0 版本的自己，是把工作看淡了，现在的我好像更看重一些'虚'的东西，但我真的觉得那些才是生命的真谛。"CC 娓娓道来，抬头看天，边说边梳理自己的思绪，"过去的我，不管在职场的格子间，还是一心想要去创造属于自己的理想事业，归根结底我的本质是一样的，大多数时间都在为未来焦虑，周末想着下周的安排，假期也在处理工作，神经总是绷着的，忽略了自己和身边人的感受，忙忙碌碌却不知道真正的价值是什么。"

说到这里，CC 突然看向我："阳阳，你说我们有多少时刻，是真正活在当下的？眼睛里看着眼前的人，耳朵里听着这一刻的声音，感受着此刻自我最真实的情绪情感？没有活在当下，改变在当下，才是错过了人生中最美好的部分呀。"

"哇，你说这些的时候，我被打动了，感觉你站在了一个更宽广的人生观里。"我真切地反馈自己的感受，眼前的CC突然变得松弛、柔软又充满笃定的力量。

CC得到我的真诚鼓舞后，开始分享更多："是的，所有的焦虑都是因为试图掌控未来，但未来是不可控的，一切都在变化之中。只有活好当下，才让我感到充实和安稳，所以，让当下的选择由心而发，把未来的事情交给未来的自己，并且相信她，这是我真正想从内心生长出来的力量。"

这些话听上去很抽象，很虚，但坐在对面的我，却真切地感受到了CC的变化与力量，这些话不来自于她的大脑，而来自于她的心灵——CC的内心越来越强大了。

之后CC和我一起设计她的"第二人生"，她说只有职场的人生太狭隘了，她要主动设计的不只是离职，不只是职场，而是整个人生。

当你开始主动设计的时候，你的第二次人生就开始了。

虽然CC的内心已经萌生出许多智慧，但她依然有很多关于设计人生的困惑。

CC的困惑可能很多人也有，我们总会在人生的某一时刻突然意识到，自己不能把生命浪费在狭隘的人生轨道上，而应该去做些什么，才不枉这一生。

我们突然想要找寻并活出真实的自己，想要搞清楚被外在世界的面具所掩盖的自己的心之所向，想要融入自己的内心，倾听自己，让真挚真诚的自己引领接下来的人生。

这次设计，没有过于具体的目标（升职加薪、创业成功），也不没有过于具体的问题（搞定老板、突破业绩），而是一场关于人生意义、使命的探索与追寻。

CC 在这个过程里的巨大蜕变，让她在 5 年之后真的开启了属于自己的事业，但 CC 却说道："这不是重点，重点是我在设计人生的过程中，开始接受自己最美的状态不是完美，而是自然而然活在当下的美。"

"祝贺你终于开启理想事业。" CC 裸辞创业的那天，我发去祝贺信息。

"创业的我也不是完美的我，只是我喜欢的当下的自己。" CC 的回复恬静又笃定。

教练问题参考表

当下的思维状态与心态决定了我们的生命状态，在面对不可控、不可预测的挑战与变化的时候，我们要做好每个当下的选择，不再被迫接受安排，而是主动选择，从心选择。

围绕"此时此刻的内心选择"，我与 CC 的教练会谈中包含了如下类似的问题，供你参考：

1. 你的工作观是什么？你的人生观是什么？
2. 如果你的人生剩下 10 年，你会选择做什么？
3. 如果你的人生剩下 10 天，你会选择做什么？
4. 如果你的人生只剩下 10 个小时，你会选择做什么？
5. 此刻，对你最重要的是什么？
6. 什么是"你的美好作品"？

7. 此刻，你最想对自己说什么？
8. 你何时开始设计你的人生？

结　语

你的生命每时每刻都是新鲜生动的，人生使命就是如何充分利用你的生命为别人创造价值。当你眼中除了自己，还看到了别人的时候，你的第二人生就从"我"走向了"我们"，当你在尝试发挥自己的优势创造更独特的价值时，你的第二人生就带入了"使命感的驱动"。

突破职场困境不是遥远的设想，而是从当下的每一个选择开始，是从开始有勇气面对你的此时此刻开始。勇气不是毫不恐惧，勇气是面对未知、不确定性、不安全感时，仍然坚持行动，应对一切。在选择的空间里，创造就开始了。

我们生命的独特性，在于我们可以时刻创造"美好"，此刻，你就可以创造你的经历、你的感受。哪怕很小的改变，也是带来了人生改变的变量。做你自己人生的那个"变量"，你发生改变的时刻，便是结果发生改变的时刻。

当你开始主动设计，你的第二人生就开始了。CC 的经历也让我明白，最好的生命体验即是让工作与人生变成创造美好的过程。此刻的你，将用什么样的方式，何时开始设计你的工作和人生？

本篇作者简介

刘阳 Sunny

国际教练联合会认证准专业级教练,首批"斯坦福设计人生"中国认证教练,Points of You® (POY) 教练工具二级认证讲师,专注离职与转型的职场设计教练,中科院心理所认证心理咨询师。曾任某头部互联网企业事业部培训与文化负责人,拥有 10 年头部互联网人才发展和培训经验。

手机:13911099487

微信:coach-sunny

邮箱:coach_sunny@163.com

第四部分　服务他人

中产女性的突围

23

文 / 秦加一 Tiffany
（作者简介请见第32页）

"也许在经历很多很多之后，当我发现自己依然没有获得自己想要的成就和结果时，我会想办法让自己接受并自洽，我的人生就只能这样了……"一位正准备放弃自己安稳的工作，追寻事业新赛道的女性这样说道，言语之间还带着些许哽咽。

35 岁，是开始承受求职市场歧视的年龄，她不想继续"被选择"的命运，决定不再进入职场厮杀，自主创业。在她眼里，所有的创业者都是勇敢的人，是理想主义的英雄，但此刻的她清楚地知道，自己心中的勇敢与期待可能只占1%，剩下的都是恐慌与焦虑。

一个中产女性要经历多少才能开辟一条自己事业与人生的新赛道？

这篇文章写了我的两位客户的故事，她们追求渴望、摆脱恐惧的过程并不如小说女主角那般绚烂，但却是普通人挣扎沉浮，但又不轻言放弃的最真实的写照。

简妮：职业和职业备胎都要有

今天和我约午餐的客户是简妮，一位人力资源咨询公司的高级合伙人，精致的卷发，驼色的大衣，走路带风的黑色阔腿裤，配上相得益彰的妆容，从一个人的衣着品位可以看出她的经历和眼界，甚至能感知到她的收入水平，眼前这位散发着成熟和干练的职场女性，年薪至少在80万上下。

午餐时她对我说："Tiff（朋友对作者英文名的简称），我们公司刚结束战略会议，我感觉很好，你来帮我看看我明年怎么规划我的团队。我太需要你的教练支持了，不仅仅是厘清团队规划，还有我自己的第二职业发展怎么和我明年的布局联系上。"

我们的教练关系已经持续了3个多月，除了做她日常管理者角色的成长教练，我和她还有一个同盟约定：和她一起做"职业备胎"的规划与准备，以抵御未来不可预测的职场变化。

未雨绸缪一直是简妮的优势，但她自嘲说这是自己没有安全感、自信心不足的表现，我一直以为这是她自谦的说法，直到在后来我们更为深入的教练对话中，我才发现，这不是她自谦的玩笑话。

午餐过后，我们喝着咖啡进行了一小时的教练对话，她的思路清晰了很多，作为"教练作业"，接下来的一个月她要做一系列的团队内部工作：加强培训、团队建设、目标制定与分解等。虽然在职场摸爬滚打好多年，成绩也不错，但她知道在销售前线成长起来的自己没有太多管理经验，跟着创业公司从 0 到 1 打天下，全凭自己的一腔勇猛之力，但现在公司规模越来越大，她知道自己要有正规管理的思路和打法了，这也正好和现在公司的大基调方向吻合。

而关于她的职业备胎，她说："我想做心理咨询，我有证书，但我也想做培训咨询顾问，毕竟这么多年的经验积累和客户信任，如果转行我应该也能承接上。"

说起这些的时候简妮有点心不在焉，时间差不多了，我们默契地收了尾，约好下个月再见。

离开餐厅，我看了下手机，下午的线上教练还不着急，我决定走路回家。上海深秋的林荫小道别有一番味道，金黄的梧桐树叶几乎落了一大半。我穿着舒适宽松的毛衣外套，踩过片片落叶，等红灯时抬头望天，这种和自己在一起的时光，安静怡人，真是一种馈赠。

之所以能够时时慢下来享受这种馈赠，是因为我已经不在公司上班很多年了。

现在已经是我自主创业的第 9 年，职业前半段我积累了丰富的职场资源，以及在负责中国区盈亏的高管团队里锻炼出来的管理经验和商业头脑，让我的创业没有遇到太大挑战，顺利地度过生存期，团队也在日益壮大。

离职后初期，我为企业提供管理培训、1 对 1 管理者教练，而现在，我的教练服务时间锐减，更多聚焦在自己的公司业务战略和经营上。

但比起这些，我更喜欢自己这些年的生活状态，很多人都说创业是一种生活方式，忙碌是肯定的，但节奏是可以自己掌握的，那种不再被推着走的自由度，让我感受到了活着和为自己活着的意义。

相信这一点，很多精神独立女性也会认同。

因为我的转型经历，那些"不安分"的职场女性都会找到我，不论是主动还是被动，她们都希望自己能有新的职业赛道，"创业女性"，这个词语对她们来说非常有魔力，这不仅仅是打开更大人生局面和增加人生体验的机会，也是彻底掌握自己命运的"大女主剧本"的开始。甚至有人跟我说："如果我再不去创业，可能我这辈子都会后悔。"

凯瑟琳：裸辞后我原地打转了3个月

就像下午约我的这位凯瑟琳女士，她刚从全球顶尖的战略咨询公司裸辞3个月，一开始她找到我想就她的创业计划跟我聊一聊，但是3个月过去，一点进展都没有，她每天都在焦虑和压力中看着时间流逝，她问我是怎么度过创业初期的，在发现我分享之后，总是带着一些关注她内心和当下状态的问题时，她第一次意识到，自己的问题也许不是"该怎么做"，而是先弄清楚自己内心真正想要的是什么。

创业是一件具象化的事情，我们每个人想借由创业这件事达成的内心渴望是不同的。

于是她雇佣我成了她的教练,用她的话说:"在改变世界之前,我得先搞定自己。"

下午3点,到家之后我准时打开线上会议软件,连接上了凯瑟琳,镜头里她坐在落地窗边的地毯上,奶白色的家具配着绿色的马醉木,仅仅这一角落,就能看出她是个有生活情调的姑娘,下午的阳光洒到她脸上,素面朝天,短发干练,她有种不用多加修饰的干净美丽。

"Hi,Tiff,我其实已经在电脑边等了很久,我太期待我们的对话了。"凯瑟琳的能量很高,说话很快,逻辑也很清晰,但那一刻我只觉得她迫不及待的样子有点可爱。

"打断你一下,小可爱,我感受到你的期待,还感受到你有很多内容准备跟我分享。"在她交代了自己的现状和背景,开始说自己的三个困惑点的时候,我微笑着介入打断了她,对于她的"有备而来",我要反其道而行了:"先和我一起做个深呼吸,把你的注意力从大脑转移到心脏,感受呼吸和心脏的起伏,我要确保你这语速能为你的大脑充分供氧。"

一个小玩笑让凯瑟琳扑哧一声笑了出来,原本有点紧张的她听话照做,安定了自己,她的语速也自然降了下来,我成功开启了新的对话氛围。

在松弛缓慢的对话环境里,原本左脑逻辑强大的凯瑟琳,第一次连接到自己内心的感受与声音,这时她才发现原来自己焦虑的来源并非简单的害怕失败,更多是她无法接受自己

"从底层做起",她害怕周围人对她不好的评价,那些她做战略咨询时的投资人老板、上市公司的高管们会怎么看她?

当她假设那些人会如何评价她的时候,她意识到这些评价其实都来自于她的内心,那个不断嘲笑、看不起她的人,一直都是她自己:

"天啊!你竟然像个小丑一样开直播?"

"你不是高大上的咨询顾问吗?你现在在发朋友圈宣传你的这点小东西?"

"你坚持不下去的,趁早回职场老实积累更多经验,翅膀都还没长齐折腾什么?"

…………

我微笑地看着凯瑟琳,什么也没说,彼此沉默一段时间之后,她突然说:"我知道了。"

"知道什么了?"我俩的口吻都很平静,对话氛围就像是一个白色的空间里闪着一丝阳光一样令人舒适,又让人无限遐想。

"既然这些声音来自于我的内心,我就有能力主宰它们。"凯瑟琳说这话的时候并非言之凿凿,反而带着如释重负的松弛,"其实我一直都在害怕新的自己,害怕失去原有的身份,实际上我给自己太大的压力,说实话,我也没有要发展多大规模,成为多厉害的企业家,我只是想要一份属于自己的小事业。"

那次对话后不久,我收到凯瑟琳的邀请:"Tiffany,我的第一场直播,请你来参加。"

作为她的教练，我知道这一小步对她来说很不容易，同时又意义非凡。

在那之后，我陪伴支持她更大胆地布局自己的创业节奏和目标，获得了肉眼可见的成绩，但只有我俩知道她在内心里突破了多少自我限制，直面内心恐惧、不畏他人评价、金钱羞耻感、野心羞耻感，等等。

一切看起来都很顺利，直到她第一个小产品面市后遭遇滑铁卢，备受打击的她甚至不愿意跟我继续教练对话："Tiff，我最近状态太差了，我不想用这么差的自己来面对你，再给我点时间，让我整理下自己。"

优秀的人只想给别人留下积极美好的形象，在一路高歌猛进的时候，她特别积极地约我教练，眉飞色舞地制订工作计划，享受一个个事项都被攻克和完成的畅快感。而现在，我知道她产生了面对失败的羞耻感。

但在这个失意的艰难时刻，她需要的是一份可以独处的允许和接纳。只要她不出现心理健康问题，作为教练我就支持她和自己多待一会儿。

简妮：我的职业备胎其实是"泡沫"

"Tiffany，可以紧急约你做教练吗？我状态特别不好。"晚上睡觉前，我收到简妮的短信，非常意外，这样的"求救"一定是客户遇到了大的挑战，我给了她最近的几个可以约教练对话的时间，她不出意外地选了最近的一个，于是第二天一早，我们就在线上会议室视频见面了。

简妮没说几句话就开始哭，从她断断续续的表达里我了解到，今年形势突然变差，简妮的公司业务缩水，她部门原本几十个人被优化裁员，剩下的人接近个位数。

"这些天我也在想退路，希望自己振作起来积极应对，我想过找你把职业备胎计划提上议程，可真到这个时候我才发现我什么也没准备好，我之前还是把关注力过多地放在主业上了，我的备胎计划就是个泡沫。"看得出简妮很泄气，不像年初在上海碰面时的意气风发，但也正是在这个时候，我们的对话深入到了她的内心世界。

当我们聊到究竟是继续在公司"苟延残喘"，还是积极开拓属于自己的事业时，简妮摇摆不定，始终无法做出选择。

她说道："Tiffany，我怕穷，我太怕了……我觉得一离开公司我就会变穷，我不能再像现在这样想给自己花钱就给自己花钱了。我也怕自己要一切从零开始得不到支持，放弃当下所有的资源和成绩，我担心一个人没法成功，我什么也没准备好，没有资源，没有能力。"

听到这里，我内心一紧，也有一分欣慰：幕后大 Boss 终于出现了。[1]

---

[1] 在教练中，这个幕后大 Boss 也叫心魔，是藏在人们潜意识中的限制性信念，是人们对自己的信任评价，很多时候，它决定了一个人的精神独立性，继而影响一个人的潜能发挥与外在结果获得。

我们内心深深的恐惧，是驱使我们逃避核心问题的原因，也是让我们把注意力都放在既得利益上而忽略长远打算的始作俑者。简妮先前虽然理性上知道要给自己找"职业备胎"，但行为选择上她始终都把注意力放在主业上，今天她终于看到自己"口是心非""无法为长远计"的背后是在恐惧什么，而这恐惧的本质来源，是不相信"我可以承担自己的未来"的自我信念。

我们内心的力量决定我们当下的选择，而当下的选择就是未来的基础。

简妮内心的真相被撕开，但这一刻，她并没有得到力量："我看到了我的恐惧。"简妮哭着说道，"但是，我真的勇敢不起来，我太无力了。"

"如果我们不逼自己勇敢，承认今天的自己就是害怕，你会如何？注意是今天的自己，不是未来每一天的自己。"待简妮平复心情，我缓慢带出一个问题。

简妮擦拭眼角，也不着急立刻回答，这么多次交流，我们都有一种默契：好的教练问题，值得体会一番再思考作答，那样的结果可能更惊奇。

"我不知道自己会如何，但是当你问这个问题的时候，我突然平静了许多，好像不必逼迫自己今天就要做选择，想到这儿我的恐惧感少了很多。就像原来我被迫站在悬崖边缘，要么跳到对岸，要么就万劫不复，可是我身上什么安全设备都没有。"简妮的比喻恰如其分，"而现在，我好像可以退后几步,有了时间和空间去准备点什么,降落伞也好,锻炼自己的弹跳力也好……"

作为教练,我敏锐地抓到了要点:"简妮,这个画面带给你什么启发?"

简妮笑了,我想我们都知道了答案。

"Tiffany,之前我骗了自己也骗了你,我根本没有真心在做职业备胎计划,但是从现在开始,我真心地要开始了,请你继续做我的教练,并聚焦这点推进我的目标与行动落地吧。"

此刻我俩都能感受到她的动力与清晰的目标感,对话当晚,我收到了一份三千字的职业备胎行动计划书,没有太多言语,我们彼此都清楚:勇士的征程正式开启。

简妮在半年的准备期里落实了第一个 MVP[1] 产品闭环,也厘清了自己的商业模式与盈利逻辑,这让原本计划一年后裸辞的她提前半年就递上了辞呈,因为她需要更多的时间和精力去经营新事业。这个决定对她来说依旧不容易,但至少这次,她给自己准备了降落伞。

在一次聚会上,简妮跟其他女性朋友分享道:"促使我提前离职的不是感性的勇敢,而是理性的计算,我的教练 Tiffany 让我第一次真正去看自己的财务状况,从数字逻辑上带我整理了现状、预测了未来,当我把自己当一家公司来经

---

1 MVP:在最短时间内,用最小的投入,开发出可行性产品,能够用来验证市场需求和商业模式。

营,这极大地给了我安全感,我发现情况没有那么糟糕,我有至少三年的时间可以探索创业,试错。之前我一直活在感性支配的恐惧中,后来才发现只要我愿意坐下来直面它,一切都在我的掌控中。"

凯瑟琳:努力不一定有结果

"也许在经历很多很多之后,当我发现自己依然没有获得自己想要的成就和结果时,我会想办法让自己接受并自洽,我的人生就只能这样了……"这是凯瑟琳经历她的首个产品上市滑铁卢后跟我说的丧气话。

两周之后,凯瑟琳和我约在咖啡馆,是我提出来要在外面见面,听说她两个星期没出过门,作为离开企业很多年的人来说,我很清楚长时间不出门可不是什么好习惯。

深秋的天气有些冷,但今天有太阳,我坚持选了室外的位置,阳光与微风同时在皮肤上拂过,给人清新感,让人的状态也随之提升得更积极轻快些。

凯瑟琳一边抿着杯中的咖啡,一边跟我絮叨着她的失败:"产品发布的时候来了几百人,我还挺开心的,觉得自己这些年人缘还是不错,大家都很帮忙。可是发布完之后,成交的只有三四个,竟然还有付款以后放我鸽子要退款的,我真的很生气,还怼了他不讲信用。我知道这样是不对的,但我那时候,就是挺难受的。"

"现在的问题是，我到底还要不要开这个班，为这几个人交付，还是全部退款重来。"凯瑟琳似乎已经跳过了这段失败的痛苦，开始和我就事论事地探讨问题，但作为教练，我更关注解决问题背后的那个人，她真正要解决的是什么问题。

我望向凯瑟琳："这两个选择都可以，但我更关心选择之后，带给你的意义。"

"你这问题，真是诛心。"

凯瑟琳深叹一口气，还好她不抽烟，不然真怕她下一个动作就是点烟，她徐徐说道："就算只有个位数，我还是想交付，虽然这一把赔了夫人又折兵，可我还是想要闭环，给自己一个交代，这么做不理性对吧，不懂止损。"

凯瑟琳知道我依旧盯着她，把头别过去，看向街边的车水马龙，拿起咖啡又抿了一口，若有所思道："这次失败的经历让我思考，有时候努力不一定有结果。虽然这很难让人接受，但却是一个简单的事实。也许我缺的就是接受这个事实，接受它也是我人生的一部分。"

在大多数人听来，这是一句丧气话，但作为教练，我却从中感受到了凯瑟琳的成长机会："我听到你的臣服，这是种智慧，我也听到你好像明白如果不接受这部分的自己会给自己带来坏处？"

"是的，在这之前，我一直都不接受，所以我很痛苦，而且我沉浸在痛苦中，失去了向前的动力。"凯瑟琳意识到，比起失败的痛苦，失去向前的动力更可怕，对她重要的不仅仅是成功，更是每个当下前行的动力。

我拿出手机，饶有兴致地把前天凯瑟琳约我出来时发的那段话，当着她的面再次念给她听："Tiffany，我突然在想，也许在经历很多很多之后，当我发现自己依然没有获得自己想要的成就和结果时，我会想办法让自己接受并自洽，我的人生就只能这样了……"念完之后我略带戏谑地笑着问道："我亲爱的女主角，此刻这段台词带给你什么？"

凯瑟琳发出了大笑，有点不好意思，但也能看出她的洒脱飒气已经回来，过去的凄凄哀哀已消散在她的笑声中："我的人生就这样了，又如何呢？重要的是，依然保有前行的动力和希望呀。哎，我怎么说出了这么鸡汤的话，可我现在真的是这么想的。人生重要的，真的是这份前行的动力和希望，否则就真的是自己给自己提前画上句号了。"

这场对话之后，毫无疑问，凯瑟琳会带着这份动力与希望，继续扬帆起航。她的第一次用心交付获得了客户的认可，在与第一批客户的互动中，她发展迭代了新的产品与交付方式，重新调整了她的商业模式并在半年后取得了阶段性的小成功，从个位数的客户变成了近千人的活跃社群。

罗曼·罗兰说："世界上只有一种英雄主义，便是注视世界的真面目——并且爱世界。"[1]

---

[1] ［法］罗曼·罗兰，傅雷译：《米开朗琪罗传》，四川人民出版社2017年版，序言第005页。

结语：我们这样的女性

两个缩略版的职场女性转型故事就此打住，我也惋惜几千字的文章无法描述出她们实际的丰富经历，更无法深度刻画她们每个人内心的煎熬、澎湃的骄傲。

创业近10年，在接近40岁的今天，我突然想起第一家实习公司的女老板，那时候她刚从全球500强企业出来自主创业，不仅仅要开拓业务、带新人，还要回家带孩子、做家务、照顾老公和公婆起居……离开之后，我偶尔听说她的创业之路起起伏伏，并非事事如意。

这大概就是现实世界里英雄最真实的模样，令人意想不到的是，这位女老板的形象，竟成了20年后我主要服务的教练客户典型的画像。

我相信，掌握自己命运的女性都有一个相同的宿命：带着最理想的力量，去接受现实最无情的鞭打，在理想与现实的摩擦中，还原最真实的自己。而唯有真实的自己，才能始终立足于风雨变化，稳如磐石。

作为一名女性创业转型教练，我不想谈太多关于女性独立、女性主义的宏大主题或理论模型，比起爱那些抽象概念，我更想去爱一个个具体的人。

所以，诚如这篇文章，我希望这两个微小但真实的故事，能以最贴近你的角度，给到你具体的启发与力量。

时间规划：
第二人生开挂指南

文 / 王喜儿

24

12 年前的一个普通的阴天，刚刚拿到离婚判决书的我在法院门口站了很久，不知未来去向何方。

然而当时婚姻失意、事业受挫的我完全想不到，12 年后的我会在杭州定居，比 23 岁更健康，更有活力；还拥有了一段高质量且不断升华的亲密关系，不断地得到滋养，更重要的是，我永远告别了职场，找到了和人生终极使命合一的事业，充满幸福感，实现了时间自由、财务自由、心灵自由。

这些变化不是突然发生的，而是在每一次自我觉察—信念松动—付诸行动中，生命的剧本被改写了。

带着真实的生命体悟，2023 年我成了一名时间规划师 & 人生教练，过去几个月中用时间规划方法论和教练式对话支持了 100 多位客户"看见昨天，过好今天，设计明天"，通过觉察时间，重塑生命。

如果你在经历痛苦，请把它当作一份觉醒的礼物；如果你想要改变，当下就是最好的时机；如果你需要方法和支持，希望这篇文章可以帮到你。

非典型人生样本

作为一个非典型人生样本，我过去的 35 年分成了两个清晰的段落：

和大多数人相似的第一人生：从 18 线小城市考到杭州，读了 4 年法律，毕业后进入律所，开始加班熬夜，毕业一年后结婚……

原地开挂的第二人生：从令人身心俱疲的离婚诉讼，到 12 年如一日的甜甜恋爱；从破产负债 7 位数，到 33 岁提前退休；从一天有效时间 4 小时到 12 小时——约等于生命延长了三倍。

如果不经历低谷，我也许不会有机会去问自己：到底什么是我真的想要的？之后的改变也就不会发生。

两个 Aha Moment（顿悟时刻）

2012 年，当时的我身陷一段不成熟的婚姻关系，深受困扰，明明自己身心疲惫、痛苦不堪却还在一直纠结，而最终促使我下决定的是脑海里突然冒出的一个声音：10 年后，我理想的状态是怎样？——自由且快乐，有生命力地活着。

这个答案没经过思考，瞬间在我脑海里浮现了出来。

当时我的心突然就安静了，既然这段关系和我的未来毫无关联，我还有什么不能舍弃的呢？

从那天开始我不再纠结，尽管处理的过程漫长而艰难，但一想到"自由且快乐的未来的我"，我就有了支持自己的力量和克服阻碍的动力。

这就是教练对话中常常发生的"aha moment"，也叫顿悟时刻。同样的情景在2023年再次出现，我的教练&时间规划师栋哥问我："离开这个世界前，有什么是你一定想要完成的事？"

2个小时的深度对话中，我写下了人生中第一份"遗愿清单"。

1. 支持1000人找到并达成人生使命。

2. 支持1000个女孩成长。

3. 影响1000个身边的人，让真实的看见和连接发生。

…………

答案来自于那些曾经反复在我脑海中出现、却因为种种原因被忽略的事；来自于那些用"生活充实"作为借口，而逃避思考的事；来自于那些明明很重要我却一直没去面对的事。

接下来的几个月，我的人生发生了许多变化：

成为时间规划师，1对1支持了100多个客户，搭建了规划师平台，目前已孵化60多位规划师伙伴。

加入了支持农村女孩成长的公益机构"有灵且美"，作为志愿者在湖北组织了两场面对青春期女孩的性教育工作坊，支持了近百位女孩。

在杭州良渚发起了面向邻居们的每周四"喜事屋minitalk（微演讲）"，截至目前已经进行了30多期，覆盖近100人。

…………

这些积极而正向的变化让我对时间规划和教练体系的共同底层逻辑更加确信，那就是真实动机才能激发真正的行动力。

比起直接行动，在开始前识别真实的动机很关键。用"人生遗愿清单"这个工具，可以帮我们站在终点往回看，对我们来说到底什么才是真正重要的东西。

人生使命，从小觉醒开始

对于大部分人来说，写出人生遗愿清单并不是件容易的事。

如果每个人都能清晰地知道自己想要什么，就不会焦虑、迷茫了。如果每个人都能随心所欲主动选择自己的人生，也就不会被外在评价裹挟，陷入自我怀疑。

成为时间规划师后，在给客户做交付的过程中，我发现不少人也会在这里被卡住。

不要着急,当我们一下无法锚定具体的清单时,可以先来看看这个小作业能带给我们哪些"小觉醒"。我的客户们也是通过这样一次次的"小觉醒",才慢慢发现并连接到自己的人生使命和终极目标的。

小山:我对什么都提不起兴趣

小山约我做时间规划的时候很纠结:"我想了很久,先迈出第一步吧,我真的很需要别人给我动力。"

文字背后,我感受到了她想要改变但又无法行动的无力感。

我们约在午后的户外,阳光很好,初次见面的我们竟然像老朋友一样熟悉。

她说:"其实我曾经是个很喜欢出去玩的人,全世界到处跑,但是这几年,我突然对什么都提不起兴趣了。这个遗愿清单,我真的写不出来。"

写不出来也没关系,我们就从为什么写不出来开始聊,是我们在这个世界上真的没有在意的人和事了吗?还是我们对"遗愿清单"的定义,加了很多条件?

我们从这个入口开始一点点探索,小山的语速逐渐慢了下来,我感受到她慢慢放松下来,跟自己的内心建立了连接。

我问她:"在离开世界的时候,回想这一生,浮现在你眼前的人和事会是什么?"

"我的父母和我的作品。"

在教练式提问、聆听和引导下,大部分无从下手的客户,到后来都会写下超过 10 条的人生遗愿清单。

其实我们不是没有渴望和动力,只是觉得自己的想要和需要都太微不足道,"不配"写在遗愿清单上;或者是觉得实现太难,"不敢"写下来;又或者是认为生命还很长,"不着急"写上去。

但真的是这样吗?

我们每个人心里都有真实的需求,逃避并不能使之消失。找到它,面对它,明确它,它就会转而成为你源源不断的动力。

时间规划的最后,小山的语气明显轻松起来:"原来我不需要别人给我动力,这几件事情,我已经迫不及待马上想去做了!"

小山的状态也打动了我,我深深相信,每个人身上都有取之不尽、用之不竭的宝藏,只是等待着一个开启的时机。

遗愿清单,是一个以终为始的工具,帮我们站在生命的尽头回看这一生。和短期的目标不一样,从这个视角筛选出的,都是对我们整个生命最重要的部分——只有对我们真正重要的人和事,才值得我们花最多的时间去追寻、去创造。

娜娜:赚钱到底为了什么?

娜娜是踩点到的,她点了杯咖啡,一边放下包一边说:

"不好意思,我刚跟客户开完一个会,我们只有一个半小时,一会儿还有个饭局。"

娜娜是一个创业公司高管,正在事业高速发展期,快节奏工作明显让她有些疲惫。在她的遗愿清单里,第1条是财富自由。作为教练的我敏感地认识到这个答案"深度太浅",于是我提出了第一个剥洋葱问题:"对你来说,财富自由的标准是什么呢?"

"有房有车,再加 5000 万存款。"这个不假思索的答案依然"不够深"。

我问她:"房子车子存款都有了以后,你想要过什么样的生活呢?"

娜娜愣了一下说:"这我还真的没想过,我只是想要先争取到这些。所以我大部分的时间都忙于工作,奋斗赚钱。"

"好吧,现在可以想一想。"我知道娜娜开始往更深的地方探索了,这是让她"深潜"的好机会。

秋天的风吹过渐黄的树叶,午后的阳光洒在咖啡桌上,一闪一闪的。一阵安静又流动的沉默过后,娜娜很轻、却很坚定地说道:"我想环游世界,就自己,背上一个包就走的那种。"

"还有其他的愿望吗?"

娜娜笑了:"暂时没有,能实现这个我就此生无憾了。"

原来,环游世界这颗种子在娜娜小的时候就已经种下了,只是在成长、学习、职场打拼的过程里暂时被搁置了。

展开对环游世界的想象时,娜娜脸上流露出向往和无奈的复杂表情。

我抛出另一个探寻内在阻碍的问题:"现在离你的理想状态还差什么呢?"

看着遗愿清单,娜娜笑了,她发现其实她需要的并不是5000万,而是时间和心情。

"我以为我拼命赚钱是为了实现我的梦想,但我竟然忘了我的梦想是什么。

"我好像进入了别人设计好的游戏,虽然我也玩得不错,但这并不是我的游戏啊。"

这次规划结束后的一周,娜娜给我发来一个"环游世界基金"的账户截图,她说原来仔细算算没差多少啦,而且第一站去哪儿已经想好了。

"总以为生命还很长,还有很多时间,但仔细想想吧,真正能自由支配的也不多。感谢你让我对时间,对生命有了新的认识!"

这样的案例还有很多。如果把人生比作一场游戏,那么很多人一直活在别人写的游戏剧本中,扮演着NPC[1]的角色。很少有人敢跳出NPC的角色来主动想一想,自己究竟想要玩什么角色,打什么关卡,走什么路线。

---

1 NPC:Non Player Character,非玩家角色,泛指一切游戏中非玩家控制的角色,通常为游戏中因故事情节需求所安排的角色。

从扮演 NPC 到自我觉醒，第二人生就在你听到内心声音的那刻开始了，你会明白来到这个世界上，命只有一条，选择玩自己游戏的人才是真正的勇士。

而教练或者规划师，在这个探索的过程中会适时推你一把，支持你跳出自己的思维陷阱，勇敢去面对真实的内心。你的内在驱动力，永远是最有能量的。

我们真的了解自己吗？

觉得自己很爱父母，一年在父母身上花的时间却不到 40 个小时，占比 0.005%；

第一目标是身体健康，真的花在自己身体上的时间每天不到 10 分钟；

抱怨工作很忙无暇做其他事，实际上 9 小时里的有效工作时间只有 5 小时，大部分时间是在摸鱼；

…………

时间如此客观，第一次进行时间复盘时，许多人都觉得不可思议。

一天 24 小时赤裸、坦荡地呈现在我们眼前，就像一面干净的镜子，照出的是我们当下最真实的样子。

很多人做完时间复盘，改变了生活方式和心态，甚至改变了看待工作和生活的视角。

曼蒂：我的时间根本不够用

"我的时间完全不够用！"曼蒂在线上向我倾诉她的困扰，"孩子和家人都需要我更多的陪伴，工作也总让我忙不过来。"

年纪轻轻的她一直都是同龄人中的标杆，不只是两个孩子的妈妈，同时还兼顾家族企业和自己的事业。从小就习惯了优秀的她，要求自己每个角色都做到最好，她的日程表甚至精细到了 5 分钟，在线上交付时间规划时，镜头对面温文尔雅的她手边还放着一个笔记本——她说，现在总容易忘事情，边听边记笔记是她的习惯。

隔着屏幕，我感受到了扑面而来的紧绷和疲惫感。这样密集的生活节奏也体现在她的时间复盘表上——一天 24 小时除去睡觉和生活，几乎全留给了家庭和事业。

我有些心疼："你已经把所有能用的时间都用了，有效时间已经超过了我的大部分客户。但是，你给自己留的时间甚至一天不到 1 小时。"

显然，曼蒂在时间长度上的投入已经到了极限，是她的能量状态出了问题——留给自己的时间太少了，身体、心灵都没有得到好好照顾，所以无法保持高能量和专注力，时间的密度不足导致投入了时间，结果却并不理想。

"这些年，我一直都是这样，我的时间都用在了他人和我的事业上。"曼蒂叹了口气，"把时间放在自己身上好像是自私的表现，我怕我一松懈，外面就要乱套。与其说我不把时间花在自己身上,不如说我一直觉得自己没有办法给自己时间,我好像被'挟持'了。"

"被谁'挟持'了?"我轻声问她。

曼蒂若有所思:"第一反应是工作、孩子、家庭、责任……但我想了下,这些都不是。"

"是被我自己'挟持'了。我过度的责任心——如果不照看一切,就会出乱子的心态——有点过头了,甚至感觉我过度自大了。"

看到曼蒂的认知在一点点松动,我紧接着问道:"如果你开始给自己留出时间,会有什么不一样?"

"我不知道具体会怎样,但我应该会变得更松弛、舒适……如果我的能量变得更好、更高、更稳定,我想一切都会更好的。"曼蒂的回答越来越慢,但越来越坚定。

咨询结束后,曼蒂给我留言:"规划的过程,好像让我清理掉了过去的淤积,曾经的焦虑像洋葱被一层层剥开清洗。从挖掘中,发现、惊讶、探索、觉醒、改变。"

在那次规划后,曼蒂开始把一些工作上的事授权给团队和伙伴。她也不再事无巨细地操持家里和孩子的事,而是给孩子让出空间去探索、犯错,她也尝试向另一半示弱、求助,这一切的变化让她把家庭和团队融合成了一个支持她的系统,协同流动地自运转了起来,而她自己有了更多时间去做瑜伽、冥想,甚至还安排了一场闺蜜旅行。

当曼蒂把自己的时间解放出来,她反而变得更积极乐观了，对生活和工作的付出和支持也变得更有质量了。

喜儿：一天娱乐 8 小时

在做时间复盘之前，我一直觉得自己是个事业和生活平衡得很好，非常充实的人。

我的时间都花在一些很有意义的事情上：做博主，做社群，在社区里组织年轻人运动、读书和各种活动，自己参加学习型组织，上课……

栋哥拿着我的时间复盘表，指着上面的"小家 3 小时"问我："这个时间你在做什么？"

"和阿三一起散步，看电影，打球，聊天呀！"

"娱乐就是娱乐，运动就是运动，不是待在一起，就可以算小家时间的。只有真的高质量互动，让彼此都感觉到幸福的时间才算。"

我脑袋嗡了一下，这样说，我真正花在这段亲密关系里的有效时间，少得可怜。

同理，运动的 2 小时里，见朋友的 2 小时里……我有一大半时间都可以算作是娱乐，加起来，我平均一天竟然娱乐了 8 个小时！

娱乐 8 小时没问题，问题是我颠覆了对自己的认识。这意味着，我一天真正的有效时间不超过 4 个小时，远远不足以支撑我想要实现的幸福与成功。

我突然明白，为什么看起来我的一天丰富多彩，然而内心却觉得空虚和不满足；为什么我和阿三天天待在一起，我的幸福感却不那么深刻。

因为我内心想要实现自我价值，但却并没有在事业上花足够多的时间；因为我是需要高质量亲密关系的，但却并没有在对方身上真正投入精力。

看起来的努力终究只是表面功夫，时间花在哪里，就会呈现什么样的结果。

我意识到除了时间的相对长度，是否用心也就是"时间密度"，才是决定我们生命质量的根本。

互联网时代，人们追求表面的高效率，常常几件事情同时进行。大部分人习惯的状态都是"人在心不在"，看似节约，实则不然。而真正高质量的关系和事业，都需要"人在心在"的有效时间，才能达到当下的最佳状态。

调整完后，现在我每天的恋爱时间不到1小时，但我和阿三都发现，我们更深地走入了彼此的内心。接下来的每一天，我开始在事业上做出行动。

开挂工具箱

也许你听过一句话：我们如何度过一天，就将如何度过一生。我对这句话持百分之五十的赞同——我们如何度过一天，只能反映我们过去的人生。

而过去已成定局，未来的时间如何配置，掌握在我们手中。如果你也不愿活在对过去的遗憾中，那么恭喜你，你的第二人生的新旅程开始了：让我们一起来定制一个新的未来！

行动落地和长期支持中会用到的三个小工具分享给大家。

人生长河图和里程碑

在我的线下工作坊，大家最有感触的部分之一是图24-1的人生长河图。

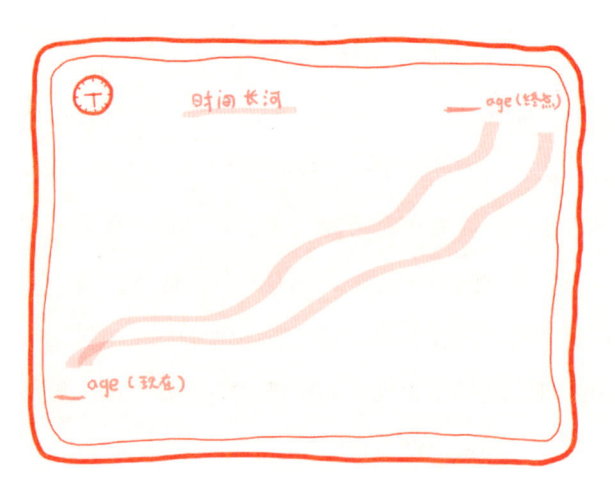

图 24-1 人生长河图

如果把人生当作一条河流，现在我们站在河流的起点，尽头流向我们的终点。你的遗愿清单上的每一条，会在河流的哪个节点有它的里程碑呢？

不同目标的里程碑的位置是不一样的。

比如父母也许不会陪我们走到生命的终点，和父母相关的目标会靠前一些；

比如对身体素质要求较高的体验，也许要我们趁自己还年轻去完成；

比如环游世界和攀登珠峰，也许不用等一切都准备好，可以每几年去一个地方或爬一座山；

....

许多事情不必等待，我们当下就可以为它支出时间，从一些小事做起。

爱父母不必等他们老了走不动了，我们再全天候陪伴。也许现在开始每周花1—2个小时了解他们需要什么，陪伴他们做一些他们想做的事，是更好的选择；

爱自己不必等到辞职后整天运动、养生，也许现在每天花半个小时放松身体就会有很大不同；

搞事业不必破釜沉舟裸辞下海，也许每天花1个小时从了解相关信息开始，一段时间后就会有惊喜；

....

合理配置时间，不能保证目标一定能达成，但一定能大大提升成功的概率。

在1对1对谈和工作坊学习过程中，规划师和引导师会配合教练式的对话深度倾听客户内心真正的声音，根据不同的目标和不同的阶段，给客户提出最优方案。

为自己的目标而努力的每一天，都是充实而愉悦的。我们不需要牺牲体验去追求结果，也不需要为了体验放弃结果——既要又要还要,是提前规划者的特权。

时间预算表

"听过很多道理,却依然过不好这一生"——为了解决这个问题,时间预算表来了。有了这个工具,就有了一个专门服务于你的"行动观察员",你可以从第三视角检视你的行动与目标是否一致。

在做时间预算规划之前,大部分人对时间的量化并没有概念。

一年有 8760 个小时,其中吃饭睡觉就花掉了一半,我们真正能配置到幸福、成功、个人上的有效时间,只有余下的 4000 多个小时。

我们这里定义的有效时间,指的是跟你的人生终极目标相关的时间,无论是关于个人、他人还是世界。

和普通的立 Flag(目标)不一样,"行动观察员"不对不确定的 Flag 负责,也不检查你一天具体做了哪些事,只关心你的时间有没有花到该花的地方。

比如一年读 50 本书,"行动观察员"会换算:假设读一本书需要 4 小时,今年请配置 200 小时的预算在自己的读书这一栏;比如减肥 20 斤,"行动观察员"会在小本本上记录:一周有效运动 3.5 小时,平均每天 0.5 小时,自己做健康餐每天 1 小时,学习健康知识每天 0.5 小时,也就是每天至少要花 2 小时在这件事上;比如今年目标是存款 10 万,"行动观察员"会拿出计算器，用全年收入除以全年工作小时数，再用单位时间产出倒推今年需要的工作时长，填入表格……

这位"行动观察员"不讲情面，也不讲道理，不听解释，不加修饰，每月复盘时如实跟时间规划师汇报过去的日子里你的真实变化。时间预算表是你忠诚、冷静而迷人的成长伙伴。

记录时间并复盘

通过时间规划，我们可以绘制出属于自己的人生地图；通过记录时间，我们可以真实了解我们当下的状态；通过时间复盘，我们可以发现现状和理想的差距，找到路径，从而采取行动。

为了支持大家践行、实操这套人生系统，我们开发了一个 App：时间报表，可以方便地记录和复盘每天的时间。

养成记录习惯当然不容易（养成任何新习惯都不容易），所以我们 2024 年开启了每月一期的"时间记录打卡群"，陪伴大家一起对时间建立觉察。

过程也许有点挑战性，但"好的 routine（习惯）千金不换"（来自我的规划师伙伴，也是本书作者之一梁嘉钰）。一个个定制的有效人生策略，能够让精进的过程变得愉悦，成长的路途充满快乐。

觉察与庆祝

时间记录与复盘带来的好处是巨大且能产生复利的：

"今天不知道做了啥""我的时间都去哪儿了""为什么时间不够用"等等,你会发现这些模糊的焦虑感和迷茫感都迎刃而解,取而代之的是一个客观的新视角:清清楚楚明明白白地了解你自己的每一天都是如何度过的,你又是如何一步步走向你想去的地方的。

过程中会有许多的新觉察和值得庆祝的时刻。

也许你会发现自己的动力不足——人生遗愿清单上写的,并不是你此刻真心想要的,这时我们就可以改掉它,写一个你更有感觉的清单。恭喜你,你离自己的源动力越来越近了!

也许你会发现目标定得太高,配置的时间不够——我们不妨调整一下,给这个任务配置更多的时间或更长的周期!恭喜你,你更了解自己和任务之间的关系啦!

也许你会纠结这个时间到底算"有效"还是"无效"——你开始认真思考和做选择了!享受这个为自己做决定的时刻,并让它成为习惯吧。

无论是人生教练对话,还是时间规划师的1对1咨询和长期复盘,都是支持你自我觉察的资源之一。

觉察促使人蜕变,祝愿看到这里的你开始观察自己,了解自己,如愿改变自己,最终升级成自己生命的设计师,一路开挂,享受属于你的第二人生。

未来10年,我邀请你成为"觉察时间,重塑生命"支持计划中的亿分之一,过上有觉知、智慧和力量的一生。

本篇作者简介

王喜儿

时间报表、小T同学App联合创始人，Timeflow时间规划师平台负责人。7年职场，7年创业，33岁提前退休，35岁找到人生使命。未来10年的愿景是支持100万名时间规划师找到内心幸福和外在成功，支持1亿人觉察时间、重塑生命，过有觉知、智慧和力量的一生。

手机：17857411587

微信：465297176

邮箱：122371601@qq.com

第二人生

25 中年职场危机的破局之道

文 / 孔明

（作者简介请见第367页）

当今社会竞争激烈，特别是身处中年的职场人士，面临前所未有的激烈竞争和变局，组织重组、人员优化，甚至岗位裁员等等。如果说年轻职场人的"出局"和"入局"带着点随性洒脱的江湖气息，那么中年职场人都在经历的"人生第二曲线"，则显得充满想象。特别是在一线城市，从20岁到50岁，人人都在或已经开始了自己人生的第二曲线的绘制，或扶摇直上，或崎岖曲折，或断点连接……每个人都用自己独特的智慧和经历，走出了属于自己的"人生第二曲线"。

作为一名专业教练，我专注医药行业高管教练和定制的个人成长教练服务。接下来我要讲述的，正是我作为一名个人成长教练所支持的一个职场人士"人生第二曲线转型"的真实故事，故事中的客户在现实中极具代表性，他的身份、遇到的机遇和危机，甚至逆转的结局，都屡见不鲜。但这个看似普通的故事里蕴含着职场中年人奋斗成长的力量，也见证了人生第二曲线的成功与精彩。故事的内容已得到主人公的授权允许，为了保护隐私，在此采用了匿名形式。

两个男人的咖啡之约

3月，羊城广州，初春的嫩绿给城市带来了新的生机，今天是不多的周末，我与客户约好在广州烈士陵园附近的星巴克见面，开展每两周一次的"咖啡之约"，这里我们称呼这位朋友W先生。

我的身份是人生教练，这是我与W先生的第七次对话，再一次对话我们的教练服务就结束了，这次W先生一如既往提前到达，两大杯美式咖啡，户外位置，看到我他热情地招呼我过去坐下，我心下一暖，几次对话已经让我们成了好朋友。

"明哥好，开心又见面了，过来的路上还顺利吧！"W先生站起来，待我过去后才又坐下，并熟练地将手机扣过去。

为给接下来的对话营造轻松的氛围，我回答道："Hi，小W（他让我这样称呼他），下午好，我过来的路上很顺利，不堵车。看起来你的精神状态很不错，最近两周又有哪些想和我分享的？"

我顺势坐下一边寒暄，一边好奇地观察他的状态。W看上去十分稳重，说话间少了几分匆忙，和我3个月前见到他时有天壤之别。

第二人生

我与 W 先生的咖啡之约，是个人教练对话的一种。作为他的签约教练，我们定期见面，由 W 先生发起话题，我作为教练，主要通过提问对话的方式跟他沟通。教练提出的问题是结合当时当下的语境，基于客户的目标和内心而生发的，因此每一次教练对话都是为客户及他的目标达成量身定制、世上独一无二的对话。

重新认识自己

W 先生是新广州人，研究生毕业后与女朋友一起来到广州，工作两年后两人结婚，组建了小家庭。夫妻两人充满活力与闯劲，打拼 10 年，一家人在广州安家落户，市区内有自己的房子，W 先生担任一家公司的部门总监，太太还生了两个宝宝。W 先生是无数在大城市打拼的新生代的缩影，他们勤奋、自律、善良、拼搏，甚至有点忘我。他们很幸运，抓住了一个又一个机会，让自己的小家庭在城市扎根下来，并开始享受打拼带来的快乐与幸福。

2022 年，突如其来的新冠肺炎疫情让 W 先生的公司遇到挑战，公司进行了经营策略调整与岗位优化，35 岁的 W 先生被通知，自己的名字在公司第二批的裁员名单上，通知一周后生效。W 先生找到我时，已经连续两周失眠，暴瘦了 10 斤，他开口的第一句话是："明哥，我压力好大，我要找到新工作，我要养家，我现在好失败。"

两个孩子，每月近 1 万的房贷，家里请了阿姨白天带孩子，工资 3500 元，夫妻两人的父母因为身体原因帮不上忙，太太做办公室文职工作，W 先生是全家的顶梁柱。35 岁的 W 先生失业后一直在找工作、面试，但他的目标是部门总监，月薪保持在以前的 2 万元的机会真不多，且面试过程也不顺利，于是他开始自我怀疑，甚至对心爱的妻子发脾气，对孩子也逐渐失去耐心。最糟糕的是，他持续失眠，精神状态越来越糟，眼睛里布满血丝。这就是 W 先生当时的真实状态。

"我觉得我快崩溃了，但我不甘心，我知道我还有希望，也必须有希望。明哥，请你做我的教练，我想走出这段低谷。"W 先生第一次见到我时，开门见山，说出自己的诉求。

咖啡厅里人声嘈杂，但 W 先生颤抖的声音依然很有穿透力，我听得出他的焦虑、担忧、慌张，还有急于改变现状的迫切。

我认真地看着他点点头，并没有开口，我知道他还没有说完。

"我是这个家的支柱，而且我还很年轻，才 35 岁，我的孩子还小，我的太太很需要我，我熟悉的行业精密仪器销售岗位按理说机会很多，但面试特别不顺利，别人看不上我，而且很多公司都在裁员和优化。我太太现在的工资养这个家非常吃力。家里的孩子还比较小，我想……我想……"突然间他说不下去了，他似乎很急，身体有些僵硬，双手紧握咖啡杯，也开始真正注意到他眼前的我——他请来的教练。

我依旧认真地看着他，待他真正讲完开始注视眼前的我时，我再次对他点点头，回应着他。

"W先生，你讲的我都听到了。我很感动你对这个家庭的担当，而且我能感受到你的内在憋着一股劲儿。"我一字一句地说着，与他对视，我看到他眼睛湿润了。

"谢谢明哥，你的这句话是我这两周来听到的最令我安心的一句话，我想选择您做我的教练太正确了。"他努力不让眼泪流下来，用手挠挠头，试图让自己的情绪平复下来。

"谢谢你的信任，谢谢你选择由我做你的教练，我们会一起走出困境的。"我对他点点头，传递着这份信任。

"我听到你有很多想法，如果就在现在，就在我们两个谈话的此刻，我们聚焦在一个话题上，你最想和我谈什么话题？"我语气坚定地问道，静静地看着他。

"此刻……"他念叨着，欲言又止，随后低头开始喝咖啡，一口，一口，似乎正在认真品尝咖啡的滋味。

两三分钟过去了，我注视着对面的W先生，他缓缓地抬起头。

"我不知道刚才过去多久，但我敢保证这是我过去两周来最享受的时刻，我似乎真的静下来了，去思考我要去解决什么，面对什么。之前太乱了。"他自言自语道。

"明哥，我刚才意识到我很内耗，想的太多了。你让我聚焦在当下一个话题上，我听了有些轻松，我集中精力做事时还是挺靠谱的。我们就谈谈找工作面试失败的事吧，我想如何以更好的状态去竞聘。"W先生看着我,语气坚定,身上的急躁气息明显少了。

作为教练,我与他针对"如何以更好的状态竞聘"进行了第一次教练对话,最终他获得了状态、思想、行动三个层面的总结与成长。

状态上,开始聚焦当下。所有的外部问题一下子充斥内心时,人必然会焦虑,情绪内耗,所以第一步要先静下来,找到未来前进的方向。W先生当下的一切问题是从失去工作开始的,那就从调整竞聘状态开始改变。

思想上,重新认识自己,看到自己的优势。W先生有漂亮的履历,有熟悉的同事和老板,有行业客户的口碑与信任度。此外,他终于意识到,在职场这个"游戏"中,即使自己熟悉规则,也会有失败的时候,因为游戏里没有常胜将军,面对游戏,他应该允许自己有娱乐精神。

行动上,拿出学霸的看家本领——模拟与复盘。W先生为自己是学霸、特别会考试引以为豪,如果把会考试的本领用在当下,对他的竞聘也有不少好处。

1. 全面了解竞聘公司背景,尽可能了解面试流程;

2. 书面化、系统化地准备既往销售案例,精炼、重点突出自己的管理经验和行业认知洞察;

3. 主动联系10位猎头和10位熟悉的行业高管,了解行业竞聘的关键考察点,了解当下行业高端岗位的能力模型,做好匹配;

4. 复盘自己的既往面试经历。

第一次教练对话后的第二天,W 先生通过微信给我发来这样一段文字:

明哥,和你汇报下我的行动。我昨晚回来与 10 位猎头和 10 位行业前辈联系了,约好了和他们沟通的时间,然后睡了一个好觉。好久没有这样如释重负地睡觉了。我今早起来没有之前的慌乱了。

我知道自己要稳稳地往前走,就当这是第一次加入职场吧,后面(距离退休)还有 25 年要度过。很期待两个星期后我们再次对话。谢谢您。

家庭责任与事业打拼,可以统一

接下来每两周的周末下午,我与 W 先生依然在星巴克见面,并每次聚焦一个话题。

但旧的问题还没有解决,新的问题又来了。

"明哥,我有一个好消息和一个坏消息,先和你说哪个?" W 先生开门见山。

"你希望先和我分享哪个呢?" 我认真地说。

"最近找工作有突破了,上次我们聊完之后,我联系的行业前辈高管和猎头给我提供了精准的行业岗位信息和技能要求，我面试了4家公司，都在进行中，有两个马上就到终面，成功概率都挺高的。"W先生刻意停了停看着我，似乎想让我说些什么。

"真为你高兴，你的计划正在生效，你做到了两周前的规划！"我简短地回复道，看着W先生点了点头。

"没错，我做到了！可是，明哥，你知道吗，最近两周我和太太吵了两次架，都是因为接下来可能的工作岗位带来的变化。"W先生有些无奈地说。

"有两个工作机会可能要30%的时间在外出差，我不太想接受这样的岗位，孩子还小，我太太从来没有一个人带孩子生活过，万一家里出什么事，怎么办？但是我太太却说我不放心她，对她没信心。她让我专注于大事就好了。我觉得我考虑问题很实际啊，上个星期洗衣机坏了，要不是我修理，现在洗衣服都是手洗呢。我也很生气，觉得我太太不理解我，就和她吵了起来。"

"那今天你想聊什么话题？"

"我也知道工作不可能'钱多，事少，离家近'，可我为什么一提到出差多，就充满担忧呢。我们今天就消除这份'出差多了家里会出事'的担忧吧。"W先生一口气说出今日的主题。

接下来，我根据W先生提出的主题，向他提了这些问题，并与他进行交流。

"如果消除了'出差多家里会出事'的担忧，对你有什么影响？"

"这种影响从更长远的角度看，比如5年、10年，甚至15年看，对你的价值是什么，对你的家庭的价值是什么？"

"如果你担心的事发生了，你最不能接受的是什么？"

"从你不能接受的结果中，你发现了什么？"

"你听到太太告诉你'尽管放心家里，她可以搞定'，有什么感受？"

"带着对太太能搞定的信任，你再看'出差多家里会出事'，你有什么新的想法？"

"如果你出差了，家里真的出了事，你要怎么样应对？"

"如果下周你就要开始频繁出差,你会提前做哪些准备？"

从教练的角度，W先生的每一个担心背后都有其积极正向的动机，教练对话的作用是激发W先生对动机的评估和认识。有些动机的出发点是好的，但潜在的含义却是对自己、对他人缺乏信心。事实上，事情没有那么糟，家人也不是没有能力，即使出现了糟糕的情况，家人也完全有能力处理。往往是我们把自己困在自己设计的谜团中，走不出来。

W先生算是典型的职场中年男性代表——家庭美满，经济稳定，身为一家之主，寻求稳定，心地善良，有担当有情意，即使在面试中不得不奋力闯关打怪升级，内心中家庭责任依然是"定海神针"。

他这样总结我们当天的教练会谈：

1. 我爱我的太太，我能感受到她对我的支持，我要和她说声感谢，之前的吵架，我要和她说声对不起；

2. 太太的支持是我工作的动力，我需要思考新的工作模式；

3. 出差是趋势和必然，如何规划出差，更好地稳定家庭，利用亲子时光是我要做的；

4. 出差意味着公司业务强；

5. 接纳并突破稳定和不确定的因素，这是我的内在成长；

6. 别把自己的未来想得太苦，出差也是有乐趣的。

教练对话结束后，W先生告诉我，他今晚要带束鲜花回家，送给太太，买个玩具回家，送给孩子。我知道他今天再次突破了自己的思维枷锁，对太太的感激背后是满满的信任，给孩子的礼物背后是一个父亲对子女最淳朴的爱。

按照他的习惯，第二天他再次给我发了微信消息：

昨晚搞了点小浪漫，把太太和孩子哄得很开心。我对太太表达了我的感谢。我太太还是挺能干的，我很惭愧和您说修洗衣机的事，其实我太太说她已经在网上找好了维修师傅，为了不打击我的积极性，才取消了。

我真的要多相信我太太，多支持她做决定。我当时喜欢我太太，就是因为她特别果敢和聪明。我也不用把自己定位为家里的救火员，很多事也没有那么急迫，找邻居帮忙，或者在网上花点钱，基本都能搞定，这是我又一次思维的突破。

W先生依旧保持着职场的干练风格，在这场家庭关系的教练对话中，他意识到了之前的思维模式的局限性，也明白了每个人都渴望成长，而且可以成长。

升级打怪新常态，职场空降站稳脚

当我知道W先生收到好几个offer时，我很为他开心，毕竟这也算教练对话两个月的成果之一。后来W先生权衡利弊，选择了其中一个offer，我也如释重负。

又是一个周末，我提前30分钟到达咖啡馆，没想到W先生已经提前到了。

"明哥早上好，我刚写完下周工作安排，发给新团队。"W先生说。

我微笑着冲他点点头。

"您先坐，我来点咖啡，今儿又要麻烦您给我做教练了，今儿的事可是大事。"W先生神秘地说。

基于这两个月的观察，W先生的状态可以说渐入佳境。我听出来了，今天他口中的"大事"，他应该已经琢磨一阵子了，而且应该不是什么"坏事"。

"明哥，今天我希望得到您的教练支持，我的话题是'如何在新公司的新团队站稳脚跟'。"他已经熟悉了我们的对话套路,直接开门见山道。

"我的新岗位是这家公司的区域销售总监,向上海总部的销售VP[1]汇报。我有4个销售大客户经理和其团队,同时总部给我配了一个区域运营经理作为我的助手。和我平级的,整个公司有8个区域销售总监。我的前任是因为全家移民,离开公司。"他边说,边拿出纸给我画出架构图。

"我已经上班两周了,但我总觉得运营经理和我不合拍,当着团队的面,让我下不来台。关键是她直接向总部汇报,我也管不了她。我手下那几个团队,业绩看起来还行,其实有很多隐患,特别是老客户的续单率不高,对团队业绩持续增长会有压力。我这个'新官',最起码要先过3个月的试用期,团队融合和销售业绩要两手抓,两手都要硬。"他跟我详细描述了工作情况,看上去踌躇满志。

"看起来你是有备而来,而且对未来很有信心。那对你的话题,你有什么更具体的想法吗?"我回应道。

"我想了好久,行业洞察和机会层面我比较有把握,就是怎样快速建立影响力,凝心聚力好团队这方面,我没有好的办法。"他一板一眼地回答。

面前的W先生,眼神坚定,目光炯炯,一路陪他走到今天,我对他很有信心。我知道他有能力有资源获得他想要的结果,我只是陪伴他找到这个结果的人。

这就是教练,带着充分的相信与好奇,走进客户的世界,

---

1 VP: Vice President,副总统、副总裁、副总监等职位,泛指所有的高层副级人物。

并给予独立的、富有元视角（更高层面）的反馈与挑战。

以下是这次教练对话中的部分问题，需要说明的是，这些问题是当时当下的提问，而非事先准备好的问题列表。这也是教练对话最值得期待的地方，充满了创造感和期待。

"你说的当前的困境，真正困在哪里？"

"当你困住的时候，你的几位关键合作伙伴，比如公司运营经理、你的上级、你的下属等，他们最关心什么？"

"回看这些利益相关者的关心，你有什么启发？"

"你把'解困'看作为新的职业旅程开个好头，这个开好头对你意味着什么？"

"你如何定义你的这段新的职业旅程？"

"如果再过30年你已经退休，回头看现在正在困境中的你时，你最想对自己说什么？"

"你对此刻的困境有什么体验？"

"如果你真的走出困境，开了个好头，你最需要做的改变是什么？核心不变的，又是什么？"

"在快速建立影响力的过程中，你可以借助的外部资源有哪些？"

"在快速建立影响力的过程中，你可以调动的内在资源有哪些？"

我们顺利完成了当天的教练对话，W先生如愿获得了自己想要的成果。

他这样总结我们当天的教练会谈：

职场新环境，我的敏感度要做好调试。

10年的工作经验告诉我，与老板相处时，要主动沟通，明确其对我的要求，并记录下来，作为定期汇报工作的抓手。

与同事相处时，坦诚相待，花些时间去沟通和聆听，先不着急评判他们的工作模式，学会尊重他人，给予他人安全感。

我洞察到的危机和机会，需要放到公司业务会议中讨论，大家形成共识，不要自以为是。

行业虽然相同，但企业内部规则和流程不同，先融入生存，再优化改进。没有他人的接纳，就没有他人的助力和协助。

能感受到 W 先生非常务实，他正在通过全局视角，看待他与新的组织的关系，与新同事的关系，以及如何保持和发展这些关系，这是成熟的表现。在职场上建立和传递对他人的信任，快速组建自己的影响力是必备的领导力。

与往常不同的是，W 先生并没有在第二天给我发来反馈信息。而是过了大约两周，才和我分享最新的状态。

35 岁男人的成长，每一步都算数

回到今天故事的开篇，我和 W 先生第 7 次坐在咖啡馆。

"明哥，老板昨天跟我说，我提前通过试用期，即将正式签署合同，开启三年的区域销售负责人的工作。今天我想和您复盘下我在这一阶段的成长。我想您作为教练，给我些反馈。"W先生的好消息让我有点意外，但似乎又在情理之中。

"恭喜你提前通过试用期，这是你努力的成果，同时也是公司和老板的信任！"我给了W先生一个大大的赞。

W先生有点不好意思，挠了挠头说："这不都是您的陪伴和支持嘛，这一路走过来感觉和放电影一样，跌宕起伏，但感觉自己这个男主角演得还不错。"

"您知道吗，我太太现在特别开心，因为我出差了，她感觉自由空间更多了，陪陪孩子，自己晚上在小红书上写给孩子辅导功课的心得，现在都300多粉丝了。您说我之前真的太把自己当回事，把自己困住，也把太太困住了。"说完，W先生哈哈大笑，然后接着说道，"我曾经认为我很倒霉，被裁员没了工作。现在想起来，是这次裁员让我有了再次参加竞聘的机会，市场上招人用人的逻辑真的变了，我自己也琢磨着在未来的25年（他似乎对60岁退休和25年工作时间特别在意）真的要保持和猎头的联系，保持对行业的洞察和机会觉察。"

"我现在的老板对我挺好的，试用期过了还涨了薪水。我确信我有这个能力干好这份工作，同时我比之前更明白建立人际关系的重要性。没人有义务去主动了解你，你需要自己主动。特别是老板的意图，需要主动去沟通和确认，确保方向没有偏差。我的老板也是非常职业的经理人，我这次裁员反而给了我机会认识到行业更多的精英人才。"W 先生依旧自言自语，似乎他为这次对话——"复盘职场的成长，洞察更多自己的潜能"，做好了充分准备。

很显然，W 先生已经非常熟练地利用教练对话来支持自己的职业发展和认知提升。他今天的教练主题充满了智慧，从之前的单一话题，过渡到对他自己的观察和反思，并给予自己更多可能性。

我看着他，教练对话中的价值观挖掘和深层次感受挖掘，揭示了一个 35 岁男人丰富的内心世界，这个内心世界在当今社会很少被他人看到、听到、感受到，即使是最亲密的爱人、父母，或许也不能触及到他深层次的内心世界。

我们的教练对话依旧是一个一个的当时当下提出的问题，我会给每一个问题留足时间和空间，让 W 先生去感受问题的启迪与力量，感受自己的智慧。

1. 如果另一个你正坐在对面，听你讲完这半年的经历，你会对"你"说什么？
2. 如果此刻让你用三个词形容当下的自己，你会用哪三个词？
3. 为什么是这三个词？
4. 在你接下来的人生中，这三个词对你有何意义？
5. 你说今天的主题是成长，在你成长的这三个月，你的内在特质有什么没有发生改变？你有什么发现？

6. 令你印象深刻的成长时刻是什么？为什么？
7. 如果今天的你遇到三个月之前的你，你会对他说什么？
8. 你在成长的同时，你的家庭发生了什么转变？
9. 你如何看待家庭（太太，孩子）的变化？
10. 你对接下来的家庭生活有哪些期待？

就这样，我与 W 先生轻车熟路地进行着教练对话，这次的谈话风格十分轻松、自在、富有能量。今天的对话让我再一次对眼前的人产生了好奇，好奇这位重获新生的 W 先生，这位人生电影的男主角的心思和意图。

他特别提到"个人成长"，似乎是 35 年来第一次真正意义上面对自己的成长，并与自己对话。这段经历让他很惊讶。看着 W 先生脸上逐渐有了自信的笑容，我也知道"成长的力量"已经熨平了之前的愁闷褶皱。

教练对话就是基于一个双方具有共识的话题，高效推进的对话，时间每次 1 小时左右。在我与 W 先生过去的 7 次对话中，最长的也不过 70 分钟。我的话不多，更多的时间和空间留给 W 先生，由他书写自己人生的第二曲线的可能性。

结　语

W 先生的故事，是发生在中国一线城市的真实故事。他很普通，是 35 岁职场人士的一个缩影，也是中年男人的代表，身负家庭重担，有家有妻，有老有小。

35 岁职场男人的第二曲线具有代表性，而且是超越性别的。任何一个职场人士在这个年龄段都可能面临这样的现状，但这也是他们可以越过的一段沟壑。W 先生展示了个人的内在成长是应对变化的核心稳定因素：向内求，向前看；W 先生通过与教练对话引发的自我觉察，加速了他第二曲线的成长速度，而且具有普遍性，教练的提问和反馈如同催化剂，只是加速了这场变革。

像 W 先生这样的客户，我接触的不在少数。35 岁职场人士的第二曲线的故事，虽然各不相同，但他们的经历又有一些规律可循。

首先，35 岁是一个关键的转折点，从这一刻起，"第二曲线"就是一道必答题。35 岁标志着我们从青年期过渡到中年期，也标志着我们从职场初级阶段进入到中高级阶段。因此，我们必须在这个阶段进行自我提升，不断充实自己的知识和技能，以应对职场的挑战。

其次，明确自己的职场定位和状态是第二曲线的关键起点。每个人都有自己的长处和短处，我们要清楚地知道自己的优势在哪里，然后充分发挥出来。同时，也要学会借助猎头、职场前辈、职场教练，给予自己反馈和指导，自己往往身处其中，看得模糊，借助外脑是一个很好的途径。

作为职场教练，我已经支持了近 100 位职场高管和专业人士开启自己人生第二曲线,为他们感到欣喜和鼓舞之余,我也看到成功开启人生第二曲线的职场精英们都有以下 4 个特征或特点,我在最后也分享给亲爱的读者,一起共勉。

持续学习,拓展认知维度。随着时间变化,技术的更新换代速度也在加快。因此,持续学习,无论是专业技能还是新的知识领域,还有拓展看待职场/时政/商业的角度,都是非常必要的。这不仅可以让你保持在职场的竞争力,也是向上的有效途径之一。

调整心态,让自己内心稳定。35 岁的你,可能已经有了一定的社会地位和经济基础,但这并不意味着你可以停止前进。心态的调整,包括对挫折的接受、对未知的勇敢面对,都是你能否开启第二曲线的重要因素。

扩大人脉网络,善于借力。人脉网络是一种无形的力量,可以在你遇到困难时为你提供帮助,也可以在你需要机会时为你开启一扇门。因此,积极建立和维护人脉网络,构建和谐的家庭关系,也是开启第二曲线的关键。

培养多元技能,善于借势。在现代社会,跨领域的知识和技能越来越被重视。因此,不妨尝试掌握一些与你的主业不同但又能产生互补效果的技能,如领导力、沟通技巧,甚至公众号写作、抖音带货直播等,这会让你在职场上变得更有竞争力,遇到危机时有更多防范措施和多元化的应对方案。

练习四

如何像教练一样，
为他人带去启发与力量？

从第四部分的故事中你一定能发现，所有教练的问题都是从客户出发，并且是开放式的、启发式的，这是因为做教练讲究"中正状态"，我们需放下对客户的评判、预设，以及自己觉得正确的答案和方向，全然倾听并关注客户的深度思考。教练只是在推动、催化客户，但方向盘一直在客户手中。要做到这样的状态，首先要学会用好奇心代替评判心。

在生活和工作中，我们太容易先入为主地对他人、对事情下主观判断，然后从自己的判断出发去沟通、左右事态发展。当孩子在摆弄香水、化妆品的瓶瓶罐罐时，你会厉声呵斥他，因为你已经判定这是孩子在胡闹；当下属拿着没有写完的方案来跟你汇报时，你不听内容就先发制人地批评他，因为你已经认定他能力不足，责任心欠缺；当另一半问你为什么吃饭不叫他，你立刻心生怒火，反唇相讥，因为你已经判定他的问题是在埋怨你不够关心他……

我们的主观评判时刻都在发生，而主观评判就像是蒙蔽心灵的一张黑布，它阻挡了我们去看清他人和客观世界，让我们在黑暗中相信自己的揣测和臆断，并让这些侵蚀我们的心灵，进而支配我们的言行。只有当我们意识到这块黑布的存在，才有可能揭下黑布，放下自己的主观，看清客观事实与真相。

那么究竟如何做到呢？

在这里我想给你介绍一个人生教练的技法：自我观察与对话。经常使用这个技法，就像从另一个人的视角客观地观察自己的感受、想法、观点、信念，这样的观察练习做多了，会让我们更好地意识到：我的主观世界只是我的主观世界，并非真相和事实。

分离出这样的客体视角后，我们才可以更心平气和、开放好奇地从更多的角度去看待现实问题，这就是转念的过程，转念的关键在于我们真正意识到自己的主观世界并非事实。

练习：自我观察与对话

对某个事件、他人、问题，书写自己内心的想法，可以延伸出一些提问，扩充自己的想法。

1. 我认为对方的想法：他在想什么？他是怎么看待我的？他在坚持什么？他会不会改变？

2. 我自己的想法：我怎么看待？我觉得重要的是什么？

我在期待什么？我不期待的是什么？我担心什么？我不相信什么？我相信什么？

当我们写下自己的这些想法后，用以下问题逐条自问检查：

1. 这是事实还是我的主观想法？
2. 如果这不是事实，还有哪些可能？
3. 我可以用哪些方式去更进一步接近事实真相？

所有的教练都在练习放下主观评判，保持开放好奇的心态。这样的练习让教练的心更为宽广，头脑更加清醒。人只要放下主观自大，很多问题和关系都会变得理性、真诚，所以很多人即使没有把教练当成职业，也通过学习教练修炼自己，而觉察并放下评判心，只是教练修炼自我的方式之一。

后 记

当我接到本书发起人秦加一要我给本书写后记的邀请时,我既兴奋又忐忑,从我四年前初次见她时的"高高在上只可远观",到成为她的员工,再到现在与她亦师亦友亦知己的关系,我打心底里佩服她,并希望能助她一臂之力,所以我没有太多犹豫就答应下来。我很兴奋,因为可以跟23位作者共创一部独一无二且震撼人心的作品;但我也有一丝忐忑,我的文字功底一般,可能无法精准地表达自己,为整部作品起到画龙点睛的作用。

临近截稿时间,我又把作者们定稿的文章翻出来读了一遍,还翻阅了各种资料、讨论记录和聊天记录,想要获取更多信息,不负大家的心血。终于在经过一番梳理总结后,我作出了还算满意的答卷。

后 记

缘 起

先说说为什么会有《第二人生》这本书。

加一嚷嚷着要写书已经两年了（我亲眼见证），一开始她想写一本与教练专业相关的书籍，便用自己一路做教练的经历跟踩过的坑，写了一本《新手教练100小时手册》，但这本书在迭代升级到一半后就没了下文。她说："现在回头再看那段历程，不是写不出来专业的东西，而是我想要让更大的世界了解教练这个职业的存在与价值，让教练的价值得以实现不是教练的自嗨，也不是少数教练的红利。"

起心动念间，她开始去了解出版合作情况，大浪淘沙，最终定下出版合作伙伴——山顶视角，并召集了20多位作者商讨如何共创一本书。

看完这本书的您一定了解，这本书的作者们，有互联网大公司或跨国企业管理者，也有跟我们现实中大部分人一样的普通人，经历虽有不同，但同样的是，他们都曾被生命的河流裹挟着前进。书中的不同故事亦有很多相似之处，故事中的每个人都在不同价值观的引领下，书写属于自己的绚烂篇章，但在生命中重要的转折时刻，他们默契地没有妥协，而是选择了与之奋战或和解，从此开启人生新篇章。就像罗曼·罗兰说的，世界上只有一种英雄主义，便是注视世界的真面目——并且爱世界。

23位作者各有不同，在收到出书邀请的时候，他们有的觉得自己与其他人相比，没有光鲜亮丽的履历背景，人生很普通，抱着试一试的心态提交了写作申请；有的则是毫不犹豫地答应，等到提笔写的时候又担心自己的碎碎念不能给读者启发；也有的作者会去问家人的意见，被家人反问道"十几二十年待在一个地方的经历有啥好写的！"等等。虽然作品不是出自大师之手，但故事里每个人都鲜活而生动，他们都经历了困难和重生，成了自己人生的"大师"。作者们想要赋予这本书更多的意义与情感，同时带给读者更多元的视角去思考什么是"第二人生"，理解它在生命的长河中扮演着什么样的重要角色。

当加一跟作者们确定携手共创的那一刻，《第二人生》也就孕育而生了。一群人，要一起浩浩荡荡干一件大事了！

创作的心路历程

虽然每位作者都在各自的领域取得了亮眼的成就，但写书对大部分作者来说，仍是一个陌生的领域，现实生活并不像电视剧，主角只要想做一件事就一定能水到渠成。

从本书出版负责人山顶视角创始人王留全老师和主编秦加一为大家设定1000字左右的大纲框架，到作者们写出5000字左右的初稿，再到对每篇文章反复打磨，有的人从初稿到定稿修改不下10次。每一个文字都是作者们坐在电脑前一个个敲打出来的，为此他们付出了很多个人的时间和精力，其中的苦辣辛酸，只有作者们自己知道。可即便如此，大家还是秉着高要求高质量的信念，要让这部作品以最完美的姿态呈现在读者面前。

正式创作时，有的作者阅历丰富，脑中有很多故事，却不知如何筛选；有的作者自以为平平无奇，找不到亮点；有的作者思路卡壳，花了大量时间反复调整；有的作者觉得文章语言不够精美，要像雕刻一部旷世作品那样去精雕细琢，文稿一改再改，导致加一在协助修改稿子时直呼"CPU 烧完"，差点崩溃在电脑前……

创作过程中，作者们的内心或多或少都有过沮丧、自我怀疑、焦虑、纠结……但没有一个人说要放弃。

当然，能让作者们坚持走下去少不了加一和王老师的支持，他们在严格把关书稿质量的同时，也给了作者们很多创作技术上的指导，他们常常在午休或者晚上的休息时间线上指导作者们写作，甚至凌晨两点还在群里回应作者们的问题。

除了实际的写作指导，加一还为作者们提供精神上的鼓励。她会在写作群里发一些优秀的文章开头供大家欣赏参考，群里时不时会看到这样的字眼："先写出来，有内容产出就好""初稿不一定完美""相信自己"等，加一的用心和支持，大家有目共睹。

2023 年 11 月 7 日晚上，当加一在群里宣布第一篇定稿产生的时候，群里的气氛一度被点燃，定稿作者非常热心地在群里分享过稿小技巧，主动回应其他作者的问题，大大提升了大家的信心，果然，接下来很快就产生了第二篇定稿、第三篇定稿……

看着群里每天的报喜和庆祝，大家的心情也激动起来，加一也开始提前安排设计书的参考封面、宣发海报，带领大家共创各种营销创意了。

有作者说："我总想，自己经历的痛苦不要白挨，自己的体悟一定要分享出来才有价值。这成了我书写自己生命故事的动力，我也在创作过程发生蜕变，更加自愈自洽，敬畏生命。"看到这样真挚动人的感受，我只想感慨，带着新生的力量学会接纳，才能重拾阳光，花开不败。

有作者说："短短的一篇文章，写起来却比想象中难，公开披露自己需要很大的勇气，写作中要不断回忆过往的经历，我的思绪屡屡被牵动。但回望整个创作过程，其实也是自我整理、梳理反思的过程。"写作就像剥洋葱，作者们一层层回忆过往经历，一个字一个字敲打键盘的声音直击心灵。人生虽已走过大半，但不被过往牵绊，不惧未来，才会看到人生的其他可能性。

有作者说："写作的过程也是自我对话、自我成长的过程。"是啊，回忆自己的生命故事，就会明白，成长从来都不是一蹴而就，每一段经历都是人生路上的垫脚石，它们一颗一颗铺出你未来人生的康庄大道。

有作者说："一路向前的时候，如果有这样一本书告诉

后　记

我我并不孤单，有这样一群人能够跟我并肩同行，有一个教练可以让我看到自己的懦弱，那将会是很美妙的事情。"相信很多读者读完本书，已经深受其益。

这本书能让你杀死内心的清高，低到尘埃后绝地求生；能在你低下头颅后，背上长出凤凰的翅膀，震撼人心；还能让你在涅槃重生后，获得内心的平静松弛。

25 篇文章，是作者们笔下一个个鲜活真实的生命故事，也是一场谱写生命乐章的盛宴。本书的创作和出版，也许只是作者们生命旅程中的一个节点，相信这个节点之后，他们还会继续创造迭代后的自己的第二人生。

这就是本书的缘起，以及本书创作团队在写作过程中的成长故事。

感谢在书中与您相遇，希望本书成为您生命历程中的一个礼物，您可以把它当作是摆脱人生迷雾的指导手册来阅读，以此开启属于您的第二人生，也可以送给他人，助力他人开启属于他们的第二人生。

是为记。

陈琳欣

致　谢

一本书的诞生，从开始策划到正式出版与读者见面，绝不是一个人的功劳，而是一个团队的共同力量，在此，让我们表达对所有团队成员最诚挚的敬意和感谢。

首先，要感谢本书案例里提到的主人公，愿意分享自己的故事。出于隐私保护，我们无法在此处一一致谢，相信在教练的陪伴下，你们能冲破生命的"牢笼"，看遍世间繁华。

其次，感谢所有参与创作的23位作者：安洋、蔡玲、陈柯如、郭瀚、韩媛、季鹏飞、季雯雯、孔明、梁嘉钰、刘仙、刘阳、陆赟、秦加一、施镒萍、王喜儿、王梦、杨岑、杨霞、张立臣、张睿、张胜利、赵晓霞、张祺，没有你们日以继夜地构思、写作和一遍又一遍地打磨，就不会有今天这本震撼人心的《第二人生》。

特别感谢本书项目团队成员：秦加一、陈琳欣，她们在创作这本书的同时，参与从项目策划到执行的全过程，同时为新书的预售、上市过程中的大小事项贡献了大量的热情、时间、精力和创造力。

感谢项目团队中的特殊成员——顶级商业出版策划人、山顶视角创始人王留全老师，他作为资深出版人被江湖人称为"诸多顶尖高手代表作幕后策划大脑"，本书的顺利问世离不开他从产品策划到创作辅导再到编辑出版的专业指导和悉心关照。

万分感谢在百忙之中为本书撰写推荐序和推荐语的前辈和同人们：李沛话、凌展辉、吴俊财（James）、吴文君、叶斌、杨金儒（Victor Yang）、周保罗（Paul Chou）、周文霞、曾湘泉、周一妍、刘建宏，感谢你们给予作者和本书的信任与鼓励。

感谢秦加一机构名下倾析本质教练的校友们和业内同行的大力支持。

最后，诚挚感谢第一波支持我们的读者，我们在2024年2月9日开启了本书的"预读营"，23位作者分别邀请了身边的好友入群，在本书正式出版之前先睹为快，其间我们收到了大量正向反馈和鼓励，他们为本书的宣发给予了有力的支持，得以让这本书被更多人看见。